KB153866

강린포체

카일라스 Kailas

雪蓮道場 4

강린포체〔카일라스〕1
—히말라야의 아버지

지은이 · 임현담
펴낸이 · 김인현
펴낸곳 · 종이거울

2008년 5월 1일 1판 1쇄 인쇄
2008년 5월 7일 1판 1쇄 발행

편집진행 · 이상옥
디자인 · 안지미
관리 · 혜관 박성근
인쇄 및 제본 · 금강인쇄(주)

등록 · 2002년 9월 23일(제19-61호)
주소 · 경기도 안성시 죽산면 용설리 1178-1
전화 · 031-676-8700
팩시밀리 · 031-676-8704
E-mail cigw0923@hanmail.net

ISBN 978- 89-90562-26-5 04980
89-90562-11-2(세트)

眞理生命은 깨달음〔自覺覺他〕에 의해서만 그 모습〔覺行圓滿〕이 드러나므로
도서출판 종이거울은 '독서는 깨달음을 얻는 또 하나의 길' 이라는 믿음으로 책을 펴냅니다.

雪蓮道場 4

강린포체

……

카일라스 Kailas 1

히말라야의 아버지

임현담 글·사진

종이거울

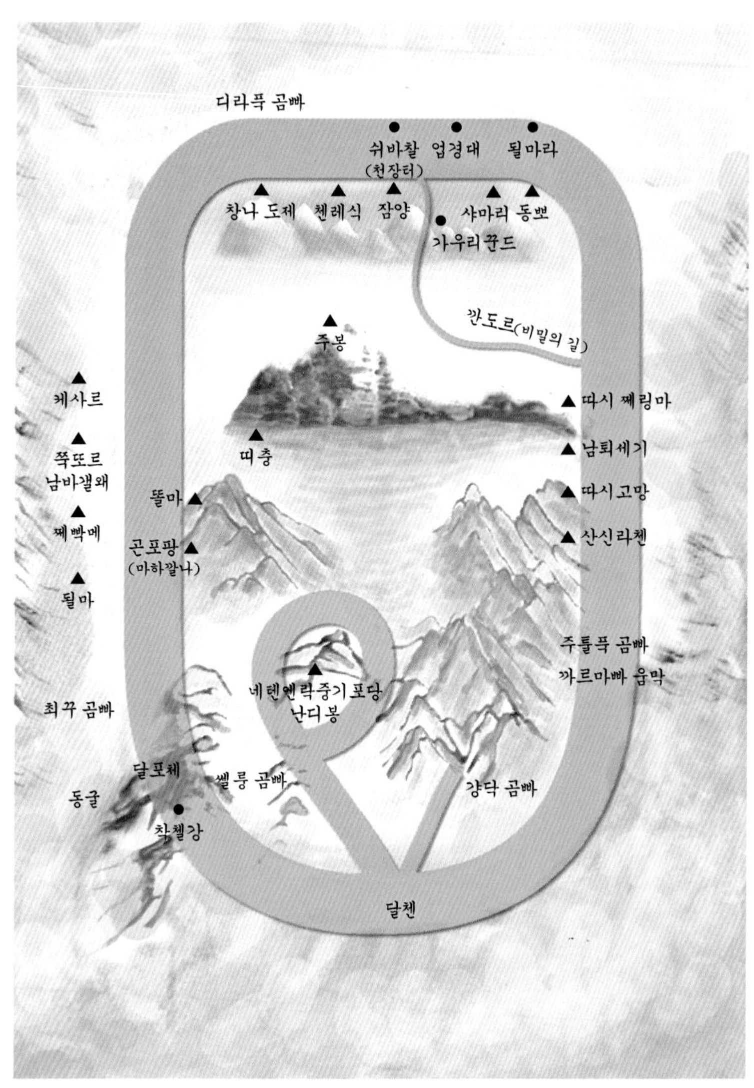

강 린포체[카일라스] 순례도

꽃 봉오리가 닫힌

티베트인들의 고귀한 연꽃, 제춘 빼마[강린포체].

부디 다시 활짝 피어나기를

뵈 랑첸[프리 티베트]!

처음 당신의 이야기를 듣는 순간부터
나는 당신을 찾기 시작했습니다.

—잘라루딘 루미

힌두교도로 살았다

1992년 여름이었다. 힌두교 순례자들을 따라 가르왈 히말라야의 강고뜨리Gangotri 마을까지 올라가게 되었다. 이곳으로부터 이틀 동안 산속으로 더 걸어 들어가면 인도인들이 어머니라고 부르는 강가Ganga 즉 갠지스가 시작하는 고무크Gaumukh 빙하가 있고, 빙하의 우측 모레인 지역으로 올라서면 힌두교 구루들의 수행처 타포반Tapovan이 있기에 형성된 배후마을이었다. 빙하에서 발원한 강물이 30여 킬로미터 흘러와 굽이치며 한 번 쉬어가는 자리에 유서 깊은 사원이 우뚝 서 있고 순례객과 수행자들을 위한 숙소, 식당, 그리고 잡화점들이 골목을 이루는 마음 따사로운 절대성지絶對聖地였다.

해발고도가 3천 미터 넘는 지역이라 해가 떨어지면 추위가 곧바로 찾아

산맥들이 이제까지의 외관을 버리고 새롭게 태어나는, 즉 환골탈퇴하는 모습을 박환탈사剝奐脫卸라고 표현한다. 강 린포체[카일라스]는 히말라야 너머에서 그것이 무엇인지 손수 보여준다. 차분하고 안정적이며 절제된 모습으로 창탕고원에서 히말라야를 조율하고 있다.

들었다. 도착 이틀째 저녁, 해가 진 후 옷을 여러 겹 껴입고 밖으로 나와, 거적 같은 헝겊으로 하늘을 겨우 가린 허름한 찻집을 찾았다. 오렌지 빛 샤프란을 입은 수행자들은 어깨에 담요를 걸치고 따뜻하고 달콤한 짜이(茶)의 힘을 빌려 이제 본격적으로 깊어오는 히말라야 고지대 추위에 대비하는 중이었다. 움막 안에서 그들과 함께 어깨를 맞대고 쪼그리고 앉아 트랜지스터에서 나오는 간드러진 힌두음악을 들어가며 짜이를 조금씩 마셨다.

이들 중에 대단한 이야기꾼이 하나 있었다. 그가 갑자기 어떤 단어를 꺼냈는데 사람들은 합창이나 하듯이 '옴' 이라 후렴을 달았다. 마치 목사님이 말씀하시면 신도들이 뒤따라 '아멘' 혹은 '할렐루야' 를 답하는 방식이었다. 때로는 '쉬바 옴' '옴 나마 쉬바여' 라며 힌두 지존 쉬바신을 찬양하는 만뜨라가 뒤섞여 나오기도 했다.

'카일라스' 라는 단어가 등장하면 '옴' 이라 답한다는 사실을 알아내는 일은 그리 어렵지 않았다. 이야기꾼은 이 단어가 무척이나 귀하며 함부로 입에 담기 어렵다는 듯이 단어에 힘을 주고 발음에 신경을 써서 느릿하게 이야기했다. '카일라스' 라는 단어가 섞여 나오면 나도 스텐 컵에서 입을 슬며시 떼어내며 그들 목소리에 내 목소리를 자연스레 더할 수 있었다.

"옴 쉬바 옴."

당시 나는 인도라면 중증에 속할 정도로 푹 빠져버린 환자였다. 본래 부모가 주셔서 꾸준히 믿어왔던 가톨릭이라는 종교의 이야기들은 어쩐지 내가 찾고 있는 대답과는 많이 다르다고 느꼈던 시절이었다. 그것이 인도의 히말라야 산속까지 찾아온 배경그림이었다.

"왜 죽어야 하나?"

"죽음 이후에는 무엇이 있나?"

타고난 것을 버리고 그동안 받았던 교육까지 내버린 후, 저 너머의 부름을 따라 배낭 하나 둘러메고 해답을 찾아다니다가 인도 북서쪽 언저리 가르왈 히말라야까지 이르지 않았던가.

힌두어는커녕 영어조차 제대로 듣고 말하지 못하는 주제에 삼등열차에, 로컬버스에 궂은 상황을 마다하고 인도 여기저기 돌아다니는 바람에 눈치 내공이 대단할 무렵이었다. 그런 눈치 덕에 카일라스라는 곳은 쉬바신과 관계된 초절정 종교적 가치를 지닌 그 무엇이라고 눈치 채는 일은 쉽지 않았던가. 이제 나름대로 즉시 단어의 신성함을 마음의 높은 자리에 자리매김을 해놓았다.

돌아와 손전등을 끄고 슬리핑백 안에 들어가기 전에 슬며시 말해보았다.

"카 · 일 · 라 · 스."

그리고 스스로 대답했다.

"옴. 쉬바 옴."

카일라스가 어떤 산인지, 무슨 의미인지는 그 후 시간이 자연스럽게 알려주었다. 당시 가톨릭교도에서 힌두교로 자연스럽게 개종되어가던 내게 성지 카일라스는 반드시 찾아 나서야 하는 하나의 목표점이 되었다.

사실 어느 신행단체에 가입하여 이름을 올리고, 회비를 꼬박꼬박 내기도 하고, 한 주일에 하루 이틀을 투자하여 사람들과 모여앉아 문자로 쓰인 말씀을 열심히 공부할 수도 있었다. 그러나 내가 택한 방법은 일단 도취에서 깨는 길, 즉 문자를 버리고 집을 나와 다리품을 팔아 내 두 눈으로 보며 확인하기로 마음먹었으니 카일라스는 그날 이후 온몸으로 찾아가 만나야 하는 하나의 절대목표 성지가 되었다. 더구나 시간이 흐르고 힌두경전을 읽으며 카일라스의 종교적 위치를 만나니, 기가 막혔다. 이런 곳을 내가 모르고 있었다니. 아직도 가보지 못했다니!

그리고 그런 시간은 15년이나 흘렀다.

바꿔 말하면 무려 15년 동안 가슴에 이 산을 품은 채 수미산심영가須彌山心影歌를 불렀던 셈이다.

티베트불교를 만났다

• • •

히말라야를 오랫동안 다니면서 늘 가슴에 둔 몇 곳이 있었다. 하나는 시킴 히말라야이며, 두 번째는 부탄 히말라야 그리고 마지막으로 이렇게 마음자리에 늘 모셔둔 바로 티베트 창탕고원 위에 당당하게 주석한 히말라야의 아버지 카일라스였다. 티베트는 예부터 '하늘로부터 중심이요, 땅으로부터 한가운데요, 나라들의 심장이요, 빙하가 성곽처럼 둘러싸고 있으며, 모든 강의 머리'라 했고 더불어 '높은 산, 맑은 땅 그리고 선량한 나라. 현자들이 영웅으로 태어나고 풍습이 훌륭하며 말이 빠른 곳'이라 했으니 궁금증은 풍선처럼 커질 수밖에.

이 세 곳은 개인적으로 입국을 허락하지 않거나, 경비가 너무 심하게 필요하고, 때로 정치적인 문제로 갑자기 입국이 제한되기도 했던 히말라야 지역이었다. 이곳을 찾기 위해 무작정 네팔의 카트만두 혹은 인도의 델리, 꼴까타에 도착해서 눈치를 살폈지만 길이 통 열리지 않았다.

그러나 기다리면 기회가 찾아오는 법. 시킴 히말라야는 울창한 숲에 짙은 붉은 꽃 랄리구라스를 만개시켜가며 환대하여 아름다운 사원들 사이를 걷고, 눈 내린 고지대를 따라 히말라야 동쪽 끝의 큰 산들 품에서 행복하게 호흡할 수 있었다.

카일라스는 문제가 달랐다. 더구나 동행자 없이 혼자 다니기를 좋아하는 사람으로서는 늘 기회가 빗겨갔으며 1990년대, 중국의 창탕고원 압제가 극에 달할 무렵은 아예 입국 자체가 까다로웠다. 네팔의 수도 카트만두에서 한 번의 호기를 만났는데, 인도인들과 함께 카일라스로 향한다는 사실이 좋았고 금액도 파격적이라 카트만두에서 카일라스를 순례하고 다시 카트만두로 돌아오는 보름 동안의 총비용은 670불이라 했다.

여행사 직원이 이야기한 다음 대목이 문제였다.

"인도인들이 카트만두에 도착하는 열흘 후까지 기다려야 한다."

카트만두 대행 업자는 카일라스 북쪽 한 언덕에 쌓인 눈이 녹지 않아 가봐야 산을 한 바퀴 도는 종교적인 행위인 꼬라Kora는 할 수 없다고 단호하게 선언했다. 당시 열흘을 얌전히 기다리기에 내 심성은 착하지 못했다(지금 생각하니 종교적으로 익지 못해서였다. 겨우 열흘인데. 시절인연이 미숙했던 나를 빗겨간 셈이다). 대신 로왈링 히말라야로 올라가 밤이면 슬리핑백 안에서 낡은 유물을 추종하는 마오이스트[모택동주의자]들이 허공에 쏘아대는 총소리를 들으며 조급

함으로 열흘을 기다리지 못한 못난 나를 탓했다.

시간이 흐르면서 다른 사람들이 기록한 카일라스 기행문을 읽으면서 몸을 떨며 가끔 식은땀까지 흘렸다. 더구나 여기는 힌두교, 불교의 성지만은 아니었다. 티베트 토속 뵌교에서는 자신들의 상징이 남겨진 성산으로 보고, 자이나교는 자이나교를 만든 리샤반따Rishabhanta가 산의 정상 부근에서 깨달음을 얻어 아스따빠다Astapada라 부른다는 사실까지 알고 나자 가고자 하는 열망은 더욱 부글댔다. 즉 카일라스는 힌두교, 불교, 티베트에서 불교 이전의 토착종교 뵌교, 더불어 자이나교의 최대 성지이니 지구상에 무려 13억 명 이상의 인구가 바라보는 막강비중莫强比重의 절대성지.

이곳에는 그 어떤 우상도 없으며 산을 지키는 성직자 역시 없이 다만 피라미드 모양의 해발 6천714미터의 빛나는 설봉을 중심으로 구름이 찾아들고, 눈비가 내리다가, 해가 뜨고 지고 있을 따름이며 멀리서 순례객들만이 찾아와 원을 그리며 주변을 돌고 기도하는 아시아 최고 성지!

사실 이렇게 카일라스 행이 좌절되는 일은 스스로 만든 언참言讖이었다.

붓다가 보리수나무 아래에서 깨달음을 얻은 인도의 보드가야. 깨달음의 성지에서 시간을 보내고 동쪽으로 가는 기차를 타기 위해 가야역으로 나와 기차를 기다리다 나와 비슷하게 생긴 외모의 티베트 사람을 만난 것이

강 린포체는 하얀 화관을 둘러쓰고 정좌한 형국이다. 한 번 바라보면 영원히 각인되는 모습. 얼마나 많은 순례자들이 결연한 저 형상을 가슴에 품고 귀향했겠는가. 그러나 도리어 이 자리에 서니 고향에 돌아온 듯한 기분. 환희롭다. 만세를 누려라, 강 린포체[카일라스].

시작이었다. 솔직하게 고백하자면 이때까지 티베트에 대해 무지해도 그렇게 무지할 수 없었다. 티베트는 그동안 내 인생에 있어 아무런 자극이 되지 않았고, 14대 달라이 라마가 노벨 평화상을 받았을 무렵에야 마음이 조금 움직였으나, 그냥 어떤 사연을 가지고 망한 나라, 정도로 평가되고 있었다.

연암 박지원朴趾源은 정조 4년 즉 1780년, 열하熱河에서 티베트 겔룩빠의 두 번째 위치에 있는 판첸라마를 만나 잠시 문답을 나누었다. 박지원은 자신의 글에서 유교적인 입장에서 바라본 무지로 인한 오류를 드러냈으니 내 티베트에 관한 지식은 당시 박지원보다 단 한 발도 앞으로 나가지 못한 지경이었다.

나에 비해 월등히 유창한 영어를 구사하는 그와 오후 내내 함께 있었다. 포도를 나누어 먹었고 알 수 없는 단어들을 처음 접하면서 티베트불교를 본격적으로 만났다. 선량한 이웃처럼 생긴 티베트 난민은 내 수첩에 이름과 주소를 깔끔하게 써주었다.

문제는 형제 같은 얼굴을 가진 그의 이야기를 들은 후 하늘에 대고 호기있게 말한 맹세였다.

"나는 티베트가 독립되고, 그 후에 달라이 라마 도장이 찍힌 여권을 받아야만 티베트를 가겠다."

덧붙였다.

"독립되지 않으면 나는 가지 않겠다, 절대로!"

순진했다고나 할까, 아니면 중국을 지나치게 과소평가했던 것일까. 절대absolute라는 단어는 살면서 그야말로 절대 사용하지 말아야 했었는데 번

번이 카일라스 행이 자타自他에 의해, 즉 가족을 거느린 가장으로서 생활에 발목이 잡히거나, 개인적으로 질병이 걸리거나, 중국이 국경을 닫아버리는 등, 이런저런 사연으로 좌절될 때마다 쉽게 뱉어버린 그 말에 책임을 돌렸다.

맹세를 함부로 뱉어내는 그 가벼움이라니.

나는 대신 스스로 언참을 풀 수 있는 하나의 제안을 내놓았다.

"〔인간이 접근할 수 있는 영적 세계 가운데 최고의 땅〕이라는 카일라스 북면北面에서 티베트의 앞날을 위해 진지한 뿌자〔祭禮〕를 올리겠다. 독립, 혹은 달라이 라마에 의한 티베트의 최소한의 자치를 위해서 기도하겠다. 그러니 제발 가게 해다오."

미리 구입할 품목에 제례를 함께 치를 색색 달쵸와 향까지 포함시켰다. 100일 이상 오체투지를 했다. 남들이 그렇게 쉽게 가는 카일라스가 내게는 왜 점점 멀어지는지, 한탄하기도 하던 날이 지나가고 이제는 목적조차 잊고 오체투지를 하던 날, 이 제안과 그간의 정성이 받아들여졌는지 자타의 간섭이 모두 사라지며 문득 기회가 왔다.

비록 길이 열려 카일라스로 발을 떼어놓으면서도 침략과 수탈의 장본인들이 만든 입국 허가서를 가지고 가는 불편함이라니. 역사는 물론 종교상으로 중국과는 전혀 무관한 성산 카일라스로 가는 길에 창탕고원 침략자 중국 여권을 가지고 가는 일에 서글픔과 함께 오래전 앞에 앉혀 놓은 채 호기있게 약속했던 티베트인 얼굴이 어른거릴 수밖에.

그러나 갈 수 있다는 사실만으로도 커다란 긍정적인 까르마가 아닌가.

티베트 사람들은 딴뜨라 수행의 입문을 왕dBang, 즉 자격부여라 이야기 한다. 이것은 내가 원한다고 되는 일이 아니라 모든 조건이 성숙해져 상대 허락이 있을 때야 가능한 일이니 15년 기다림 끝에 왕이 떨어졌다고나 할까. 설랬다. 칠엽굴에 다시 입방을 허락 받은 아난다의 마음이 이러했을까. 티베트 경전에는 '결과가 원인에 의해 봉인封印되어 나타나듯이, 원인 역시 결과에 의해 추체험追體驗적으로 확인된다' 는 이야기가 있으니, 슬리핑백 지퍼를 올리면서 '기필코 찾아가겠다' 던 맹세 안에는 기어이 면산面山하는 순간이 내포된다는 의미다. 이것은 미사일을 발사하는 일처럼 스위치를 누르는 순간에 결정적인 훼방이 없다면 목표물의 타격이 숨겨져 있다는 의미와 같다. 즉 미래의 어떤 결과가 현재 안에 불가분하게 숨겨져 있다.

사실 그동안 시절인연에 따라 짬짬이 티베트를 공부했다. 티베트를 공부한다는 것은 바로 티베트불교를 공부했다는 이야기와 같다.

그러나 15년이라니!

카일라스는 도대체 무슨 이유로 무려 15년 동안이나 히말라야 이곳저곳, 동쪽 끝 해 뜨는 칸첸중가에서부터 서쪽 끝 발가벗은 낭가파르밧까지 떠돌게 만들면서 자신의 무릎에 나를 받아들이지 않았던 것일까.

임현담[툽뗀랍쎌]

차례 · 1권

티베트로 들어가는 항로에서 동진하는 강물을 볼 수 있다. 이 강물은 이름을 바꾸면서 훗날 긴 여행을 끝내고 벵골만으로 들어간다. 그 동안 히말라야와 히말라야 아닌 것을 나누는 명쾌한 경계를 이 강물이 이루어낸다.

◉ 1

히말라야의 아버지를 소개하자면

산룡의 대소를 보는 법은 대개 수원으로 보는 법이 가장 쉬운 것인즉, 대간룡은 대하나 대강이 협송하고, 소간룡은 대계나 대간大澗이 협송하며, 대지룡은 소계나 소간小澗이 협송하고, 소지룡은 전원수田源水나 구혁수媾洫水가 협송한 것을 이르니, 경에 이르기를 '산을 먼저 보기 전에 먼저 물을 보라' 한 것이 이것을 말한 것이다.

—운병당의 『고금면경 산』 중에서

히말라야를 정의하자

● ● ●

어디 어디에 무슨 산맥이 있다고 하자. 그렇다면 이 산맥은 어디서 시작해서 어디서 끝나는지 정확히 알아야 산맥의 길이를 재고 세계에서 몇 번째라며 등수를 주며 객관적 판단자료에 넣을 수 있다.

그렇다면 히말라야라는 거대한 산줄기, 즉 히말라야 산맥은 어디서부터 어디까지일까?

답은 간단하다.

동쪽 끝은 브라마뿌뜨라Brahmaputra 강이 휘어지는 부근, 서쪽 끝은 인더스Indus 강. 그 사이에 융기된 무려 2천 500킬로미터의 웅장한 산줄기가 바로 히말라야이며, 히말라야는 다시 동쪽에서부터 서쪽 방향으로 아삼 히말라야, 부탄-시킴 히말라야, 네팔 히말라야, 가르왈 히말라야, 펀잡 히말라야, 이렇게 부분적으로 정밀하게 나누어진다. 살펴보자면 물〔水〕, 즉 수계水系인 강江이 거대한 산맥을 정의하고 있으며 이 커다란 히말라야를 다시 여러 조각을 나누는 일 역시 히말라야 사이를 흐르는 여러 강에 의해서니 신비로운 일이 아닌가.

산에서 만들어져 산에서 출발한 물방울이 서로 모여 힘을 키워 바로 산줄기를 정의한다는 점은, 비유하여 질문한다면, 내게서 출발한 미약한 무엇이 나를 정의할 것인가?

식識의 흐름이 아닐까?

산맥의 정의처럼 요단강을 건너 삶을 마감해야 하는 나에 대한 존재론적 질문을 품는 단초를 제공하기도 한다. 산맥이란 결국 강에서 강까지의 거리라는 점은 기억할 만한 가치가 있다.

아버지의 두 팔은 얄룽 짱뽀—브라마뿌뜨라와 인더스 강

● ● ●

히말라야 동쪽 경계를 만드는 브라마뿌뜨라 강은 티베트 창탕고원에서 발원하여, 평균 해발고도 4천 미터 전후로 히말라야 산맥과 평행을 이루면서 동쪽으로 흘러간다. 처음은 얄룽 짱뽀Yarlung Tsangpo라는 이름으로 흘러가다가 동경 95도 지점에 자리한, 해발 7천 756미터의 남차발와Namcha Barwa 산을 옆구리에 끼고 거의 U턴 하다시피 시계방향으로 남서쪽으로 급하게 꺾인다.

여기에 얄룽이라는 말은 통상 티베트 내륙의 한 넓은 지역을 일컫는다. 얄룽의 의미는 '멀고 넓다' 는 것이니 얄룽 짱뽀는 멀고 넓은 지역을 흐르는 강이다.

짱뽀를 중국인들은 장포藏布로 표기했지만 달라이 라마와 티베트인들의 정의에는 장藏이 아니라 청淸 혹은 정淨이 된다. 즉 정화의 의미를 갖는 강이라는 뜻으로 침략자 중국인들이 편의에 따라 표기한 내용보다는 원주민의 의미를 살리는 것이 적절하기에 얄룽 짱뽀란 정확하게 '멀고 넓은 지역을 흐르며 (자연과 마음을) 정화시켜주는 강' 으로 받아들여야 한다. 티베트 사람들이 온갖 색색 달쵸[깃발]를 강변에 꽂아 머리를 조아리며 강물의 신성함에 대해 예우하는 모습은 이런 의미를 알면 깊이 동감할 수 있다.

본래 강이란 이 세상과 저 세상을 연결시켜주는 통로 역할을 맡아왔다. 하류는 상류와 통하기에 문물은 강을 타고 양방향으로 퍼져 나갔다. 사람 역시 강을 타고 하류 마을로 내려가 부귀와 명성을 탐하다가, 때가 되어 삶을 마치면 상류로 거슬러와 산허리에 봉분으로 남겨졌다. 그 반대로 일찌감치 요동치는 세상을 버리고 강을 거슬러 올라 산으로 출가한 사람들도 있었으니 역시 흐르는 강이 매개였다.

그러나 얄룽 짱뽀는 남차발와를 휘감는 45킬로미터 구간에서 세계 최고 험악한 협곡을 통해 고도를 급격하게 낮추기 때문에 도저히 사람이 거슬러 올라가거나 반대로 내려갈 수 없었다.

상상해 보자.

강물이 45킬로미터를 흐르는 동안 고도가 무려 3천 미터 낮아진다!

일대는 인간의 접근을 막는 대협곡으로 거의 폭포 수준으로 내리꽂혀 과거 강을 거슬러 오르며 근원을 탐구하던 사람들은 이곳에서 발걸음을 돌려야 했고, 막무가내로 하류로 향하려는 사람들은 거센 물속에 그대로 수장되었다. 교류는 전혀 이루어질 수 없었다.

이 구간을 지난 후, 이제 얄룽 짱뽀라는 티베트 이름은 인도식으로 바뀌어 브라마뿌뜨라가 되며, 인도 아삼지방 그리고 방글라데시 삼각주를 통과하며 벵골만으로 들어간다. 총 길이 2천 900킬로미터.

그러면 인도인들은 왜 남차발와를 지나 자신의 영토 안으로 들어온 강물에게 브라마뿌뜨라라는 이름을 주었을까?

브라마뿌뜨라는 힌두교 창조의 신인 '브라흐마의 아들' 이라는 의미로 처음에 이 이야기를 들었을 때, 이름 한 번 참 근사하게 잘 지었구나, 감탄했다. 이유는 강의 근원부 근처에 브라흐마가 자신들의 아들들을 위해 만들었다는 마나사로바Manasarovar 호수가 있기 때문. 그러나 후에 어원을 정확히 알고 나니 조금 싱거워졌다.

히말라야 지방으로부터 태국, 미얀마 북부에 걸쳐 분포하는 티베트버마제어Tibeto-Burman languages 중에 Bhullambuthur에서 따온 것으로 즉 '콸콸 소리 내는' 이라는 뜻을 가진 의성어를 종교적으로 의미를 더해주어 브라마뿌뜨라로 슬쩍 바꾸었다. Bhullambuthur, Bhullambuthur 몇 번 입안에서 반복하면 하얀 거품을 가진 강물이 헐떡거리며 콸콸 흘러가는 소리와 똑같다. 오래된 산스크리트 힌두경전에서는 브라마뿌뜨라라는 이름은 찾을 수 없으며, 이 강 이름은 라우히야Lauhitya로 나타난다.

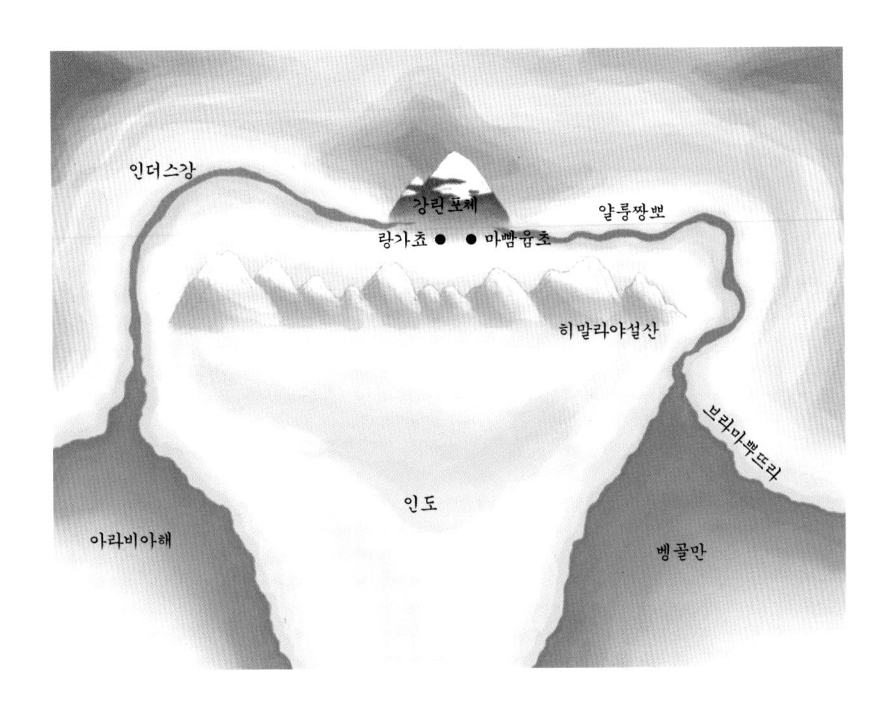

히말라야를 서쪽에서 정의하는 또 다른 강, 인더스 강은 얄룽 짱뽀와는 반대로 흐른다. 오늘 털끝만 한 차이가 내일은 천만리〔今日毫釐差 來日千萬里〕 이듯이 카일라스에서 멀지 않은 거리의 두 강이 서로 멀어지며 하나는 동쪽으로 다른 하나는 이렇게 서쪽으로 내달린다.

티베트 고원에서 히말라야와 평행으로 북서쪽으로 흐르다가 카슈미르Kashmir 북부를 지나 연이어 라닥Ladakh 산지를 가로지른다. 이제 남서쪽으로 방향을 바꾸어가며 히말라야 산맥의 가장 서쪽 산인 거대한 검은 얼굴을 가진 낭가파르밧Nanga Parvat을 옆구리에 끼고 남하하여 파키스탄을 관통하고, 마지막으로 카라치 남동쪽에서 아라비아 해로 흘러들어간다. 이것 역시 우연의 일치처럼 길이가 2천 900킬로미터.

세계 4대문명 중에 하나인 찬란한 인더스 문명이 이 강물이 지나가는 유역에서 일어났다.

히말라야도 아버지가 있다

지형적인 어려움을 극복하면서 누군가 브라마뿌뜨라 강을 거슬러 올라 얄룽 짱뽀 강을 따라 상류로, 상류로 이동했다고 치자. 또 다른 일단의 사람들은 인더스 강을 따라, 파키스탄을 통과하고 인도의 라닥 지역을 지나 마치 고향을 찾아가는 연어처럼 상류로 거슬러 올라갔다고 생각해보자.

그렇게 되면 이 두 팀은 엇비슷한 자리에서 서로 만나게 되고, 그 자리에는 가늠하기 어려운 크기를 가진 거대한 호수 마나사로바가 펼쳐지고, 멀지 않은 곳에 하얀 눈을 뒤집어 쓴, 티베트 사람들이 존경심 가득 찬 시선으로 합장하며 온몸 던지는 오체투지를 아끼지 않는 '강 린포체' 라 부르는 카일라스를 만나게 된다.

바로 이 주변에서 발원한 강물이 동서로 흐르다가 남하하고, 이 두 개의 강물 사이가 바로 히말라야가 되는 것이니 산맥을 정의하는 것이 강이라는 대명제를 앞에 두고 본다면 카일라스는 바로 히말라야의 아버지가 된다. 카일라스는 남쪽에 병풍처럼 펼쳐진 은빛 설산들을 낮이고 밤이고 유유히 바라본다[悠然見雪山]. 그림으로 살펴보자면 아버지가 결코 보채거나 뒤척이지 않는 장한 아들들 히말라야를 강江이라는 양 팔로 단단하게 결속시키며 껴안고 있는 형상이기에 평소 히말라야를 꿈꾸는 사람이라면 반드시 눈여겨 보아야 할 근원의 산이다.

카일라스 해발고도는 6천714미터, 히말라야 최고봉인 초몰룽마 Chomolungma에 비해 턱없이 낮지만 세상의 아버지란 본디 강단은 있을지언정 자식보다 키는 작고 대신 단단하게 마련이다.

카일라스 입장에서 바라보는 아름다운 히말라야는 파고波高일 따름이다. 히말라야 백만리행용을 멀리서 조율하고 있기에, 하얗게 일어나 신성한 파장을 내뿜는 히말라야 연봉들은 그보다 나지막한 카일라스 앞에서는 다만 높아야 했던 이유를 소소하게 대고 있을 뿐이다. 그들 히말라야는 왜 높게 솟아올랐을까, 아들의 입장에서 보자면 아버지 카일라스를 속세로부터 비호하기 위해서였다. 히말라야가 험하게 일어나며 접근을 막아 비장秘藏한 산이 바로 카일라스이니 천장지비天藏之秘 혈이 된다.

티베트에 불교가 자리 잡기 시작한 시기는 인도에서 붓다가 법륜을 굴리고, 설법하고, 제자들을 키워내며, 열반을 맞이한 지 1천년도 훨씬 넘는 무렵이었다. 그렇게 장구한 세월이 흐른 후에야 티베트에 불교가 뿌리를 내리기 시작했다.

이 간극은 바로 저 세상과 이 세상의 교류를 철저하게 막았던 히말라야의 의지였으며, 그 의지는 바로 자신들의 아버지 카일라스로부터 물려받았다. 그리고 때에 이르자 히말라야는 길을 열어 인도산産 불교가 티베트에 넘

얄룽이란 멀고 넓다는 의미를 지닌다. 강 린포체를 향해 나가면서 얄룽이라는 단어가 무엇인지 알게 된다. 얄룽에는 강물이 흘러 사람들은 이 강을 얄룽짱뽀라 부른다. 인도인에게 갠지스라는 강이 있다면 티베트 사람들에게는 얄룽짱뽀라는 자애로운 어머니가 계시다. 티베트 고원에서 이 어머니를 뵙는다면 반드시 인사 드려야 한다.

어와 발아할 수 있도록 했으니 당시 토양으로 보아 시간이 너무 일렀거나 도리어 늦었다면 불교는 파종되지 않아 도리어 도태될 수 있는 상황이었다.

더불어 이렇게 이식된 불교는 히말라야에 의해 잘 보호되어 외부 간섭 없이 무럭무럭 자라났고 때가 되자 다시 히말라야를 남하하여 세상으로 넓게 퍼져나갔다.

근원으로 회귀는 종교적 본능

일부 사람들은 때가 되면 근원으로의 회귀, 반본환원返本還源에 관심을 가지게 된다. 즉 근원으로 되돌아가는 일은 사람에 따라서는 스스로 결정한다기보다는 정신유전자 적으로 어느 시간대에 발현하는 본능이다. 마음은 이미 부름에 부응하여 세상 오욕으로부터 물들어 탁하고 찌든 현재 상태를 다시 깨끗하게 헹궈내며 회복시켜줄 순례자적 준비 자세를 만들어가며 근원회귀를 꿈꾼다. 대개 이런 여행은 자동차를 타고 편안하게 달려가 차문을 벌컥 열면 붉은 카펫이 깔린 채 입장을 기다리고 있는 그런 장소를 찾는 행위가 아니다. 험한 길, 때로는 길 없는 곳에서 길을 스스로 만들어 나가야 하고, 음식이라고 속시원하게 준비된 것이 아니기에 갈증, 배고픔에 시달리며, 날씨 역시 우호와는 거리가 멀어 더운 바람, 추운 기온, 우박, 폭우 등등 열악한 상태들이 기다렸다는 듯이 이어진다. 그런 길 위에는 수행자, 방랑자, 거짓 순례자, 거지, 사람들을 상대하는 상인 등등이 기다리고 있기도 하다.

그러나 어떤 조건이 주어져도 회귀점으로 향하는 일은 행운이다. 동양의 종교에서 중심점으로의 이동은 종교적 실천으로 구나[功德]에 속하는 행위였다. 과거 많은 사람들이 히말라야를 넘어 머리를 카일라스에 둔 채 필생의 순례길에서 삶을 마감했으며, 일부는 경이로운 마음으로 중심점에 도착해서 삶을 마감했으며, 운이 좋다면 찬탄의 마음을 품고 스스로 정화된 채 무사히 고향으로 되돌아가기도 했다.

카일라스는 그 이름을 들었을 때부터 내가 마땅히 두 발로 걸어 찾아가, 두 눈을 부릅뜨고 바라보고, 두 손으로 어루만져야 할, 온몸을 빈틈없이 밀착하여 잠을 자야 할, 즉 바로 그 자리에 내가 마땅히 있어야 할 근원의 무엇이었으며 나는 무려 15년을 기다렸다. 회귀본능의 발동이 아닌가.

신비로운 일은 옛 사람들은 지리적으로 주변을 파악하기 어려웠던 아주 오래전부터 이 일대를 이미 종교적 근원, 심지어는 천지창조의 중심점으로 이미 결정해놓았다는 점이다.

『장아함』의 「세기경」에 예사롭지 않은 대목이 있다.

아뇩달 못 동쪽에는 강가강[恒伽河]이 있다. 소의 모습을 한 곳[牛口]에서 나와 오백 강물[河水]을 데리고 동해로 들어간다. 아뇩달 못 남쪽에는 신두강[新頭河]이 있다. 사자 모습을 한 곳[師子口]에서 나와 오백 강물을 데리고 남해로 들어간다. 아뇩달 못 서쪽에는 바차강[婆叉河]이 있다. 말의 모습을 한 곳[馬口]에서 나와 오백 강물을 데리고 서해로 들어간다. 아뇩달 못 북쪽에는 사타강[斯陀河]이 있다. 코끼리 모습을 한 곳[象口]에서 나와 오백 강물을 데리고 북해로 들어간다. 아뇩달 궁중에는 오주당五柱堂이 있다. 아뇩달 용왕은 항상 그 속에서 산다.

—『장아함』「세기경世紀經」

아뇩달 못이란 어디인가? 경전에서 말하는 아뇩달 호수가 강의 원천이라면 일단 평지나 낮은 고원지대에 위치하지는 않을 것이며, 크기가 자그마해서 수원이 빈약하다면 이런 역할을 맡을 수 없기에 아뇩달 못은 매우 높은 곳에 위치해야 하고, 크기는 거대해야 한다.

그곳이 어디겠는가.

또한 근처에 산이 없다면 호수를 채울 물을 만들 도리가 없으니 어떤 산이 함께 있겠는가.

이곳은 바로 하늘에서 떨어진 물이 고여 있는 지구의 배꼽으로 지구상에 좌표를 그려 지점을 찾아낼 수 있다면 작은 잔에 불과한 성배聖杯를 찾아나서는 여정보다 가치 있는 일이 아닌가.

산을 보는 풍수 기본은 강으로 산맥을 정의하듯이 우선 물의 흐름을 살핀다. 즉 간산간수看山看守의 시작은 간수로 물이 얼마나 길게 흐르며 물 사이의 계곡은 어떠하며 등등을 세밀하게 살핀다. 가령 우리나라의 성산인 백두산의 경우 양쪽으로 두만강과 압록강이 유장하게 흘러나가고 있으며, 이들 물줄기를 거슬러 따라 올라가다 보면 '그 기세가 심히 높고 크고 웅장하여 정상에는 늘 운무와 영감靈感이 서려 있고, 그 수려함과 신령함이 사람으로 하여금 두려움을 느끼게 하는 산' 을 만난다. 이런 산을 바로 조산祖山이라 부르는바 지구상에 이곳저곳 조산들이 있을 수 있다.

조산이 있고 아래에는 조산의 물을 받아 커다란 호수를 이루고, 이 조산과 호수를 중심점으로 4개의 강이 흐른다면 이 자리는 경전과 신화를 탄생시키며 당연한 성지가 된다. 그런데 『장아함』을 보면 이런 자리가 기록되어 있으며 이 근원에서는 히말라야를 정의하는 2개의 강만 발생하는 것이 아니라 히말라야 산맥 사이를 지나가는 2개를 더해 모두 4개의 강이 발원한다. 북쪽에서 발원하여 서쪽으로 달려 나가는 것이 인더스 강이고, 동쪽에서 시작하여 동쪽으로 향하는 강이 얄룽 짱뽀이며, 이외 서쪽과 남쪽으로 두 강이 더 있으니 방향에 따라 살피면 이렇다.

1. 동東, 얄룽 짱뽀-브라마뿌뜨라Brahmaputra, 말〔馬〕의 입-딸촉 캄바Tarchog Khamba 馬泉河.
2. 서西, 수트레즈Sutraj, 코끼리〔象〕의 입-랑첸 캄바Langchen Khamba 象泉河.
3. 남南, 카르날리Karnali, 공작孔雀의 입-마그자 캄바Maggja Khamba 孔雀河.
4. 북北, 인더스, 사자獅子의 입-셍게 캄바Sengge Khamba 獅泉河.

조산 중의 조산은 바로 이렇게 4개 강의 근원부에 자리하여 히말라야를 정의하는 히말라야의 아버지 카일라스다. 그런데 티베트 사람들은 이 강들이 동물의 입에서 나오는 것으로 신화적으로 해석했으며, 강 이름 역시 말의 입, 코끼리의 입, 공작의 입 그리고 사자의 입, 이런 식이다.

즉 방위에 따라 각기 다른 동물들이 자리 잡고 있어 물을 뿜어낸다는 이야기로 우리의 12간지 즉 동물에 따른 시간과 방위의 개념과 유사하지만,

티베트에서 이 동물들은 국교인 불교와 관련이 있다.

일반적인 개념은 이렇다.

말은 지혜知慧를 의미한다. 코끼리는 힘〔力〕, 그 중에서도 자비의 힘〔慈悲力〕을 반영한다. 공작은 부드러운 법문을 통한 감화感化를 의미하며, 사자는 진리로 향한 두려움이 없는 실천적 행보를 상징한다.

한편 말은 고타마 싯달다가 붓다가 되기 위한 위대한 여정을 위해 모든 것을 버리고 출가할 때 타고 나온 동물이며, 코끼리는 싯달다 태자의 모친인 마야부인 태몽에 나온 주인공이다. 공작은 수행자로 있을 때 주변의 코브라 혹은 뱀을 잡아먹어 수행을 도왔으며, 사자는 깨달음을 얻은 후, 사자후를 토하여 백수의 질서를 바로잡는 것처럼 붓다의 설법이 세상 질서를 바로잡는 것과 같다는 상징으로 나타나기도 한다.

산맥을 강으로 정의하는 현대적 개념으로 보아도 그렇고, 과거 경전을 살펴도 마찬가지, 카일라스는 역시 중심점이 된다.

순례의 가치를 모르는 사람

경전에서 언급하는 이런 지역이 실제로 있다는 사실은 얼마나 큰 위안이며, 그곳을 찾아 직접 방문할 수 있다면 얼마나 기쁜 일인가. 강의 근원을 살피고 그 강 뒤에 일어선 영산을 만나는 일은 살아서 꼭 해야 하는 일 중에 하나가 아닌가.

카일라스 아래 마을 달첸 잡화점 중국인은 산을 향해 찬탄하는 내게 대수롭지 않다는 듯이 이 일대를 '그냥 큰 호수' '하얀 눈을 뒤집어 쓴 검은 산일 뿐' 이라 했다. 여행 중에 만난 한국인 한 사람 역시 그 산은 두 번 가보았지만 신성함을 전혀 모르겠다 했다.

이런 성지를 여러 번 다녀오고도 아무런 변화가 없는 사람들도 있으며, 그들 일부는 이런 근원에 대한 가치를 모르고 도리어 폄하한다.

"가보니 그냥 산 하나던데, 뭘."

"그냥 큰 호수야."

정말 그럴까.

성지의 성스러움을 느끼는 감수성이 부족해서 그럴까. 알랭 드 보통이 '사막을 건너고, 빙산 위를 떠다니고, 밀림을 가로질렀으면서도, 그들의 영혼 속에서 그들이 본 것의 증거를 찾으려 할 때는 아무것도 나오지 않는 사람이 있다' 고 한 이야기가 그래서 나왔으리라.

14대 달라이 라마는 순례와 여행을 분류해서 예를 들었다.

"순례와 여행은 어떤 동기를 가졌는가 하는 것으로 구분됩니다. 가령 티베트 동부의 캄 지역에서 육로로 몇 달을 여행하여 라싸로 오는 두 명의 티베트 남자 갑과 을이 있다고 해 봅시다. 그들은 겉모습도 비슷하고, 먹는 음식도 같고, 같은 여행기간 동안 비슷한 에너지를 소모할 것입니다. 그러나 갑의 동기는 장사이고 을의 동기는 영적 여행입니다. 그렇다면 을의 모든 동작은 갑과 다를 수밖에 없습니다. 을은 어떤 물질적 보상을 위해 그런 고행을 하는 것이 아니기 때문입니다. 을은 마음속에서 라싸의 주사원인 조캉을 볼 것입니다. 을의 모든 발걸음, 모든 동작은 덕행德行의 염원을 표현할 것이고, 그 때문에 을은 공덕을 쌓게 될 것입니다."

마음은 순례에 초점을 맞추고 행장을 꾸려 길을 떠나야 한다.

삶이라고 다르겠는가. 삶도 여행과 순례가 있으며 여행자와 순례자가 동시에 존재한다.

올더스 헉슬리Aldus Huxley는 말한다.

"경험이란 나에게 일어나는 일이 아니라, 나에게 일어나는 일과 나와의 관계다."

나 스스로에게 묻고 생각한다.

카일라스는 어떤가. 주변의 호수는 어떤가.

단순히 융기되어 눈을 뒤집어쓰고 있는 봉우리 중에 하나인가?

물이 많이 모인 호수일 따름인가?

고개가 저어진다. 15년 전도 그러했듯이 이마 부근에서 양손이 슬며시 모여지며 합장하게 된다.

마음으로 늘 근원을 만날 준비가 되어 있었으며 늦었지만 이렇게 만날 수 있음은 삶에서 공덕을 쌓을 수 있는 귀중한 시간이 도래한 것이리라.

● 2

망가지는 천국의 입구 달첸

반드시 걷잡을 수 없을 정도로 방황해야 한다. 광대하고, 쓸모없고, 어딘지 알 수 없는 곳, 보헤미안의 삶이 이루어지고 있는 곳이면 '제정신이 아닌 상태로라도' 따라가야 한다, 등등.

—게리 슈나이더

아버지 가슴, 창탕고원을 지나와야 한다

● ● ●

보통 옛 사찰 입구에는 하마비下馬碑가 있어 이곳에서부터는 말에서 내려 걸어 들어간다. 카일라스에서 달첸은 바로 하마비가 있는 자리가 되며 해발고도는 4천670미터. 3년 전에 촬영한 사진을 여러 장 본 적이 있었는데 달라도 이렇게 달라지나, 당혹스러울 정도로 사진과는 다른 동네가 되어 온통 먼지구덩이다. 더구나 위성전화가 가능하다는 간판을 내건 가게까지 있으니 오지 중의 오지에 자리 잡았던 성스러운 산 입구가 발가벗겨지며 문명 앞으로 나왔다. 돈 냄새를 따라온 한족이 대거 유입된 결과란다.

마을 안에는 여행객을 위한 숙박시설, 기념품 가게, 티베트의학을 가르치는 학교가 분산되어 있고 군부대까지 주둔하고 있다. 산쪽에 인접한 구도시는 거의 폐허가 되어 쓰레기와 함께 주인 없는 험악한 개들로 인해 접근이 어렵고 돌개바람이라도 불면 하늘을 향해 날아오르는 온갖 쓰레기들이 정말 볼 만하다.

달첸에 형성되는 새로운 마을. 규격화되고 정리정돈이 된 듯하지만 실상은 돈이 되는 곳이면 어디든지 찾아가는 중국본토 한족들의 유입 결과다. '종교는 마약'으로 정의한 그들에게는 도리어 돈이 마약이기에 고향을 두고 이곳까지 와서 순례자들 호주머니를 바라본다. 그들에게 마약을 주어 중독자로 만들고 싶지 않다면 티베트인 식당, 티베트인 게스트하우스를 반드시 선택해야 한다.

마구 파헤친 이 마을은 도저히 애정이 가지 않는다. 쓸쓸한 일이다. 우리나라 유명 절집 아래 들어서 있는 기념품 가게, 나물 가게, 음식점, 여관촌, 천천히 경관이 질식하듯이 망가지는 그런 식이다. 산 일대는 위대한 종교들의 근원이기에 유네스코에서 자연문화유산으로 지정하는 일이 옳지만 종교에 대해 부정적 입장인 중국정부는 이런 상황을 조장하거나 즐기는 것처럼 보인다. 때를 계산하고 있다가 거의 완벽히 망가진 순간에서야 등 떠밀려 마지못해 나서지 않겠는가.

마을을 산책하다 보면 나로빠가 수행하고 있을 때, 칸돌마[다끼니]가 와서 꾸짖은 이야기가 들린다.

"파괴된 것을 다시 일으켜 세우거나, 더 나은 상태를 만들 수 없다면 아무도 파괴할 권리가 없다."

그러나 라싸에서 출발하여 이곳 달첸에 오기까지 며칠 동안의 낮과 밤은 그야말로 아흔아홉 개의 산을 넘고, 아흔아홉 개의 벌판을 지나, 아흔아홉 개의 강을 건너오며 티베트 속살을 경험할 수 있기에 행복했다. 풍경은 황량하여 기행문에서 흔히들 표현한 진부한 표현을 빌리자면 '마치 물이 없는 어느 혹성을 여행하는 기분' 이 아니었던가. 이렇게 지구의 외연外緣으로 빠져나가는 듯 거친 길, 때로는 길 없는 곳에서 길을 만들어가며 힘들게 달려오는 행로가 사실 신화에 의하면 지구의 창조가 일어났다는 중심中心을 찾아오는 길, 즉 배꼽으로의 길이다.

사람 사는 일이라고 다를까. 사람 사이에서 멀어지고 외톨이가 되는 일이 마치 중심에서 떨어져 나가는 일 같지만, 두려워마라, 알고 보면 그런 고립이란 중심에 서려는 시도가 된다. 그것을 아는 사람, 연을 끊고 나서는 출가를 두려워하지 않는다. 옛 이야기에 '인간의 감정이 성글어질 무렵 도의 감정은 깊어진다人情疎時道情深' 했던가.

비록 음풍농월吟風弄月 할 곳은 없으되 해발 3천, 4천, 5천 미터 고원을 장식하는 황막하기 짝이 없는 풍경은 아무리 보아도 싫증나지 않았다. 고원은 근육질 남성을 느끼게 만들어 부모로 치자면 단단한 아버지 가슴으로 이런 가슴팍 위에서 독수리가 비상하고 사슴들이 종종 걸음으로 달려 나가고

리봉도[새앙토끼]와 마모트들이 고개를 내밀었다. 고원은 어머니처럼 친절하지 않아 제공하되 방치하기에 티베트 언어로 드로프카[유목민]들도 동물들과 뒤섞여 느릿하게 푸른 풀을 찾아 손수 이동해야 한다. 고원은 곳곳에 구름들이 드리우는 그림자로 무늬를 품은 채 얼룩덜룩했다.

고원의 기후는 변화무쌍했다. 바람 불다가 갑자기 진눈깨비 내리더니 어느 사이 곧장 따가운 햇살이 다시 등장했다. '한 낮에 길을 가는 사람의 한쪽 빰은 화상을 입고 다른 편 빰은 동상을 당한다' 는 고원지대. 흔히들 말하는 '산 하나에 사계절이 있고 십리 사이에 날씨가 서로 다르다一山有四季 十里不同天' 는 이야기와 '일 년 안에는 사계절이 없지만 하루 안에는 사계절이 있다' 고 말하는 이유를 모조리 알아차릴 수 있었다.

그러나 덧없어라, 고원은 무엇 하나 기준 삼을 만한 마땅한 것이 없지 않던가. 더위 혹은 냉기, 시시각각의 빛의 다양성의 총합으로 고정적 실체가 없이 늘 유동적이었다. 순간순간이 마지막이며 시작이 아닌가, 인간의 삶이 그러하듯이. 고원의 가르침을 기쁘게 받아들였으니 바라보는 모든 것은 지속됨이 없이 무상無常하여 불교의 핵심 다르마를 알려주었고, 이 모든 것이 마야[幻]와도 같아 여행길 위에서 힌두교 교리를 더불어 들을 수 있었다.

라싸를 출발하여 나흘째 한낮, 작은 언덕을 넘어서자 좌측으로는 바다와 같은 호수 마빰 윰쵸[마나사로바]가, 앞으로는 얼음으로 깎은 듯한 피라미드 모양의 설산봉우리 하나가 하늘을 향해 우뚝 솟아 있었다.

가르왈 히말라야에서 명성을 들은 이후 무려 15년 만의 대면이었다.

차에서 내리자마자 이미 정신없이 절을 하고 있는 현지인들과 어울려

대지를 향해 몸을 앞으로 던져 오체투지를 했다. 먼지가 풀썩거렸다.

카일라스가 보이는 곳에 오면 절을 하면서 만뜨라를 외우겠노라고 다짐을 했는데 이마를 땅에 대는 순간 당황스럽게도 엉뚱한 말이 불쑥 나와 버렸다.

"안녕하세요."

이제 달첸에 큰 깃발은 내려지고

● ● ●

중국인들은 달첸Darchen을 자신들 지도에 탑을 공경하는 마을이라는 의미로 탑흠塔欽이라고 쓰고 있으나 티베트 이름으로는 그것과 의미가 다르다.

달dar은 통상 깃발을 말한다. 티베트 사람들이 기원을 담아 매다는 달쵸 역시 이 이름에서 유래했고 여기에 첸chen이 붙으면 커다란 깃발을 의미하게 된다. 첸은 커다란 것은 물론 때로는 첫 번째에 이름을 붙여주기도 하기에 가령 순례를 나선 사내가 한 아이를 첸chen! 옆의 아이를 충chung! 이렇게 간단하게 소개했다면 첸은 첫 번째 아이, 충은 두 번째를 말하는 것이며, 컵이 두 개 있을 때 충! 이러면 작은 컵을 가져다주어야 따뜻한 버터차 한 잔이라도 얻어 마실 수 있다.

달첸에는 달첸 곰빠라 부르는 까규바 중의 드룩빠Drukpa 계열의 사원이 있다. 이 사원은 본래 순례자들의 숙소로 이용되고 한편으로는 외부 마을과 물건을 거래하는 역할도 맡아왔다. 달첸은 본래 성지순례의 배후도시라는

티베트 수도 라싸에서 서쪽으로 가는 동안 고원의 전형적인 풍광을 만난다. 멀리 하얀 눈, 가까운 녹색 경작지, 더불어 푸르른 강물. 그 어느 것도 주체가 아닌 채 서로가 서로에게 영향을 주며 무늬를 그려 풍경을 만들어 낸다. 세상이란 이렇게 상호침투하는 모습으로 동시에 존재하고 있다.

명성만큼 일대에서 양과 가축을 사고파는 지역으로 유명했으며 마을이 달첸이라고 부르게 된 이유는 이 사원에 늘 커다란 깃발을 걸었기 때문이다.

본디 카일라스 순례는 이 사원에서 시작해야 옳았다. 사원에서 오체투지를 하고, 사원을 중심으로 외벽을 따라 꼬라〔빠리끄라마parikrama 우측돌이〕를 한 후 이어 마니륜을 돌리며 길을 떠나는 일이 오래된 전통이었으나 이런 전통은 모두 사라졌으니 중국인들의 사원파괴 결과다. 이제 마을 위쪽에 자리 잡은 사원은 볼품없이 되어 일반 가정집과 구분이 안 될 정도가 되어버렸다.

달첸은 커다란 깃발이 있는 마을쯤으로 생각하면 정답이 되며 이곳은 카일라스 순례의 출발점이자 종착지가 되는 일종의 베이스캠프다. 산의 외연을 따라 걷는 바깥 꼬라 53킬로미터, 산의 안쪽으로 파고들어 한 바퀴 순환하는 안 꼬라 38킬로미터, 모두 이곳이 시작점이자 도착지점.

북쪽으로는 수정같이 빛나는 성산 카일라스가 자리 잡고 남쪽으로는 두 개의 호수를 품고 있는 발카Barkha 대평원이 드넓게 펼쳐지며, 약 50킬로미터 떨어진 곳에는, 주변 일대에 비〔雨〕를 관장하는 다섯 여신이 거주하는 아름다운 메모 나니Memo Nani 혹은 메모 남걀Memo Namgyal〔구르라 만다타Gurla Mandhta〕이라 부르는 봉우리들이 탐스러운 하얀 모습으로 길게 누워 있다. 최고 해발고도는 7천694미터로 티베트 고원의 제3위봉으로 빼어난 풍경을 만들고 있다. 동쪽으로는 마을이름을 가진 달첸 강이 카일라스 동쪽과 서쪽에서 흘러온 강물과 합쳐져 티베트어로는 랑가쵸Langa Tso〔라까스 딸Rakas Tal〕를 향해 흘러간다.

시선을 올리면 카일라스 남벽은 하얀 눈을 뒤집어쓰고 깊고 평화로운 자태로 결가부좌 중이다. 모든 것을 초월한 듯 언어조차 끊어진 모습으로 순수함을 유지하며 인간들의 일에서 멀리 떨어져 있다. 카일라스의 용龍 혈穴 사砂 그리고 수水는 간산간수看山看水에 능하지 않은 사람에게도 예사롭지 않은 기운을 내보인다. 길을 가던 사람들은 카일라스 봉우리가 막 보이기 시작하면 다짜고짜 절을 시작하는 것도 산이 그렇게 만든다는 이야기로, 명안의 변별력도 이런 곳에서는 소용이 없어 티베트인들과 더불어 오체투지를 하게 된다.

세월이 지나면서 자연에 대한 감수성이 증가하는 것일까. 자연은 내게는 점점 더 실재적이 되어가며 더욱더 아름다워졌다. 솔직히 말하자면 자연은 그냥 자연이었는데 이제 자연의 두두물물頭頭物物은 마치 빛을 머금고 있는 듯이 보여 의지와는 상관없이 풍경에 종종 몸과 마음이 떨렸다. 더불어 티베트 고원의 빛은 맨눈으로는 매우 눈부신 것이라 높은 고도에서의 현기증과 함께 초현실적 세상에 진입할 듯 느껴지니 구릉의 빛, 대지의 색, 아지랑이와 신기루를 마음에 그대로 비춰볼 수 있었다. 여행 중에 차 안에서 단 한순간이라도 꾸벅꾸벅 졸 수 있었을까. 그렇지 못했다.

그 여행 끝에 만난 카일라스는 모든 풍경을 일신하며 저렇게 단연 돋보인다. 하얗고 준수한 이마, 빛나는 자태, 망가지는 하마비 일대 달첸을 아예 무시하거나 초월한 채 고고하게 주석하고 있다.

◉ 3

강린포체[카일라스] 두 개의 키워드

신화란 미래를 품고 있는 과거이며, 현재 속에서 스스로를 실현시킨다.

—카를로스 푸엔테스

신화는 성소를 말한다

● ● ●

어디에 유명한 사찰이 있다고 치자. 사람들은 주말이면 수없이 모여든다. 그리고 때가 되면 집으로 돌아간다. 이 중에서 과연 그 유명하다는 사찰을 제대로 보고 온 사람은 얼마나 될까. 제대로 보았다고 이야기하기 위해서는 사전에 공부가 필요하거나 친절한 안내가 있어야 하리라. 그 절이 누구에 의해서 어떤 이유로 만들어졌는지, 창건 신화는 가지고 있는지, 어떤 전각들이 있으며, 보물이나 문화재 같은 것은 얼마나 있는지. 큰스님의 부도전은 있는지 등등.

이런 공부가 이루어진 후 찾았을 때와 그렇지 않았을 때 차이점은 많이 다를 수밖에 없으니 같은 절을 다녀온 후에도, 굉장한 감동을 이야기하는 사람부터, 오고가는 데 힘이 들었다, 절이 넓어 다 보기 어려워 고생했다, 등등의 1차원적인 이야기만 서술하는 사람까지 후평이 다양하기 마련이다.

사진만 찍고 돌아와 후일담으로는 고생거리만 나열할 것인가? 한 번 공부하고 찾아가, 많은 전각들이 건네는 말을 가슴에 소중하게 받아 적을 것인가?

카일라스 역시 마찬가지다. 사전에 어느 정도 지식을 넣고 가지 않고서는 어떤 의미를 가지고 있는지 도통 알 수가 없기에 그냥 가면 다만 몸만 고생할 따름이다. 카일라스라는 성전을 여는 데는 신화와 성소라는 두 개의 키워드가 있다.

우선 신화를 살펴본다. 신화란 옛사람들이 자신들과 바깥세상에 관한 생각이 어떠했는지 표현한 원초적 이야기다. 세계 이곳저곳에 넓게 퍼져 있는 신화를 분석하면 거의 일치하는 발생發生 순서가 있으니 조셉 캠벨의 이야기처럼 '인종이나 지역에 상관없이 모든 인류는 정신구조상 동일한 신화적 모티브를 공유' 하고 있다.

쉽게 나열하면 네 가지 단계로 나눌 수 있다.

1. 첫 번째는 카오스(混沌) 상태.
2. 다음은 미분화된 알(卵).
3. 여기서 하늘과 땅이 갈라지고 둘은 우주축宇宙軸에 의해 교통하면서 왕래함.
4. 다시 종말이 와서 카오스로 돌아감.

카오스와 알은 간단하게 설명하자면 혼돈 상태에서 창조가 일어나 진행하는 대목이다. 이때는 하늘과 땅, 남성과 여성, 어둠과 밝음, 삶과 죽음, 이런 분화가 존재하지 않는 상태로 양극혼재兩極混在다.

다음 단계는 하늘과 땅이 갈라진다. 혹은 생성된다.

이렇게 생겨난 지상에서 갈라진 천상, 즉 두 세상을 서로 연결하려는 우주축이 등장한다. 우주축〔Axis Mundi〕은 지역의 신화에 따라 다양한 형태로 나타나며, 나무〔木〕, 사다리〔棧〕, 밧줄〔縲〕, 기둥〔柱〕, 불〔火〕 등이 있고 이것들은 하늘과 땅을 직접 연결하게 된다. 샤먼, 제사장, 왕 그리고 종교창시자 등등, 하늘의 신성과 직접적인 관련이 있는 존재들이 이 도구들을 이용해서 승천 혹은 인간세상으로 하강하면서, 지상의 뜻을 하늘에 알렸고 하늘 계시를 지상의 피조물들에게 통보하거나, 신이 스스로 이 길을 따라 내려와 현현했다〔神顯, Theophany〕.

카일라스는 바로 우주축이다. 우주축은 하늘에 속하지 않고 대지의 소속도 아닌 천天과 지地 간의 연결축으로, 우주축 위에는 또 다른 세상이 있다.

카일라스는 티베트불교 입장에서 보면 산 정상에 삼십삼천의 세계가 있고, 티베트 토속 뵌교에서는 교주가 하늘에서 이 산을 타고 내려왔다가 때가 되어 다시 하늘로 승천했으며, 힌두교에서는 산 정상 위로는 자신들에게 비중이 막강한 신 중의 하나인 쉬바신을 모셨다. 조금씩 표현이 다르지만 신화적 시선으로 보자면 우주축의 반영으로 세상 어디나 존재하는 신화의 한 형태로 볼 수 있다.

다음 키워드는 성소聖所.

우주축의 의미가 이렇게 하늘과 대지를 연결한다면 우주축이 이곳저곳 아무 자리에 불쑥 있을 턱이 없으니 중심中心에 해당하는 자리에 있을 것이며, 신화에서는 그런 이유로 중심을 왕왕 배꼽이라고 표현하고, 배꼽은 바로 영원의 에너지가 시간 안으로 흘러들어가며 창조가 일어난 현장 혹은 지극한 성지가 된다. 우리들 몸에서 배꼽을 생각해보면 중심이기도 하며 창조의 상징인 동시에 배꼽은 우주의 종말이 오면 파괴가 시작되는 자리다.

삶과 죽음에 대해 고민하던 시절, 갠지스 강가의 화장터에서 '아예 살았다' 이야기 할 수 있을 정도로 진득하게 체류했다. 밥 먹고 잠잘 때 이외 숨이 멈춘 시신이 태워지고, 치워지고, 다시 장작을 쌓아올린 후, 태워지고 치워지는 모습을 보고 또 보았다.

가장 신비로운 모습 중에 하나는 불길 속에서 시신의 배꼽이 터지는 순간. 모든 시신이 반드시 이런 과정을 거치는 것은 아니지만 배 안에 있는 가스가 팽창되다가 기어이 배꼽을 찢고 나오며 펑! 불길을 심하게 흔들리는 때가 있었다. 참 묘했다. 그렇게 터져버리는 배꼽이란 어머니와 나의 유일한 통로였으며, 내 우주가 창조된 바로 그 자리였다. 배꼽의 파괴는 이제 완전한 소멸의 시작으로 느껴졌다.

옛 제사장들도 배꼽을 중심으로 성도聖都를 만들거나 성전聖殿을 건립하고, 혹은 성산聖山으로 지목했으며 이곳이 점령당하는 일은 종말로 보았다.

만일에 내가 제사장이 되어 하나의 성소를 만들어야 한다면 어디를 꼭 집을까? 넓은 대지에 배꼽을 찾으려면 어디를 지목해야 할까?

산이어야 한다. 대지에서 하늘과 가까운 곳은 산이기에 여러 산줄기가 달려와 모이는 중앙의 높은 지점이면 된다. 산 정상은 하늘에서 가장 가까우며 인간으로서 이곳을 통하지 않으면 하늘에 닿을 도리가 없지 않은가.

더불어 햇살이 수직으로 떨어지는 자리를 중심으로 잡았다. 그 외 여러 가지 기준이 있었으나 모두 모든 지상의 에너지, 염원이 모이고 응축해서 하늘로 쉽게 오를 수 있다고 생각했던 장소가 선택되었으며 여기에 더해 강물이 시작되는 근원이라면 말할 나위가 없겠다.

그렇다면 지상에서 세밀하게 살펴보자면, 한두 개 강이 아니라 무려 네 강이 모여드는 중심점의 호수와 산이 있는 이 자리 이외에 마땅한 지역이 없었기에 여기가 바로 우주축이 자리 잡는 배꼽으로 간주해도 신화적으로 거부할 명분이 없다. 지도라고는 아예 존재하지 않았고 그렇다고 하늘을 날 수도 없었던 그 옛날에 경전에서는 이미 네 개의 강을 비롯한 근원을 정확히 이야기했다는 사실에 전율을 느낀다.

성지를 모두 모은 종합선물 세트가 있다

지구상에 영적으로 고양되는 장소가 있다고 한다. 일부 기氣에 민감한 스승들은 그런 장소를 이미 성소로 지정해 놓았고 티베트인들은 이런 장소는 네ne 혹은 네첸nechen이라고 부른다.

반면에 불길한 에너지가 방출되는 지역도 있기에 이런 자리는 비보책으로 촐텐, 사원 등등을 지어 억누르기도 한다.

일종의 풍수지리風水地理지만 티베트에서는 중국이나 한국처럼 풍수를 살피는 지사地師나 지관地官에 의해서가 아니라 요기Yogi, 즉 수행자에 의해 자연에서 나오는 에너지를 감지하고 그 자리에 머물며 수행을 통해 앞으로 어떻게 처리할지 결정되었다.

티베트에서는 전통적으로 네ne 혹은 네첸nechen에 대한 자연적 그리고 인위적 요소를 아래처럼 꼽았다.

자연적 요소—산봉우리, 언덕, 계곡, 호수, 샘물, 강의 합류점, 천장天葬터.

후에 추가된 인위적 요소—성자의 탄생지, 성자가 수행한 자리.

1. 성지의 자연적 요소 중 으뜸은 역시 산봉우리다. 산이 제일 성스러운 장소가 된 것은 높이 솟아 하늘[天]과 맞닿아 있기 때문으로 요즘처럼 산이 사람들에 의해 유람의 장소가 된 것은 옛 생각을 잊었기 때문이다.

티베트인의 시선으로 보면 제일 으뜸은 바로 강 린포체[카일라스]이며, 이어서 랍치Labchi, 짜리Tsari, 냥첸Nyangchen, 탕하Thanglha, 뵌리Bonri, 카와 깔뽀Kawa Karpo 그리고 암네 마첸Amnye Machen이 티베트 수행자들이 이야기한 영적으로 강한 에너지가 흐르는 성산이다.

2. 다음은 언덕으로 대지에서 출발한 산 기운이 산의 정상으로 올라가는 자리가 성지다. 흔히 라La라고 부르는 이곳에는 온갖 깃발을 내걸고 이곳으로 올라서면 '라 쏘오, 쏘오, 라우길로'를 외치며 위대한 신이 승리했다고 선언한다. 경문을 적은 작은 종잇조각을 바람에 날리기도 하고 자신이 가지고 온 달쵸[깃발]를 매달아 길의 안녕을 빌기도 한다.

3. 계곡 역시 성소다. 계곡의 의미는 여성적 상징에서 기인한다. 나무가

자라고 물이 흐르며 생명이 움틀 수 있는 지형적 의미를 가지기에 출산出産과 관계 짓는다. 티베트의 황량한 고원을 생각한다면 수행자들이 이런 자리에서 신성한 다르마를 유지시킬 수 있다고 여기게 되었고 성지의 조건으로 받아들여졌다.

4. 호수는 대지 위에 물이 고여 있고 그곳에 하늘을 반영한다. 즉 하늘〔天〕, 대지〔地〕 더불어 물〔水〕이라는 요소가 한 자리에서 만나는 의미 있는 장소로, 마빰 윰쵸Marpam Yumtso〔마나사로바Manasarovar〕, 얌독쵸Yamdrok Tso, 라모라쵸Lhamo Latso, 남쵸Namtso 그리고 코코노르Kokonor라고 부르기도 하는 쵸왼Tso Ngon이 성스러운 호수로 지목되었다.

5. 강의 합류점. 즉 얄룽 짱뽀와 끼추Kyichu, 짱뽀Tsangpo와 냥추Nyangchu의 합류점. 갈라진 기운이 서로 만나 힘을 더하는 자리 역시 성지 대접을 받았다.

6. 더불어 성자들의 수행처 및 동굴이 성지다. 공간과 대지의 단단한 바위가 만나는 티베트의 많은 동굴들은 본디 동물과 유목민들의 피난처였다. 야크, 염소 등등은 폭설, 혹한, 우박 등, 심각한 날씨를 피해 동굴로 들어갔으며 유목민 역시 이곳에서 불을 지피며 날이 좋아지기를 기다렸다. 이런 동굴에 방랑수행하는 성자가 입주하고 명상을 시작함으로써 차차 기운이

성지는 사람을 불러 모은다. 노구를 이끌고 으뜸성지를 찾은 노인의 이마는 오체투지로 인해 흙이 범벅되어 있다. 옛 대덕들이 지나간 길을 온몸으로 기어가는 노파의 손발과 옷을 보라. 부디 내세에 해탈이라는 큰 복 있으시라.

바뀌어 나갔다. 후에 제자가 동굴을 이어받아 분위기를 이어나가고, 다시 그의 도반이나 제자가 찾아와 고요함 가운데 축적되는 맑은 수행의 기운.

비유하자면 한 자리에서 계속 향을 피우면 향냄새가 차차 강하게 배어지는 것과 같이 짐승 소굴이 성지로 바뀌어 나갔고, 자연적이건 수행자가 남겼건 동굴 내부 혹은 바깥 부근에 샵제zhabs rjes〔발자국〕, 착제phyag rjes〔손자국〕 등의 흔적이 보인다면 깨달음을 얻은 존재가 불성을 표현하기 위해 초월적인 힘을 남겼다는 의미가 주어져, 동굴은 특별한 대우를 받았다. 수행자에 대한 신화와 후세의 이야기들이 첨가되면서 만다라 중심점이 되어 사람들을 모아왔다.

14대 달라이 라마는 이것을 이렇게 말한다.

"많은 순례자들이 과거 고승들이 살면서 도를 닦았던 곳을 방문합니다. 그런 고승의 존재는 그곳을 축복 받은 곳 혹은 정신적 전기가 충만한 곳으로 만들어 줍니다. 순례자들은 이런 신비한 전기를 느끼기 위해 그곳을 찾아가고 또 고승들이 보았던 그 드높은 경지를 보고자 애씁니다."

티베트불교의 전통에 의하면 가장 강력한 성소는 고타마 싯달다가 깨달음을 얻어 붓다로 재탄생된 자리로 인도 보드가야 보리수나무 아래다. 또한 구루 린포체로 불리는 파드마쌈바바가 역시 수행 끝에 재탄생한 카트만두 계곡 남쪽 언덕 양레쏘Yanglesho〔팍삥Pharping〕의 동굴이 지극 성소다. 세월에 따라 성자들의 수행처에 더해 탄생지가 추가되었으며 사람들은 이런 장소에서 종교적인 행사를 하며 신성을 나누어 받는다.

7. 기타 성소로는 물과 불의 기운이 어우러지는 온천수가 솟아나는 자

리인 뗄돔Terdrom, 뜨레따뿌리Tretapuri, 더불어 여기에 화염까지 치솟는 추미 가차Chumi Gyatsa〔묵띠나트Muktinath〕가 있다.

복잡하게 나열했으나 옛말에도 있듯이 '높은 산 험한 바위는 지혜 있는 이들이 거처할 곳이요, 푸른 솔 깊은 골짜기는 수행하는 이가 깃들 곳' 이라는 이야기다.

이런 곳을 다녀오는 일을 우리는 순례라고 부르며 여행이라 일컫는 움직임과는 다르다.

역시 달라이 라마는 이런 성지로의 순례에 대해 명쾌하게 정의했다.

"동기와 목적만 올바르다면, 정신적 성소 주위를 다녀오는 일은 모두 순례가 됩니다. 어떤 순례지는 라싸와 카일라스 산처럼 오래전부터 잘 알려져 왔고, 어떤 곳은 현지의 전통에 따라 서서히 순례지로 부상하기도 했습니다. 티베트 여행자들은 전통적으로 언덕이나 고개에다 돌을 쌓아 올려 탑을 만듭니다. 나중에 이 돌탑에 기도문이나 여러 불경이 새겨진 '마니' 돌과 기도 깃발이 추가되기도 합니다. 마침내 이 돌탑은 하나의 성소가 되고 그러면 여행자들은 그 주위를 돌면서 기도를 올린 후에 다음 행선지로 떠나갑니다. 때로는 이 성소가 순례의 주된 목적지가 되기도 합니다."

사실 그 어디라도 동기와 목적이 순수하면 순례다.

그러나 카일라스는 신화를 살펴보면 당연 으뜸 성지이며, 소위 말하는 성지의 개념으로 따져도 네ne 혹은 네첸nechen이 되는 자연적 요소와 인위적 요소가 거의 함께 모여 있기에 그야말로 성스러운 장소, 즉 '성소 종합선물 세트' 가 된다.

미스코리아의 선출 기준이 나이, 신장, 이목구비, 몸매, 마음, 평소 선행, 표현력 등등에 있고, 이 모든 조건을 살펴 1위를 뽑는다 치자. 이제는 미스코리아 대신 성스러운 산을 단 하나 뽑아야 한다면, 화장기가 짙고, 성형수술로 어지러운 모습의 다른 산들은 거들떠 볼 것도 없이 모든 조건에서 압도적으로 타의 추종을 거부하는 군계일학 카일라스로 고개를 돌리면 된다.

성스러운 의미가 주어진 시냇물을 넘고, 언덕을 오르는가 하면, 수행자 동굴을 지나고, 높은 곳에서 광활한 풍경을 보고 개활지를 걸어 나간다. 항상 신성한 산을 우측 어깨에 중심을 두고 며칠 동안 걸어가며 네와 네첸 모든 것을 다 만날 수 있는 곳이 지상에 어디인가?

오로지 카일라스다.

불교에서는 모든 외부적 현상을 자성이 없는 공空으로 보라고 가르치기 때문에, 텅 비어 있는 드넓은 곳을 방문하는 것도 큰 도움이 됩니다. 높은 산에 올라가면 빈 공간을 쉽게 볼 수 있습니다. 마찬가지로 탁 트인 야생의 개활지를 걸어가는 순례는 불교에서 가르치는 원융무애圓融無涯의 경지를 느끼게 해줍니다. 우리의 많은 사원과 성소가 상서로운 곳에 세워져 있습니다. 때로는 험준한 산세와 가파른 곡류가 금지의 몸짓을 명확히 드러냅니다. 공부보다는 실천을 더 중시하는 소규모 사원이나 암자에서는 이런 가르침을 봉행하고 있습니다. 우리의 순례 전통은 불교와 티베트의 독특한 환경, 이 두 가지가 합쳐져서 만들어진 것입니다.

—게일런 로웰의 『달라이 라마, 나의 티베트』 중에서

신화의 기준으로 보아도 일치하고 성지의 개념으로 보아도 딱 들어맞는 곳. 거의 모든 조건들을 갈무리하여 내장한 산.

이런 곳을 머리 숙여 방문하는 일을 순례라 부르며, 이런 장소를 한 발 한 발 성스러움을 느끼며 걷는 일은 자신을 변화시키는 힘을 받게 된다. 기회가 주어진다면 정말 가볼 만하지 않는가.

그 산이 드디어 바로 앞에 있다.

◉ 4

강린포체[카일라스] 이름을 제대로 불러주자

검은색 피부에 해골로 장식한 '샤크티'를 포옹하고 있는 '바즈라바이라바', '헤바즈라', '마하깔라'와 같은 분노의 신은 '합체상合體像'으로 표현된다. 이러한 합체존合體尊'의 도상을 '얍윰yab-yum', 또는 '환희불歡喜佛'이라고도 한다. '야부yab'는 '우주父(시바에너지)'이며 '윰yum'은 '우주母(샤크티에너지)'를 상징한다. 이 우주에 넘치는 '남성 에너지'와 '여성 에너지'의 만남 또는 '시간'과 '공간'의 결합은 깨달음의 성스러운 모습임을 형상화한 것이다. 티베트 밀교의 합체존合體尊은 '부처'와 '인간'이 근원적으로 하나라는 사실을 일깨워준다. 또한 너와 나, 시바와 샤크티가 하나로 융합될 때, 이 세계는 대락大樂 구현의 환희의 나라가 된다는 메시지를 전하고 있다.

—석도열 스님의 『만다라 이야기』 중에서

이름을 부르려면 의미를 알아야

● ● ●

대화 중에 호남지방이라는 이야기를 들었다 치자. 아니면 영남이라는 단어를 들었다 해도 마찬가지. 우리의 머릿속에서는 대충 어디를 호남이라 하는지 혹은 영남이라 하는지 그림이 그려진다.

그런데 누군가 묻는다.

"호남湖南이라 말하는데 도대체 어느 호수 남쪽을 호남이라 하지요?"

"영남嶺南은 어느 령嶺 아래가 영남이죠?"

아차 싶다. 수없이 호남, 영남이라는 이름을 달고 살면서도 이름의 정확한 의미를 모른다.

이것이 어디 지방 이름뿐이겠는가. 설악산, 오대산, 지리산, 속리산 등등의 이름을 들으면서 그것이 어떤 산인지는 잘 알아도 어떤 의미가 있는지, 의미를 챙겨보는 사람의 숫자는 매우 적다. 그러면서도 속리산에 가서 산행을 하고 내려와서는 정치인을 안주삼아 하산주를 하고, 그 산 참 잘 봤다, 만족하며 귀가한다.

이름의 의미는 매우 크다.

『속전등록』 22권의 청원유신青原惟信 선사 편에 유명한 구절이 있다.

"이 노승이 30년 전 참선을 하기 이전에는 '산은 산이고 물은 물인 것山是山 水是水'으로 보였다. 그 뒤 어진 스님을 만나 깨침의 문턱에 들어서고 보니 '산은 산이 아니고 물은 물이 아니었다山不是山 水不是水'. 그러나 마침내 진실로 깨치고 보니, '산은 역시 산이고, 물은 역시 물이었다山是山 水是水'."

훗날 성철스님이 인용하는 바람에 더욱 유명해진 이 이야기는 깨달음까지 수행 과정에 대한 설명이다.

산은 산이었으나, 산이 산이

어떻게 보이는가, 이 부둥켜안음이. 무지하면 짝짓기로 보이고 알면 양성의 극복 상징으로 쉬이 읽힌다. 마음자리가 어디에 있느냐에 따라 형상을 이루는 모든 모습은 의미가 천리만리 달라진다. 상대 종교의 메타포에 대해 무지하다면 비난에 앞서 부디 입을 닫을지어다. 이런 모습의 깊은 의미를 일러 힌두교에서는 카일라스라 한다. 실재는 하나[一者]이기에 합쳐지지 않는다면 알 도리가 없으며, 분리를 거부하고 뛰어들면서 이제 비로소 참다움이 드러난다.

아닌 곳으로 진행하기 위해서는 이런 이름의 파악이 기본이며 필수가 된다. 어차피 문자란 달을 가리키는(指月) 것에 불과하여 언젠가 버려야 하지만, 손을 보아야 손가락을 보고, 이어서 달을 볼 수 있기에 언어 문자는 반드시 지나가야 하는 징검다리가 된다. 뜻을 헤아리지 못하고 갈 수는 있으나 도리어 아주 먼 길이 된다.

호남 혹은 영남의 의미를 묻는 이런 일이 한국에서만 일어날까.

인도 사람에게 묻는다.

"카일라스가 무슨 말이죠?"

"정말 좋은 질문입니다. 카일라스는 쉬바신이 사는 산입니다. 티베트에 있습니다."

외국인이 힌두교의 절대성지인 카일라스에 대해 물으니 반가울 수밖에. 얼굴 표정이 확 달라지며 마치 신의 이야기를 들었다는 듯이 자세가 겸손해지기까지 한다.

"아니, 산 말구요. 무슨 의미죠?"

"산 이름이라니까요."

인도 사람도 어쩔 수 없다. 한동안 기회가 있을 때마다 그럴 듯한 인도인들에게 물었으나 신성, 쉬바신 이외 갈증을 해결해주는 뾰족한 이야기를 듣지 못했다. 외국 사람이라도 의미를 아는 사람이 인도인에게 제대로 알려주는 수밖에 도리가 없다.

인도 신화의 카일라스와 불교의 수미산은 다른 산

인도 사람들은 말이 많다. 신화도 마찬가지로 다양하며 수다스러워 온갖 이야기들이 넘쳐난다. 쉬바의 결혼 하나만 해도 이런저런 이야기가 두런두런하다. 그러나 이 경전 혹은 저 경전에서 공통적으로 같은 이야기를 하고 이곳저곳의 큰 스승들이 똑같이 말씀하신다면 그것은 정설로 간주해도 좋다.

인도 신화에서 우주는 창조의 신 브라흐마Brahma에서 기인하기에 유신론이다. 그런데 창조를 시작한다면 어딘가 최초의 지점이 있어야 하고 그곳을 중심으로 일을 벌여야 하니 바로 현재 카일라스 일대라고 하며 『리그베다』에서는 '대장장이가 일체를 달구고 두들기듯이' 브라흐마가 이 자리에서 세계를 만들었다고 전한다. 브라흐마는 자신 마음의 청사진을 통해 꽃을 만들고 초원을 형성했으며 그 위에 뛰어놀 온갖 동물들을 만들었단다.

힌두교 입장에서 간과할 수 없는 것은 브라흐마의 마음(心)이다. 모든 존재는 무형의 신의 마음(心)으로부터 단단하고 견고한 루빠, 즉 물질(色)로 진행되었기에 육신을 가지고 형체를 이루고 있는 우주의 모든 물질 안에는 자애로운 신의 마음이 스며있음이다. 몸뿐 아니라 여기서 기인하는 영혼 역시 마찬가지라, 나는 물론, 거대한 산 역시 신의 마음이 골고루 스며들어 있다는 이야기다. 브라흐마Brahma 신의 마음을 브라흐만Brahman이라 이야기한다면 개개인에 들어있는 신의 마음은 아뜨만Atman이라 부르고, 비유하자면 거대한 바다 브라흐만에서 우리는 각기 다르게 생긴 그릇 안에 각자의 바닷

물을 담고 있다고 보면 된다. 즉 각자가 품은 브라흐만이 곧 아뜨만이다.

이런 창조의 과정에서 중심축에서는 산이 하나 최초로 일어서며 그 이름은 메루Meru, 경전에 따라서는 수메루Sumeru라고 기록되어 있다.

그렇다면 메루〔수메루〕가 카일라스일까?

답은 '아니다'.

일부 힌두 신화와 힌두 구루들은 메루〔수메루〕를 카일라스와 같은 산으로 여기지만 힌두교에서의 적극적인 해석을 따르자면 정설은 아니다.

메루〔수메루〕 산 정상에는 커다란 나무가 하늘을 향해 자라난다. 얌부Jambu라고 부르는 나무에는 코끼리 크기만 한 거대하고도 달콤한 열매가 주렁주렁 열린다. 열매는 땅에 떨어져 불사不死 즙을 내어 강을 이루게 되어 산 아래로 흘러가니 이 강은 나무 이름을 따서 얌부강이라고 부른다.

우리나라 지리산의 경우 다양한 이름이 존재한다. 두류頭流, 頭留산, 방장方丈산, 방호方壺산, 남악南岳산, 불복不伏산, 봉익鳳翼산 등등, 그 모습에 따라 이런저런 이름들이 더해져 왔다. 메루〔수메루〕 산 역시 여러 이름을 가지고 있으니 이름만 살펴보는 일로도 다른 설명이 더 이상 필요 없을 정도다. 메루〔수메루〕 산은 불사의 물로 채워진 얌부 강의 근원이기에 아마라 빠르바따Amara Parvata〔不死山〕, 연꽃처럼 피어올랐다 해서 까르니까찰라Karnikachala〔蓮花山〕, 보석처럼 빛난다고 라뜨나사누Ratna Sanu〔寶石峰〕, 그리고 신들이 거주하기에 데브 빠르바따Dev Parvata〔神山〕 등등 경전에서는 이렇게 저렇게 필요에 따라 다르게 표현된다.

중요한 것은 힌두교에서 말하는 메루〔수메루〕의 사방四方이다.

1. 산의 서西쪽에는 다시 산이 하나 있으며 이름은 만다라mandala로, 이 산은 신화시대에 신과 악마가 힘을 합쳐 불사약을 만들기 위해 애를 쓰던 무렵에 중요한 역을 맡는다. 즉 거대한 우유 바다를 휘젓기 위해 육중한 이 산을 가져다가 사용했다. 산 근처에는 창조의 신 브라흐마의 거처인 브라흐마로까Brahmaloka가 있으며 일대를 스바르로까Svarloka, 즉 천국이라 부르고, 감미로운 음악이 흐르며 숲은 울창하게 우거져 달콤한 과일들이 주렁주렁 달려 있고 향기로 가득 차 있는 지역으로, 인접한 알라까Alaka에는 부富의 신 꾸베라Kubera의 성이 있다.

2. 남南쪽에는 유지를 담당하는 비슈누 신의 거처인 바이쿤다Vaikuntha가 있다. 인도인의 어머니 강인 강가Ganga는 천상인 이곳을 지나 바깥으로 흘러나가며 더불어 크리슈나의 천국인 고로까Goloka가 인근에 있고 야무나Yamuna 강이 이 자리에서 발원하여 흘러간다.

3. 북北쪽은 한때 막강한 힘을 소유했으나 아리안들이 들어오고 힌두의 삼신, 브라흐마, 비슈누 그리고 쉬바가 본격적으로 자리 잡으면서 계급 격하가 일어난 인드라Indra〔帝釋天〕가 산다. 지명은 인드라로까Indraloka로 이곳은 새, 구름, 요정처럼 하늘과 공간을 자유자재로 다닐 수 있는 모든 존재들의 고향이다.

4. 이제는 동東쪽. 제일 중요하다.

이곳으로 산이 하나 솟아 있으니 이름이 바로 카일라스다. 카일라스에는 쉬바와 그의 아내 파르바티가 살고 있으며 쉬바가 타고 다니는 황소 난디Nandi와 쉬바신의 군대가 주둔하고 있다. 카일라스 역시 바라보는 사람에 따라 다른 이름을 가지고 있어 헤마꾸따Hemakuta〔黃金峰〕, 라자따드리Rajatadri〔銀山〕라고 부르기도 하며 칼리다사는 「메가두따」에서 '빛나는 수정봉'으로 표현했으니 모두 보석처럼 아름답다는 뜻의 다른 명칭이다.

메루〔수메루〕 주변은 이렇게 동서남북 피라미드 사각형 모습을 갖는다. 더불어 카일라스의 골격 역시 사면체이며 중심에는 원추〔山〕가 얹힌 형태로 각기 동서남북에 수호신들이 있다.

힌두교에 의하면 메루〔수메루〕를 중심으로 각 방향에는 이렇게 신들이 거주하는 천국이 자리 잡고 있다.

문제는 서西, 남南, 북北쪽에 있는 산들과 산의 경사면은 사람 눈에는 전혀 보이지 않는 허공계라는 점.

다만 메루〔수메루〕 동쪽의 카일라스만이 인간 눈에 가시적可視的이기에 많은 사람들이 살아서 신의 땅을 보고, 더불어 이 지극한 성지를 자신의 두 발로 밟아보기 위해 이곳을 향해 나간다. 인간 존재가 자신의 눈으로 볼 수 있는 유일한 신의 집이 바로 메루〔수메루〕의 동쪽이기에 수천 년 동안 힌두교도들의 열렬한 성지로 자리매김을 해왔고 그 가치는 해가 가도 조금도 줄어들지 않는다.

다시 살피면 메루〔수메루〕와 카일라스는 힌두 신화에서는 별개의 것이다. 신들의 집은 메루〔수메루〕를 중심으로 포진하여 있다.

그러나 불교에서는 수메루는 바로 수미산이며 현재 카일라스가 된다.

이것은 힌두교가 발생하고 장구한 시절이 흐른 후 불교가 일어나면서 힌두교 신화를 받아들여 차용하고 발전시킨 결과다. 즉 불교는 힌두교와 공존하면서 파격적이고 새로운 이야기를 꺼내지 않고 어느 정도 적극적으로 수용했기에 힌두교의 명칭들이 불교에 고스란히 사용되고 있기도 하다. 학자들은 '불교가 인도에서 성립하고 성장한 종교로서 그 존립을 위해서는 교리적인 측면과 더불어 신앙적인 차원에서 당시 인도인의 종교적 성향을 충족시키지 않으면 안 되었을 것'이며 그런 이유로 '인도 신화의 변천과 더불어 불교 신화들도 거의 비슷하게 반응하여 그것들(힌두교)을 어느 정도 수용'하고 있고, 또 '불교 자체 내에서도 그 독지獨持의 세계관이라 할 수 있는 삼천대천세계설三千大天世界說을 비롯하여 시방불토설十方佛土說 그리고 제불보살설諸佛菩薩說 등의 신화를 성립'시켰다고 말한다.

불교에서는 『장아함』과 『구사론』에서 우주의 창조와 수미산에 대한 이야기들을 만날 수 있으나 힌두교와는 슬쩍 어긋나 있다.

그러나 이것 하나는 알고 가야 한다. 불교와 힌두교에서는 신화는 다만 신화로 얕은 급의 종교적 행위에서는 받아들여지지만 높은 수행에서는 신화가 깊은 연관이나 중요한 비중을 가지지 않는다. 반면 기독교에서는 『구약』의 천지창조처럼 신화와 유사한 이야기가 교리에서 단 한 단어의 예외도 없이 텍스트 그대로 절대적으로 수용된다.

일원적 사상, 그 위에는 불이不二가 있다

카일라스라는 말은 두 이야기가 합쳐진 것이다. 즉 keli에 aas가 더해졌다. 이 단어는 쉬바와 그의 아내 파르바티가 부부행위를 통해 하나가 되면서 서로가 내지르는 소리가 하나의 단어가 되었으니 쉬바가 몸을 섞으며 아내를 부르면[keli] 아내는 신음소리[aas]로 답한다. 남성 에너지와 여성 에너지가 하나가 되는 이런 불이不二의 상태를 힌두교에서는 마이투나maithuna라고 부른다.

이성을 탐닉하는 일에 몰두하는 사람이거나 한참 호르몬 폭풍이 불어 이성을 힐끗거릴 수밖에 없는 십대 후반과 이십대에게 이런 이야기는 음습한 망상을 불러일으키며 입방아에 여념이 없으리라. 그러나 성행위는 하나의 메타포[隱喩]로서 둘이 하나가 되는 순간, 남과 여, 너와 나, 불성과 미혹함, 아래와 위 등의 이원성二元性은 사라지고 일원적 상태 혹은 초월이 일어남을 표현한다. 양성兩性의 극복은 물론 남녀가 나눠지기 이전의 태초까지 거슬러 올라가기에 카일라스라는 말의 깊은 의미는 음담패설이 아닌 바로 초월이다.

더불어 인도에서 여성은 에너지의 근원으로 보았다. 이것은 훗날 인도밀교에서 티베트밀교로 상속되면서 남녀합일, 즉 여자를 껴안고 있는 합체존 얍윰yab yum 형상을 만들게 된다.

성이라는 주제는 일부 종교에서는 수치심과 죄악시되어 반드시 피해가야 할 무엇이다. 반면 고대 인도에서는 우주의 원리를 여성에게서 읽어내었고 이 에너지를 샥띠shakti라고 부르며, 샥띠는 대지에 풍요를 가져오고 때에 따라서는 광폭한 힘으로 기근과 자연재해를 인간에게 보여주는 에너지로 간주되었다. 그렇다면 남성은 어떤 힘일까? 남성은 활동력을 가진 정신이었다.

따라서 힌두교에서 여자는 대지위에 현상을 나타내는 동적動的인 부분이며 남자는 정신적인 부분으로 오히려 정적靜的이었다. 현대사회에서 남녀에 대한 평가와는 반대인 셈이며 훗날 딴뜨라 불교에서의 방편대비方便大悲를 남성적으로 보고 반야지혜般若智慧를 여성원리로 여기는 남녀관과도 반대가 된다.

이런 기본적인 성격을 이해하면 인도밀교와 티베트밀교에서 '성교'라는 단어에 시비하거나 알레르기를 일으키지 않으니 역시 초월이기 때문.

성행위뿐 아니다. 행위를 넘어서 활연한 경지에서는 불성과 번뇌가 모두 도구가 된다 한다.

또한 반야딴뜨라의 속성을 대표하는 것 가운데 오마사가 있는데, 오마사란 다섯 가지 성취수단에 대해 모두 M자로 시작하는 데서 기인한 것이다. 오마사의 전통은 힌두교의 샤끄띠파에서 행해지던 오진실五眞實 panca-atattva의 수행법에서 술madya, 고기mamsa, 생선matsya, 곡물mudra, 성교maithuna의 다섯 가지를 수행으로 삼은 데서, 다섯 공물의 자음의 다섯 글자를 인용해서 오마사五摩事 panca-ma-kara라 이름한 것이다.

이런 오마사의 본질은 중생의 현실세계와 번뇌가 불성의 실체와 다르지 않음을 관하는 적극적인 수단으로 밀교의 부족사상部族思想에서 기인한 것으로 존재하는 현상적 실체가 곧 오불五佛의 속성과 다르지 않음을 주장한 것이다.

—정성준의 「인도밀교印度密教의 전개에 따른 호마의궤護摩儀軌의 변천」 중에서

우리 모두는 성행위로 이 세상에 왔다. 그렇지 않은 사람(과학이 발달하면서 인공수정이 있으나 이런 비상식적인 것들은 제외하자)은 『성경』을 그대로 받아들인다면 예수밖에 없다. 즉 모든 존재들의 근원은 바로 성행위라는 이야기로 여기에는 여성과 남성, 암컷과 수컷이라는 양성이 관여하며, 이것이 법계의 유지와 증식의 유일무이한 방법이었기에 이성과의 성을 통해 수련하며 성을 통해 법계를 알아보자는 생각까지 자연스럽게 생겨났다. 종교의 본질을 깊이 이해한다면 성문제를 종교에 적용하는 힌두교와 밀교에 손가락질을 할 수는 없다. 그렇게 손가락질하는 보통 사람들에게 성행위는 얼마나 많은 번뇌를 동반하며 윤리적 문제를 일으키는가. 그러나 여기는 쾌락이 아닌 남성과 여성으로 상징되는 '자비'와 '지혜' 그리고 '방편方便'과 '공성空性'이 둘이 하나가 되는 궁극적인 깨달음의 경지를 나타내는 것으로 이해가 필요하다.

부디 이해의 눈을 가지고 보아야 한다. 그렇지 않다면 카일라스를 부를 자격이 없으며, 카일라스를 보겠다고 먼 길을 떠날 이유 또한 없다.

백두산을 장백산이라 부르는 사람이 되겠는가

사람들과 대화를 나누다가 히말라야 최고봉 이야기가 나오면 반드시 티베트인들의 이름인 '초몰룽마', 네팔 사람들이 부르는 '사가르마타' 라고 이야기한다. 요즘 이 이름들이 어느 정도 넓게 퍼져 있기에 초몰룽마, 사가르마타, 이 두 가지 이름이면 뜻이 쉬이 통한다. 그러나 영 막무가내인 사람도 있어 무슨 말인지 모르는 경우 할 수 없이 끝에 '티베트의 초몰룽마, 네팔에서 부르는 이름 사가르마타가 바로 에베레스트의 본래 이름' 이라고 토를 달게 된다.

영국이 인도를 점령하고 있던 시절, 히말라야 산들의 고도를 측량하다가 P15가 세계에서 가장 높은 산임을 알아냈다. 당시 앤드루 워 국장은 전임 인도 측량국 장관에 해당하는 조지 에베레스트의 이름을 따서 이 봉우리 이름을 에베레스트로 명명하게 되니 1852년의 일이다. 일본인이 한국을 점령하여 명산 높이를 측정하고, 그 중에서 제일 높은 백두산 이름을 당시 측량국의 수장 이름인 야마모도로 새롭게 지은 형상이다. 당시 영국 측량국은 본래의 이름이 발견되면 되돌리겠다고 했으나 오늘까지 약속은 지켜지지 않고 있으니, 산을 좋아하는 사람들 스스로가 식민지적 이름인 에베레스트를 차차 지워 나가다가 아주 퇴출시켜야 한다.

티베트라고 다르지 않아 지명은 본래 이 나라 이름을 불러주어야 옳다. 중국인들이 새롭게 만들어 지도에 올린 신샨[神山]은 그냥 한쪽으로 밀어 놓아야 한다. 카일라스는 세계적으로 널리 쓰이는 이름이지만 인도에서 출발한 단어이므로 역시 티베트에서는 비중을 낮춘다. 티베트 사람들에게 아무리 카일라스라 이야기해도 인도 물, 영어 물을 먹지 않은 사람이라면 그게 뭐지? 어리둥절한 표정을 짓는다. 심지어 티베트 망명정부가 있는 인도 다람살라의 티베트 사람들도 카일라스가 무슨 말인지 잘 모른다.

티베트에서는 이 산을 강 린포체라 부른다. 강은 눈(雪), 린포체는 약간 의역을 보태자면 고귀하여 가치를 헤아릴 수 없는 위대한 존재를 일컫고 있으니 즉 보석寶石이다. 즉 린포체는 보석이 원의原義.

흔히 큰 스승을 린포체라 말하고 있는 이유가 바로 위대한 가르침을 주는 구루지인 탓이다. 린포체라 해서 이 산을 살아있는 붓다라는 의미의 '눈의 활불活佛'이라 번역하면 본의에서 조금 멀어진다.

활불은 티베트어로 뚤꾸Tulku, 산스크리트어로는 니르마나까야Nirmanakaya라는 단어가 따로 있으며 뚤꾸의 뚤은 뱀(蛇)을, 꾸는 몸(身)을 말한다. 툴은 일종의 뱀이 탈피하듯이 변질이 일어나는 것에 사용하기에 우유가 치즈가 되는 것 역시 뚤이다. 낡은 몸을 벗어놓고 고통 받는 중생들을 구제하기 위해 새롭게 새 몸을 받아 변화시켰다는 의미로, 정확히 이야기하자면 이것 역시 살아있는 부처라는 중국인들의 해석 활불(活佛)과 다르지 않은가. 더불어 파드마쌈바바의 다른 이름인 구루 린포체의 경우 '보석같이 소중한 스승'이라는 의미이지 활불 스승이라는 뜻이 아니기에 린포체라는 명칭을 들으면 활불과 같은 어떤 '사람'보다는 어떤 가치가 무한한 '보석' 같은 존재를 먼저 떠올리는 일이 옳다.

가령 별세계처럼 아름다워 스타star라 부르는 산이 있다고 치자. 그런데 세월이 지나면서 잘 나가는 연예인을 스타라 부르게 되었으니 사람들이 스타 산을 잘 나가는 연예인 산으로 해석한다면 전혀 다른 이야기를 하게 되는 셈이다. 스타라는 단어를 사전을 찾아보면 별, 잘 나가는 연예인이 둘 다 있다 치더라도 본뜻은 하늘의 별이 아닌가. 보석 안에 보석 같은 산이, 보석 같은 사람이, 보석 같은 장소가 있기에 린포체는 광의廣義로 사용된다.

그런 이유로 강 린포체는 큰 산에 주어진 더할 나위 없는 의미와 가치 있는 이름이다. 이런 이름을 부르며 빛나는 가치를 가진 보석을 보러 가듯 목적지로 나가는 일은 온전히 순례巡禮가 되지 않을까.

문제는 힌두교도에서 파괴를 담당하는 쉬바의 거주지 카일라스가 인도가 아니라 티베트에 있다는 점. 과거 국경이 모호했던 시기에 많은 인도인들이 히말라야를 넘어와 이곳에 이르렀기에 카일라스라는 이름은 별 문제가 없었다. 현재 비록 중국이 점령하여 자신의 땅이라 주장하지만 엄연히 티베트이기에 명칭은 그 나라에서 부르는 본 이름을 불러주는 일, 즉 속지주의屬地主義가 예의가 아닐까. 외국인들이 한민족 영산이라는 백두산을 장백산이라 부르거나, 독도를 다께시마라 부른다면 이것이 되는 이야기인가? 불교에 기울어지지 않은 사람이라도 그 나라의 이름으로 불러주는 예의가 필요하다.

따라서 카일라스라는 이름보다는 강 린포체가 더 선호되어야 하며, 부득이할 경우에는 이해를 돕기 위해 둘을 합쳐 강 린포체[카일라스]라는 병행 표기가 적당하다.

남녀가 하나가 되는 카일라스.

눈으로 이루어진 순수한 보석 강 린포체.

모두 의미가 있는 좋은 이름으로 입에 담으면 담을수록 만뜨라가 되어 가슴에 아로새겨진다.

◉ 5

오체투지 처[착챌 강]에서 알아야 할 것이 많다

해탈하는 데 스승보다 더 중요한 것은 없다. 이생에서 해야 할 일을 진행하는 데 있어서도 존사尊師가 없어서는 안 되는데, 하물며 악취惡趣로부터 나오자마자 이전에 가보지 못한 곳을 가는데 '스승'이 없이 어디로 갈 것인가.

— 뽀뚜와

오체투지, 이름의 의미를 알고 가자

● ● ●

드디어 꼬라를 시작한다는 긴장 덕분에 잠을 설치다가 새벽 무렵 바깥에서 들리는 소리에 완전히 깨어난다. 손목시계를 보니 아직 새벽 네 시다. 게스트하우스 바깥 길에서는 이미 길을 가는 사람들의 이런저런 소리가 들린다. 티베트 사람들은 보통 하루 이틀 만에 강 린포체[카일라스] 순례를 모두 마친다. 이들은 항상 만뜨라를 웅얼거리고 염주를 딸깍거리며 길을 걷기에 소음이 없는 이른 새벽에는 움직임을 선연히 알 수 있다. 열 명은 족히 되는 인원이다. 보통사람들은 삼일 동안 이 길을 걷게 되며 출발은 아침 해가 떠오른 후에 시작한다.

아침을 가볍게 먹고 등산화 끈을 단단히 조여 발에 딱 붙도록 한 후 출발한다. 아침에 떠난 사람들과는 이미 네 시간 시차지만 목표 지점이 다르기에 여유롭다. 좌측으로는 발카 평원이 서서히 기지개를 켜며 장중하게 깨

착첼 강에서 바라보는 남쪽 풍경은 선경이다. 오체투지를 마치고 남쪽을 바라보면 이곳은 이미 이 세상이 아니다. 우측 끝에 솟아오른 작은 봉우리는 인도 가르왈 히말라야의 최고봉 난다데비다. 골목을 지나 번잡한 도심에서 사람들과 어깨를 툭툭 부딪치며 살았는가. 오늘도 어제도 지하철에서 몸이 짐짝처럼 앞뒤로 눌리며 살았는가. 오직 바라봄만으로 이 광대한 세상에서 몸은 물론 의식은 보디삿뜨바의 정원으로 이미 진입했다.

어난다.

달첸에서 꼬라 길을 따라 북서쪽으로 진행하면 해발 4천806미터 언덕에서 오색 달쵸로 장식되어 있는 돌무더기를 만난다. 얼마나 깃발이 많은지 돌무더기가 도리어 작아 보일 정도다. 이곳 이름은 착첼 강. 티베트 발음을 영어로 옮겨 놓았기에 지도에 따라서는 chagtsal gang, chagtsel gang, chaktsal gang 등등 다양하게 표시되어 있다. 이 자리에서 조망되는 풍경이 일품이다. 남쪽으로는 해발 7천694미터의 구르라 만다 연봉이 동서로 길게 누워 있고 연봉이 끝나는 서쪽으로는 멀리 인도의 난다 데비Nanda Devi 봉이 슬며시 고개를 들어 순례자들과 눈을 맞추는 기막힌 자리다.

5년 전, 멀리보이는 저 난다 데비 산길을 걸었다. 길 안내자가 강 건너 편에서 산을 휘감아 올라가는 급한 경사의 길을 가리키며 말했다.

"카일라스로 가는 길입니다. 저 길을 따라 산 뒤로 올라가면 티베트죠."

나는 언제쯤 그 산을 두 눈으로 마주볼 수 있을까, 마음으로 그리고 눈으로는 길을 더듬으며 한동안 서 있었다. 그렇게 마음으로 꿈꾸며 그렸던 강 린포체〔카일라스〕 입구에서 이제 현실이 된 안도감을 느끼며 멀리 과거의 흔적을 읽어본다. 한때는 저편이었는데 이제는 이편이 되었고, 그때의 저편이었던 이편에 서서 무상한 저편을 본다. 예쁘고 빼어난 난다 데비. 지복至福의 여신女神이라는 이름답게 우아한 하얀 자태를 지평선 위로 슬며시 내밀고 있다. 지구 전체가 대홍수로 인해 물에 잠겼을 때, 인간 마나mana는 물고기의 도움으로 난다 데비 봉에 배를 묶을 수 있었고 물이 빠지면서 마나는 아래로 내려와 다시 삶을 시작했으며, 그렇게 내려온 마을은 마나가 내려왔기에 마날리라는 지명을 붙였다. 히말라야를 걷는 동안 흐른 시간으로 인해 난다 데비 신화를 기억하고 봉우리를 향해 두 손을 모은다.

보통 착챌은 오체투지를 말한다. 강gang은 언덕의 높은 곳 혹은 봉우리에게 주어지는 이름이므로 착챌 강은 오체투지하는 언덕, 오체투지하는 봉우리 즉 오체투지 처處라는 의미가 된다.

따라서 착챌 강이란 강 린포체(카일라스)에만 있는 것이 아니라 어떤 성소를 바라보는 지대, 힘든 산 고개를 넘어가는 언덕 등등에 자리 잡고 있으니 히말라야 문화권에서 착챌 강을 만나는 일은 어렵지 않다.

티베트 말로 착챌phyal tshal은 정확히 말하자면 '손을 청하다' 라는 의미로 이것은 힘든 산길에서 누군가 자신의 손을 내밀어 위로 끌어주는 상상을 하면 된다. 종교적으로는 붓다의 손안에 있는 모든 것을 받기를 원하며 청하는 것을 일컬으니 붓다 수중手中의 어마어마한 다르마(法)를 내가 손으로 받을 수 있다면 얼마나 좋겠는가. 절을 해서 얻어낼 수 있다면 얼마든지 절을 하지 않겠는가. 그래서 현명한 티베트 사람들은 몸을 통해 다르마를 받아내는 이런 행위를 착챌이라 한다.

오체투지는 수입품이다

일부에서는 오체투지를 '양 팔꿈치와 무릎 그리고 머리를 땅에 대는 절' 이라 정의하고 있다. 그러나 오체투지는 그렇게 사지四肢 즉 양손, 양발에 더해 머리를 땅에 대는 것이 아니라, 머리, 팔, 다리, 가슴 그리고 배, 이렇게 다섯 부분을 땅에 닿도록 절하는 것으로, 사지에 머리를 더한 것을 오체로 아는 경우 몸의 다른 부분에는 소홀하게 되지만, 정확히 알게 되면, 가슴, 배, 팔 그리고 다리가 철저하게 대지에 밀착하게 된다.

인도를 처음 방문했을 때, 보드가야에 이르러 티베트 사람들을 보게 되었다. 그들은 붓다가 정각을 이루었던 보리수나무와 함께 자리 잡은 마하보디 사원 앞에서 거친 호흡을 내뱉으며 맹렬하게 오체투지를 했다. 태어나서 처음 보는 예법이었다.

저렇게 격렬하게 온몸을 던지다니!

이상하게 슬퍼졌다. 슬픔은 때로는 동질감을 통해 상대와 나 사이의 벽을 조용히 허물어준다. 매콤한 슬픔이 사라지면서 그들과 내가 남남이라는 분리된 생각 역시 조용히 물러나지 않았던가.

"비록 평소에 하지 않았더라도 한 번 해보는 일이 어떨까?"

흉내내보기로 했다. 동질감 때문이었으리라.

어렵지 않았다. 이마가 땅에 닿을 때 느낌이 여간 좋은 것이 아니었다. 내 몸. 더 이상 낮아질 곳이 없었다. 얼마나 도도하게 인생을 살아왔으면 이렇게 몸을 낮추며 땅에 밀착한 기억이 없을까, 다리가 후들거리고, 상의가 땀에 흠뻑 젖을 때까지 일어서고 다시 엎드리기를 반복했다. 그동안 기계에 의탁했던 근육들이 스스로 움직임을 거듭하며 통증을 구석구석 몰고 왔다. 늘 도시 배기가스를 들이마시던 폐는 보리수나무가 뿜어내는 산소를 아낌없이 받아들이며 거칠게 헐떡였으나 그것은 불쾌감이 아닌 충족함이었으며 더불어 거침없이 빨라지는 심장박동 역시 불안하기는커녕 몹시 사랑스러웠다. 잊어버릴 수 있을까, 구슬처럼 떨어지던 내 땀방울들.

그러다가 잊었다. 되돌아와서는 바쁜 일과에 오체투지를 잊고 지내다가 급한 경사를 타고 오르면서 평퍼짐한 바위에 큰 대大자로 누웠던 어느 날. 하늘에 흘러가는 구름을 보며 숨 고르는 동안 이것도 좋지만 몸을 반대로 돌려도 썩 괜찮은 일이 될 거라는 생각으로 오체투지를 부활시켰다. 그 후 히말라야에서는 산길을 걸어 올라가며 아예 대놓고 십여 분 이상 절했다. 히말라야에서 이런 일은 어느 누구도 이상하게 보지 않되 한국에서는 조금 문제가 달라 어디선가 인기척이 들리면 얼른 일어나 마치 넘어졌던 사람처럼 이마에 묻은 흙을 털고, 옷을 툭툭 털어내야 한다. 사람이 오는데 계속 오체투지를 하며 앞으로 나가기에 내 얼굴 두께는 지나치게 얇은 편이다.

산에서 몸을 굽힐 때 등에 멘 배낭의 스텐 컵이랄지, 작은 박스 안에 들어 있는 여러 부속물들이 딸각거리는 소리는 마치 금강령처럼, 예불 중의 불구음佛具音 같이 들리며, 오체투지를 잘하고 있다면 이 소리들은 일정한 리듬을 탄다. 이마를 땅에 대고 금방 일어나는 것이 아니다. 고개를 살짝 들어보면 이렇게 몸을 최대로 낮추었을 때 세상은 또 다른 아름다운 모습을 보여준다. 몸을 최대한 낮춘 인간을 지켜보는 작은 풀벌레, 등산로 바닥의 금빛모래들, 그냥 지나칠 뻔했던 청순한 야생화, 불두화처럼 피어난 산딸기, 오묘한 자세를 취하고 있는 낙엽. 그것뿐인가, 작은 돌들이 그 몸집으로 드리워내는 앙증맞은 조그마한 그림자들……. 거기에 더해 나의 첫 오체투지 보드가야 보리수나무.

"이 산의 일체중생은 행복하여라. 함께 무상보리를 얻을지어다."

착챌 강에서 내 오체투지의 개인적 역사를 떠올리며 강 린포체[카일라스]를 향해 온몸을 던진다.

얼마나 자연의 이법理法을 홀대하거나 무시하며 살았던가. 그동안 나는 얼마나 거칠고 메말랐으며 불필요하게 치열했던가. 땅에 이마를 붙이니 흙냄새가 자욱하게 의식 속으로 들어온다.

대지에 내 몸을 밀착하는 기분. 내 가슴으로 껴안는 어머니 대지. 더불어 어머니가 받아주는 내 가슴.

이런 오체투지를 거슬러 올라가다 보면 인도대륙에서 시작을 만날 수 있고 애당초 종교적 목적으로 시작된 것은 아니었다. 전쟁에 패한 왕이 승리를 거둔 왕 앞에서 납작하게 엎드린 채 항복을 말하고 처분을 기다리는 자세에서 출발했으며, 그 모습이 마치 나무토막 같아 산스크리트어로 단다와뜨쁘라남이라고 불렀다. 이것이 종교 안으로 들어와 적절히 예법으로 쓰였으며 불교에서는 '대장경'에 오체투지의 내용이 있다 한다.

즉 초펠스님의 『람림』을 보면 '노르상이라는 수행자가 석가모니 부처님 뵙기를 무척 바라던 어느 날, 멀리서 석가모니 부처님이 보이자 자신의 몸이 먼지로 뒤덮이는 것도 아랑곳하지 않고, 마치 도끼에 잘린 나무가 땅에 쓰러지듯 오체투지를 하면서 석가모니 부처님 앞으로 다가갔다. 부처님께서는 그러한 노르상의 신심 깊은 절을 무척 좋아하셨고, 그러한 절 형태가 지금까지 티베트에 이어져 오고 있다'고 설명되어 있다.

즉 본래 인도에서 발생하였고, 붓다 시절에 이미 이런 예경이 존재했으며, 훗날 히말라야를 넘어 티베트로 전래되어 이제는 티베트에서 가장 흔한 방법으로 굳어졌다는 이야기다.

그럼 언제, 누구에 의해, 히말라야 왕국으로 전래가 되었을까?

1012년에 태어나 1098년 삶을 마감한 마르빠Marpa에 의해서다. 즉 수입상과 판매상은 마르빠인 셈이다.

마르빠는 강 린포체〔카일라스〕를 이해하는 데 중요인물이다. 이 사람을 중심으로 그의 스승과 그의 제자들이 강 린포체〔카일라스〕의 이런저런 사연과 연관이 되어 있기에, 마르빠를 모르고 발을 들여 놓는다면 호수 표면은 볼 수 있지만 내면에는 어떤 물고기들이 사는지 어쩌다가 그런 물고기들이 거주하고 있는지 알 도리가 없는 셈이다.

마르빠는 티베트의 남부 로닥Lhodak에서 출생했다. 본래 이름은 쵸기 로드레, 어렸을 때부터 눈빛이 매우 강해 그의 눈을 똑바로 쳐다보기 어려운 매우 특출한 사람이었단다. 마르빠 탱화에서는 찡그리며 마치 사시처럼 보

위대한 역경사 마르빠 모습은 어디에서든지 통일되어 있다. 양미간을 찡그리며 사람을 노려보는 모습이라면 마르빠 이외에는 아무도 없다. 어렸을 때부터 남달랐다는 그의 강렬한 눈빛이 반영된 결과다. 요즘으로 말하자면 외국유학을 떠나 많은 배움을 통해 조국 티베트에서 불교를 일으키는 데 일조를 했으며, 오체투지를 인도에서 티베트로 가지고 들어오기도 한 대덕이다.

이는 독특한 시선으로 표현되는 이유다. 성장해서 아버지에 의해 큰 스승 루게빠Lugyepa에게 보내졌다. 그러나 곧바로 스승을 능가하는 바람에 스승을 섭섭하게 했고 차차 소문이 퍼져 환영 받지 못하는 신세가 되기도 했다니 머리가 비상했던 모양이다. 그 후 역경사인 드록미 로짜바Drokmi Lotsawa에게 티베트어와 산스크리트어를 15년 동안 수학하여 차차 학자로서의 이름을 날린다. 그가 젊은 날 이렇게 언어를 공부했던 이유는 사람들을 가르치고 그 대가로 돈을 모으기 위해서였다.

그럼 돈을 가지고 무엇을 하려 했을까? 히말라야를 넘어 인도로 가서 가르침을 받는 동안 이런저런 경비로 사용할 목적이었고, 다음 순서로는 인도에서 티베트에 알려지지 않은 경전을 가지고 되돌아와 번역할 심산이었다(마르빠는 자신의 생애 동안 히말라야를 넘어 인도를 3번 방문한다. 결국은 자신이 꿈꾸었던 목적을 달성, 성공했기에 이름 앞에는 역경사라는 단어를 붙여 후세 사람들은 '역경사 마르빠'라고 부른다).

마르빠는 목표를 세운 지 얼마 지나지 않아 많은 재물을 모을 수 있었고 때가 되자 가족과 주변의 만류를 물리치고 시절인연을 따라 도반과 함께 인도로 떠난다. 당시 히말라야를 넘는 일은 산적, 부패한 관리 등등 인적 요소에 더해, 험난한 길과 돌변하는 기후와 같은 자연적 요소까지 어우러져 보통 어려운 일이 아니었다. 길 역시 사시사철 통과할 수 있는 것이 아니라 일년 중에 눈이 녹아 길이 드러나는 다만 서너 달이었다. 두 사람은 히말라야를 넘어서 인도 땅에 내려서는 순간까지 심한 고생을 했던 것으로 알려져 있다.

얼마나 힘들었는지, 마르빠는 훗날 귀국을 앞두고 히말라야를 넘어온 힘든 경험을 회상하며 걱정스러운 노래까지 불렀다.

우시리 산 밀림 속에는
산적들과 강도들이 길을 막고 있으니
그들을 보기도 전에 겁부터 나네.
티라후티 마을에 있는
염치없는 세관에서는 나에게 세금을 우박처럼 쏟아지게 하리니
그들을 보기도 전에 겁부터 나네.
길가는 데 걱정되는 세 가지는
팔라하티의 위험한 산길뿐 아니라
여든한 개의 위험한 외나무다리들과
아슬아슬한 벼랑.
아! 생각만 해도 온몸이 떨리네!
글라시어즈와 샌드륜 빙하 계곡의 가파른 길뿐 아니라
여든한 개의 크고 작은 가파른 산길이 또 있으니
아! 생각만 해도 온몸이 떨리네!

— 마르빠

일단 이런 히말라야를 무사히 넘어 벵갈에 도착한 두 사람은 한 날 한 시에 서로 만나 함께 귀국하기로 약조하고 헤어졌다. 두 사람 모두 이미 인

도에서 통용되는 여러 언어는 물론 종교에 대해 능통해 있기에 거리낌없이 각기 스승을 찾아 나설 수 있었다.

마르빠는 히말라야를 넘어오던 중, 현재 네팔에 해당하는 지역에서 나로빠Naropa라는 큰 스승의 이야기를 듣게 되어 그를 찾아 나섰다.

티베트의 인도산 수입상 마르빠

티베트 마르빠가 스승으로 지목하고 찾아 나선 인도인 나로빠는 한때 스승의 청정한 말, 제자의 청정한 마음, 청정한 내용의 가르침, 이 세 가지를 가르치고 배웠던 나란다Nalanda 대학, 요즘 식으로 말하자면 옥스퍼드 대학의 총장 격에 해당하는 대학자였다. 나로빠는 자신 스스로 진리가 아닌 언어에 매달리고 있다는 사실을 알고 나란다 승원장 직을 사퇴한 후 스승과 진리를 찾아 나섰고, 그 후 스승 띨로빠Tilopa를 만나 12년 동안 혹독한 가르침을 받고 드디어 깨달음을 얻는다.

깨달음이 뭔지 정말 어려운 길이다. 깨달음이란 본래 묘수가 따로 있는 것이 아니라 이렇게 거친 길을 오랫동안 달려야 얻어진다. 사실 깨달음을 살펴보자면 어디 새로운 것을 찾아내는 것이 아니라 본래 있던 그것에 눈을 뜨는 현상이니, 옛것을 알아차리는, 본래의 그것을 깨닫는 일이라 한다. 일본의 불교학자 스즈키 다이세스〔鈴木大拙〕의 경우, 갑작스러운 돌아옴returning으로 설명하며, 그리하여 부처로 바뀌는 것이 아닌 '자기가 그것인

붓다로의 존재론적 깨달음' 이라 한다.

그런데 그것을 알기 위해 다들 모진 고생을 마다 않는다. 나로빠의 이런 과정에서 스승에게 받은 혹독함이란 이루 다 입에 담아 말할 수 없을 지경이다. 『해탈의 빛 마하무드라』를 보면 12년 동안 고행苦行이 가행加行에 가행을 거듭한다. 그가 스승의 명령에 따라 겪어야 했던 시련은, '높은 곳에서 뛰어내리기, 불구덩이 안으로 뛰어들기, 다리를 놓을 때 고리대금업자에게 공격당한 일, 띨로빠 손에 있는 뜨거운 갈대를 만져 화상을 입은 일, 탈진에 이르기까지 유령을 쫓아다닌 일, 걸식한 자의 음식을 망쳐놓아 죽도록 매 맞은 일, 정부 관리를 공격하여 도리어 두들겨 맞은 일, 왕자를 공격하다가 들켜 매 맞은 일, 왕비를 공격하다가 매 맞은 일, 성기를 돌멩이로 때린 일, 만다라로 쓰기 위해 손발을 절단한 일' 등등 헤아릴 수 없다. 그러나 시련이 끝나면 스승은 가르침을 주었다.

제자로 살던 12년차 마지막에는 이런 일이 있었다. 나로빠는 수행 중에 해결되지 않는 문제를 구루에게 물었다.

그러자 스승 띨로빠는 쉽게 이야기한다.

"그래? 그렇다면 네가 어디 가서 국 한 그릇 얻어오면 가르쳐주지!"

나로빠는 급한 김에 어떤 집에 들어가 국 한 그릇 훔쳐오다가 발각되어 심하게 얻어맞는다. 거의 피투성이로 그러나 의기양양하게 돌아온 제자 앞에서 스승은 국을 맛있게 잡수셨다. 그리고는 '이거 다시 한 그릇 가져오라' 하신다. 가르침에 굶주린 나로빠, 한때 승원장까지 지냈던 그는 열망을 만족시키기 위해 다시 국을 훔친다. 도둑이 왔다 간 지 얼마 안 되는 집을 다시 찾았으니 발각되는 일은 당연지사가 아니겠는가. 이번에는 너무 많이 맞아 거의 죽음에 이르지만 기어서 스승 앞에 공양물을 가지고 간다.

스승께서는 국을 모두 드셨다.

그리고는 입을 떼어 말씀하신다.

"고맙구나, 이제 다른 곳으로 가보자꾸나."

이게 어디 보통 일인가. 도대체 스승을 얼마나 존경했으면 이것을 감내했을까. 깨달음이 뭐기에 이런 일을 감수했을까.

티베트인의 지혜에 의하면 '스승을 붓다로 대하면 붓다의 축복을 받고, 스승을 인간으로 보면 인간의 축복을 받는다' 했는데 나로빠는 띨로빠를 어마어마하게 여긴 모양이다.

그러다가 나로빠 고행도 이제 끝이 찾아왔다.

그는 스스로 모든 것을 포기했다. 방하착放下着, 깨달음 필요 없구나. 텅 비워버렸다.

이 순간을 놓치지 않은 구루지 띨로빠는 자신의 다 낡은 슬리퍼를 벗어 제자 눈에 불꽃이 튀도록 뺨을 갈겼다!

옴.

모든 길이 열렸다. 입문이 이루어졌다.

이제 나로빠 명성은 자연스럽게 시방十方으로 퍼져나갔고 히말라야를 넘어온 이방인 마르빠 역시 이런 소문을 듣고 나로빠를 찾아 나선 것이다.

티베트 사람인 마르빠가 이렇게 모진 고생 끝에 깨달음을 얻은 인도의 대학자 출신 나로빠를 만난 곳은 벵갈의 허름한 오두막이었다.

이들 이야기를 처음 들은 지 10년이 넘었다. 계보를 따라가면서 구도의 길에서의 어묵동정이 대단하다고 감탄하고 혹독한 스승 밑에서 공부한 이들에게 감동을 받았으나, 이런 이야기가 내게서 부활해서 다시 천천히 살펴보고, 길에서 그들을 되새길지는 꿈도 꾸지 못했다. 세상 인연이란 것이 그렇다.

마르빠는 인도 유학생

인도에서는 단지 외모만으로 큰 스승인지, 그냥 굴러다니는 사이비인지 구별하기 어렵다. 지금도 그렇고 마르빠 당시에도 마찬가지. 큰 스승들 역시 사이비들과 똑같이 탁발을 나서며, 남루한 옷을 걸치고, 사람이 살 수 없을 정도의 형편없는 움막에서 거주하며 고행한다.

티베트에서 돈을 모아 집을 가지고 그럭저럭 살던 마르빠는 거지꼴 나로빠를 만나는 순간 크게 실망했다고 한다. 더구나 한때 나란다 대학의 최고자리에 있었다던 사람이.

그러나 곧 정신을 차리고는 자신이 가지고 온 많은 재물을 나로빠에게 올리며 자신의 소개와 더불어 찾아온 목적을 아주 솔직히 말했겠다.

저는 히말라야 너머 티베트에서 온 대처승이다, 학자이며 농사도 짓는다, 자신은 자신의 생활을 앞으로 바꿀 생각은 없다, 그러나 여기까지 힘들게 온 이유는 많은 가르침을 받아 티베트로 돌아가 그것을 티베트 사람들을 위해 번역할 것이고 그 번역물을 팔아 돈을 벌 예정이다, 등등.

간청은 받아들여졌다.

당시 나로빠는 사후 세계를 담당하는 여러 분노忿怒 신장神將 중에 하나인 헤루카Heruka의 제단을 설치해 놓고 있었다. 마르빠는 그 제단이 무엇인지 한 눈에 알아보았다.

그때 나로빠가 물었다.

"(너는) 깨달음을 체험하기 위해 나로빠, 내 자신이나, 아니면 저 헤루카 제단 한 곳에 절을 해야 한다. 어디에 절을 하겠는가?"

풀어보면 이런 식이다. 스승이 대웅전에 앉아 있는데 스승에게 먼저 절을 하겠느냐? 부처님을 의미하는 불상에 절을 하겠느냐?

마르빠 머리가 굴러갔다. 지금 질문하는 구루지는 단지 평범한 육신을 가진 스승이다. 인간은 불확실성을 갖지만 제단위에 모셔진 것은 순수한 지혜의 화신이 아닌가. 마르빠는 순간 일어나 제단을 향해 절을 했다. 불상을 향해 절을 올린 선택을 한 셈이다.

구루가 말했다.

"그대의 영감 같은 것은 금방 시들어버릴 것이다. 그대는 잘못된 선택을 했다. 이것은 내가 만든 것으로 나 없이 이 제단이 어찌 존재하겠는가."

여기에 티베트불교의 4보의 의식의 뿌리가 드러난다. 다른 지역의 불교에서는 붓다(佛), 다르마(法), 상가(僧) 즉 삼보에 귀의하지만 여기 티베트에서는 라마(근본 스승, 구루)가 가장 먼저 앞서 나온다. 라마는 티베트 말이고 구루는 산스크리트어지만 티베트에서 두 가지는 자연스럽게 경계 없이 사용하고 있으며 라마를 풀자면 스승보다는 근본 스승이 더 품위 있고 깊은 말이다.

라마라 깝수치오　근본 스승에게 귀의합니다.

쌍게라 깝수치오　붓다에게 귀의합니다.

최라 깝수치오　다르마에 귀의합니다.

게둔라 깝수치오　승가에 귀의합니다.

즉 근본 스승을 가장 선두에 둔다는 생각 역시 이렇게 인도 스승에게서부터 티베트로 수혈 및 이식된 것이다.

배우는 이는 라마에게 귀의할 때 다음 여섯 가지를 반드시 지켜야 한다.

때를 잘 맞추어 듣기, 공경히 대하기, 시봉하기, 무엇이든 기쁜 마음으로 하기, 어떤 일이라도 순종하기, 그리고 마지막으로 다르마[法]와 가르치는 이를 공경히 대하기다.

부언이 필요없을 정도다. 이것은 인간이 스승을 모시기 시작한 고대로부터의 전통.

티베트불교 수행에 있어서 라마의 역할은 매우 지대하여 스승은 붓다와 똑같은 역할을 하며, 제자가 진보를 이룬 경우, 스승이 없었다면 제자가 어찌 그 귀중한 결과를 얻었겠는가, 그것은 이 길을 알려준 스승의 자비로 인한 결과다, 이렇게 생각한다. 스승이란 불법으로 인도하는 방향이며, 스

착첼 강에서 먼 남쪽을 바라보는 티베트 순례자들. 여자는 밤에 추위를 피할 담요를, 남자는 간단한 취사도구와 먹을거리를 등에 짊어졌다. 티베트인들에게는 이 오래된 전통적 순례자의 길을 걷는 행위는 평생소원 중에 하나다. 착첼 강이라는 자리는 이렇게 자신의 소원이 성취되었음을 확인하는 첫 번째 언덕이다.

승은 불법 즉 진리 그 자체이기에, 따라서 붓다, 다르마, 상가에 앞서, 라마에게 귀의하며 절을 올리게 된다. 가령 어디까지 가려면 이미 그곳에 도착한 사람이라면 어디로 가야 빨리 갈 수 있는지, 어디서 우회해야 하는지, 어디를 반드시 지켜봐야 하는지 등등을 미리 알 수 있으며 스승이란 바로 그런 길을 알려주시는 고귀한 존재다.

이것을 제대로 하지 못한 마르빠는 따끔한 이야기를 들은 셈이다.

이런 연유로 인도 혹은 티베트에서는 처음 보는 수행자에게 이렇게 묻는다.

"당신의 구루는 누구인가요?"

우리는 보통 이렇다.

"어느 절에 계시나요?"

그러나 제자가 스승을 만나는 일이 끝이 아니라 나름대로의 기준이 있어 스승 역시 제자를 뛰어나게 성취시켜야 자신의 몫을 다한 것이다.

어느 날 제자 감뽀빠는 스승 미라래빠에게 촉삭[功德]에 대해 묻는다.

"스승의 머리카락 하나에 보시하는 것이 삼세의 붓다에게 보시하는 것보다 공덕이 더 크다 합니다. 그런데 그보다 더 큰 공덕이 있는지요?"

"있고말고."

"그렇다면 부디 가르쳐주십시오."

"그대가 만일 스승이 전해준 가르침을 그대로 수행한다면 그것이 바로 그것이니라."

이런 스승을 모신다면 얼마나 행복한가. 구차한 것들에 매달려 삶을 탕진하는 것이 아니라, 그런 생을 포기하게 하여 새로운 길을 열어주는 성스러운 구루. 깊은 인연이 없다면 이루어질 수 없으리라.

나도 한동안 스승을 찾아다니지 않았던가. 삶을 지도해줄 수 있을 것이라는 기대로 밤잠을 설치고 새벽버스를 타고 산길을 올라 이틀 만에 아쉬람에 도착했으나 그는 그곳에서 이틀 떨어진 산에 있다 해서 다시 산길을 올라간 끝에 만난 것은 대마초에 절어 묘한 웃음을 던지던 노쇠한 수행자. 얼마 후에 또 다른 명성이 자자한 구루를 찾아 나섰다가 더 모진 모습을 만났고. 남들이 큰 스승이라 했던 남인도의 한 구루의 학교는 입학 기준이 피를 뽑아 에이즈 검사를 해서 음성이어야 가능하다고 해서 허허 웃고 되돌아온 날도 있었다.

내가 구루의 운이 없거나, 내가 너무 부족한 상태였기에 스승이 거절을 위해 숨은 것이었으리라, 생각했고 이제는 차차 후자였음을 알아차리며 부족한 나를 탁마했다. 그러나 긴 세월의 흐름 속에 고마워라, 다행히 한 분의 힌두 구루를 모실 수 있었다.

마르빠 공부는 깊어진다

마르빠는 나름대로 근본 스승에게 흡족하게 많은 것을 배우고 약속한 날 도반을 만났다. 두 사람은 이제까지 자신들이 배운 것을 비교하기 시작했다. 그런데 도반은 마르빠가 배웠다는 것은 이미 티베트에 들어와 있는 것으로 반 푼어치의 값어치도 없는 것이라 평가했고 마르빠는 깊이 실망했다. 자신이 그 많은 재산을 바치고, 그 많은 시간을 들여 얻어낸 것이 고작 이런 허접한 것이란 말인가.

마르빠는 티베트로의 귀국을 미루고, 친구와 다시 일정을 조정하여 스승 나로빠에게 되돌아갔다. 대단하다. 이렇게 공부해야 한다. 나로빠는 보다 차원이 높은 것을 요구하는 마르빠에게 자신이 그것까지 알려줄 수는 없다며 독毒이 있는 호수 중앙에 사는 꾸꾸리빠Kukuripa, 즉 암캐들과 함께 산다는 이름의 구루지를 천거했다.

절망스러웠던 마르빠, 히말라야를 타넘어 왔는데 세상 끝 어디를 못 찾아가겠느냐, 기어이 힘든 여행 끝에 꾸꾸리빠를 만난다.

그런데 이게 웬일이냐, 우여곡절 끝에 찾아간 이 양반은 제 정신이 아니었다. 무엇을 물어보면 횡설수설이었고, 더구나 가까이 가려면 수백 마리의 암캐 떼가 달려들어 개들로부터 제 몸 하나 추스르기도 어려웠다. 간신히 한 마리 개를 달래 놓으면 이내 수십 마리가 짖어대고 이빨을 드러내며 달려드니 난리도 이런 난리가 또 어디 있겠는가.

며칠을 고생하던 마르빠. 이제는 포기하자! 안 되겠다, 인연이 아니구나! 마음이 텅 비워지면서 깨끗해졌다.

모든 기대감을 이제 내려놓고 돌아서는 순간, 꾸꾸리빠가 갑자기 입을 열었다. 모든 개들은 침묵 속으로 들어갔고 실성한 줄 알았던 구루지는 눈에 광채를 뿜으며 까랑까랑한 목소리로 논리정연하게 가르침을 펼쳤다.

비워야 받을 수 있다는 당연한 원리. 내가 진정으로 배워야 하는 자세.

꾸꾸리빠는 인도 카필라삿크루 출신 수행자로 붓다의 탄생지 룸비니 부근에서 죽어가는 암캉아지를 구해 함께 살게 된다. 빈 동굴에서 12년간 수행한 후 일차적인 깨달음에 도달하며 이어 명상 중에 신의 세상으로 진입을 했는데 자신이 기르던 개가 근심되어 세속으로 되돌아오고자 했다. 신들은 '그대와 같이 권능이 있는 자는 개 같은 것에 신경을 쓰지 않아도 무방하다' 고 했으나 뿌리치고 돌아왔다.

샨티데바는 말했다.

"자비가 담기지 않은 모든 행위는 죽은 나무를 심는 일이며, 자비와 결부된 모든 행위는 산 나무를 심는 일과 같다."

그는 자비심을 바탕으로 더욱 정진하여 가장 높은 깨달음을 얻었고 항상 개들과 함께였기에 꾸꾸리빠라는 이름을 얻었으니 인간에 제한되지 않고 짐승까지 아우르는 폭넓은 자비의 형태를 본다. 이제 티베트인 마르빠는 꾸꾸리빠의 배움을 간직하고 나로빠를 다시 찾아뵈었다.

나로빠는 알듯 말듯 이야기를 한다.

"자, 이제는 티베트로 돌아가 사람들을 가르쳐도 되겠다. 가르침이란 논리로서 배우는 것만으로 충분하지 않다. 삶의 체험으로 배워야 하는 것이다. 다음에 다시 와서 더욱 수행토록 하여라."

마르빠는 친구를 다시 만났다. 그 사이 자신들의 공부에 대해 이야기를 나누었고 스승들에게 얻은 경전을 들춰보았다. 이제 티베트로 귀환하는 그들 앞에는 거친 물결이 흘러가는 강이 기다리고 있었다. 서로 자신의 물건을 소중하게 배에 싣고 건너가던 중 친구가 갑자기 배 안이 혼잡스럽다면서 이리저리 움직이며 부산을 떨더니 순식간 의도적으로 마르빠의 서류들을 모두 강물에 빠뜨려버렸다. 다급한 마르빠가 강물에 손을 넣어보았지만 히말라야 강물의 빠른 유속과 거침을 생각해보라! 단 한 권이라도 움켜잡을 수 있었겠는가.

허망했다.

마르빠는 티베트로 돌아가는 산길에서 곰곰이 생각했다. 친구의 질투로 인해 잃어버린 노트 내용 대부분은 12년간 인도에서 자신이 이해하지 못한 부분을 적어놓은 것이었고, 자신이 알고 있는 부분은 다행스럽게 이미 자신의 것이 되어 있었다. 모르는 것들을 적었으나 그것이 내 것이 될 수 있는가, 없어도 무방하지 않은가. 여기서 역경사 즉 일종의 학승이었던 마르빠는 선승으로 변화하는 기로에 선다.

나로빠가 자신에게 전해준 마지막 이야기 '가르침이란 논리로서 배우는 것만으로 충분하지 않다. 삶의 체험으로 배워야 하는 것이다' 가 무엇을 의미하는 것인지 알아차렸다. 그는 번역을 해서 돈을 벌겠다는 욕심과 그로 인해 뒤따르는 명예에 대한 욕심을 버리고 참다운 깨달음을 향해 정진하기로 했다. 그렇다면 저렇게 강물 속에 경전과 기록을 쓸어 넣은 친구는 각성을 주는 고마운 도반이 아니더냐.

첫 인도 방문은 역경사였던 그에게 이렇게 하나의 획기적인 전환을 가져다주었다.

다시 히말라야 넘어가서

티베트에 돌아온 마르빠는 인도에 계신 스승을 마음에 두고 사모했다. 늘 청정한 마음으로 다시 찾아뵙는다며 스승에게 올릴 재물을 모았다. 그럴 수밖에. 그는 이미 쌍게〔佛〕, 최〔法〕, 게둔〔僧〕, 이 셋보다 라마〔근본 스승〕가 앞서 있음을 체험하고 가르침을 자신의 것으로 만들지 않았던가.

이제 두 번째 인도로 향하려고 하자 제자들이 걱정했다. 여행 자체가 어렵고, 이제 나이가 많으며, 건강 역시 썩 좋은 것이 아니기에 모두들 아들 다르마 도데Dharma Dode를 보내라고 충고했다. 더구나 처음 인도에 가서는 무려 12년이나 있었는데 이제 가면 또 언제 돌아온다는 것인가, 기약조차 없지 않은가.

모든 만류를 여유롭게 물리친 마르빠, 칸돌마〔다끼니〕의 예언을 따라서 험난한 히말라야를 다시 넘어간다. 자칫하면 천 길 낭떠러지로 추락할 만큼 위험한 길을 지나고 악독한 관리들을 만나며 인도에 도착하지만 수행자란 어디 한곳에 진득하게 엉덩이를 붙이고 앉아 있겠는가. 종적을 감춘 스승 나로빠를 찾기 위해 모진 고생을 했고, 여기에 물러날 마르빠이겠는가, 히말라야를 또다시 넘어온 묵묵한 야크 같은 근기가 아닌가, 기어이 스승을 찾아내 앞에서 큰절을 올릴 수 있게 되었다.

마르빠는 두 번째 인도유학 6년 동안 여러 스승들의 인가를 받고 이제 경전들을 잘 구비해서 귀국길에 오른다(마르빠는 인도에서 총 21년을 있었는바, 생각해보자. 무려 21년! 처음 방문에는 12년, 그 다음은 6년 그리고 마지막은 3년이었으며 그 중 16년

하고도 7개월은 나로빠와 함께였다).

두 번째 가르침을 충분히 받고 떠나지만 헤어짐이 어디 쉬웠을까. 마르빠는 풀라하리 사원 돌계단을 하나 내려올 때마다 스승을 향해 꿇어 엎드려 절을 올렸다 하며 그 계단에는 아직도 진실한 마음을 가지고 절을 올렸던 마르빠 발자국이 계단마다 남아 있다고 전한다.

인도의 위대한 스승들은 훗날 자신의 땅에서 불법佛法이 쇠약해지리라는 사실을 알았으리라. 그들은 다르마의 씨앗을 심을 장소를 세상 곳곳 생각해 보았지만 히말라야 너머 눈[雪]의 나라만큼 뛰어난 궁전이 없음도 알았으리라. 그들 법맥을 훑어보면 불법을 티베트에 온전히 남겨두려는 시도처럼 보이며, 티베트에 불교를 이식하여 자라게 한 후, 훗날 때가 무르익으면 이곳을 중심으로 전승발전된 불교를 다시 세상을 향해 온전하게 피워 올리려는 장대한 계획이 있었음이 엿보인다. 물론 티베트를 불교화시키고 정착하는 데 이 계열 스승들뿐 아니라 많은 인도 스승들이 시차를 가지고 다발적으로 관여했다.

인도의 불교가 거의 마지막 호흡을 몰아 쉴 무렵인 14세기, 티베트에서는 인도어 경전이 티베트어로 번역을 모두 끝냈다. 히말라야 남쪽 아래에 자리 잡은 네팔에 산스크리트 불교문화가 남아 있었으나 티베트와 비교해서 자신들이 후계자라고 주장을 펼 수는 없을 정도로 양적으로 미미하다.

사실 불교는 다양한 경로를 통해 티베트 고원에 들어선 후 1천500년 동안 잘 보호된 후, 다시 14대 달라이 라마와 16대 까르마빠에 의해 히말라야를 넘어 남하하여 인도에 들어왔으니, 씨앗들이 히말라야를 넘어가 꽃을 피우고 그 꽃씨들이 시간이 지난 후 이제 반대편으로 날아들어 현재 인도의 다람살라, 시킴왕국, 라닥은 물론 남인도 등등에서 발아한 셈이다. 차차 호기심 많은 외국인들을 중심으로 세계화 길을 걸어 나가고 있다.

내가 오늘 이 자리 착챌 강에서 오체투지 하는 움직임 가운데는 인도와 티베트의 자애롭고 엄격한 근본 스승들의 향기가 함께 한 훈습의 결과다.

오체투지하며 앞으로 나갈 때

보드가야 보리수나무 아래에서 티베트 사람들을 보았을 때, 그들 일부는 제 자리에 서서 몸을 던지는 오체투지에서 멈추지 않고 사원 외연을 따라 오체투지하면서 커다란 벌레처럼 기어나갔다.

이것은 어떻게 하는 것일까.

자신의 손을 합장한 채 하늘을 향해 쭉 편다. 손가락 끝에서 발끝까지의 거리가 나온다. 이 거리만큼 앞으로 걸어 나간 후 오체투지 동작을 하게 된다. 우리나라에서 유행처럼 번지고 있는 삼보일배三步一拜와는 달리 이것은 자신의 손을 위로 뻗쳤을 때, 발바닥에서 손끝까지 키만큼 앞으로 나가기에 통상 4-5걸음 정도 걷게 된다.

티베트에서는 몸을 쭉 뻗어 땅에 닫는 넓이만큼 공덕이 크다는 통념이 있기에 따라서 키 작은 사람은 절대적으로 불리하다.

8대 달라이 라마는 키가 훤칠하게 크고 반면 수좌의 키는 유달리 작았

保护
化

티베트인들에게 착챌〔오체투지〕은 생활이다. 달라이 라마가 통치했던 라싸의 포탈라 궁 앞에서는 오늘도 끊임없이 착챌이 행해지고 있다. 한국은 일본에 침략을 당한 채 식민지로 살았고, 티베트 역시 중국에서 힘으로 눌려 모든 것을 빼앗기고 있다. 한국은 과거형이지만 티베트는 현재진행형이다. 의식이 있는 사람이라면 단 한 번이라도 억압받는 이들을 위해서 자세를 최대로 낮춰 대지 위에 몸을, 머리를 붙여야 하리라. 우리의 과거가 살아있는 땅. 기어이 이루어내야 할 프리 티베트.

다고 한다. 함께 절을 하고 나면 8대 달라이 라마는 '나는 너보다 공덕이 크단다' 농담을 자주 했던 것으로 알려져 있다. 티베트인 마르빠의 스승 나로빠도 오체투지를 많이 했으며 그 역시 '오체투지를 해서 쌓이는 공덕을 믿는다면 몸과 발이 조금 길었으면 좋겠다는 생각을 한다'고 했으니 키가 그리 크지 않았던 모양이다. 현재 14대 달라이 라마의 오체투지를 눈여겨본 사람이라면 이 노인께서 자신의 숨겨진 키 1센티미터라도 더 찾아내려는 듯이 땅에 엎드려 몸을 아주 쭉 펴는 모습을 보았을 것이다. 절의 결과에 따라 공덕이 쌓인다는 이유가 무의식적으로 몸에 배인 동작이 아닐 수 없다.

누구는 큰 키를 이용해서 쉽게 공덕을 쌓고, 누구는 짤막해서 공덕이 적다니. 이런 것을 보면 세상이 불공평하다는 사실을 알게 된다. 사실 이것이 바로 세상의 구조다.

8대 달라이 라마가 수좌에게 농담을 던졌을 때, 수좌의 생각은 어떠했을까? 그는 세상의 불공평에 대해 속으로 불평을 터뜨렸을까?

아니다. 불공평을 인정했으며 전적으로 받아들였으리라. 그리고 자신의 불공평한 환경을 가지고, 자신에게 주어진 모든 것을 가지고 최선을 다한다는 것이 중요하기에, 자신의 작은 키를 가지고 최선을 다해 쭉 펴는 일을 했으리라. 다른 사람보다 몇 번이고 더 오체투지를 올렸으리라. 이 안에 불공평을 인정하며 자신의 주어진 열등에 대한 극복 개념이 숨겨져 있지 않을까.

우리 사는 세상에는 가진 사람의 것들을 빼앗아 가지지 못한 사람들에게 나누어주는 사회가 평등사회라 생각하는 사람들이 있다. 그러나 진정한 평등이란 자신이 노력하면 많이 얻을 수 있고 그렇게 얻어진 것은 잘 지켜주는 일이 평등의 한 조건임도 잊지 말아야 한다. 가지지 못한 사람, 키가 작은 사람도 자신의 능력을 통해 최대한 발휘할 수 있는 세상, 그것이 평등 사회로 가는 길이 되리라.

착챌 강에 서니 스승의 중요성과 스승들의 계보가 한 번에 흘러간다. 나 역시 몸을 바닥에 던져 온몸을 펼 수 있을 때까지 쭉 편다. 묵직한 배낭이 무게감을 가지고 등 위에서 내 몸을 지긋하게 눌러 대지에 밀착하기 그만이다. 어느 사이 여기까지 흘러와 오체투지의 의미를 새기며 이마까지 땅에 마주친 채 오체를 던지고 있다. 저 멀리 보드가야에서 흉내를 내본 지 얼마 만에 이렇게 되었을까. 절은 까르마를 정화시키는 방법으로 에고를 거덜내며 소멸시킨다 해서인가, 낮게 절하는 마음이 차근차근 빚을 갚아 나가듯 이렇게 편안하다.

강 린포체〔카일라스〕 꼬라 길에는 산이 잘 보이는 자리에 4곳의 착챌 강이 있고 모두 돌을 쌓아 돌무더기를 이루고 주변에 깃발-달쵸를 내걸어 장식한다. 이런 자리에서는 산의 모습을 이리저리 바라보는 일은 물론, 산의 의미와 상징을 향해 진심으로 절을 올리는 일도 더불어 해야 하는 지점이리라. 달첸에서 출발한 꼬라는 착챌 강〔오체투지 처〕 이 자리에서 마음가짐을 한 번 점검하게 만든다.

함께 오지 못한 모든 존재들과 동심원을 그리며 더불어 절을 올리고 묵상한 후에 다시 걸음을 떼어놓으려 한다. 또 오체투지를 이 땅으로 가지고 들어온 마르빠와 그것을 전승 계승한 제자들에게 감사함과 귀의함을 전하려 한다.

라마나 깝수치오 근본 스승에게 귀의합니다.

쌍게라 깝수치오 붓다에게 귀의합니다.

최라 깝수치오 다르마에 귀의합니다.

게둔라 깝수치오 승가에 귀의합니다.

셀 수도 없이 많은 깃발들이 발카평원을 가로질러온 바람에 펄럭이며 부드러운 마찰음을 낸다. 아침 햇살을 받아 오색기들이 빛을 산란하며 곱게 퍼덕인다. 시선을 들면 앞으로는 천태만상의 바위들이 검게 반짝이고, 강린포체〔카일라스〕 정상은 그야말로 린포체〔寶石〕 그 자체다.

순례를 떠나온 가족 일행이 남쪽 히말라야를 마치 이제 넘어가야 하는 마르빠처럼 진지하게 바라본다. 마르빠 역시 저런 모습으로 히말라야를 넘었으리라.

완벽한 몬순 전의 날씨. 가시거리 100킬로미터 이상. 기온은 섭씨 4도. 풍속은 초속 2미터.

◉ 6

황금빛 여여한 쎌숑 평원

불자들이여, 보살마하살이 일체 그릇을 능히 보시하나니, 이른바 황금그릇에 여러 가지 보배를 담고, 백은그릇에 여러 가지 기묘한 보배를 담고, 유리그릇에 가지가지 보배를 담고, 파리그릇에 한량없는 보배 장엄거리를 담고, 자개그릇에 적진주를 담고, 마노그릇에 산호와 마니보배를 담고, 백옥그릇에 아름다운 음식을 담고, 전단그릇에 하늘의 의복을 담고, 금강그릇에 여러 가지 묘한 향을 담고, 무량 무수한 가지각색 보배그릇에 무량 무수한 가지각색 보배를 담았느니라.

—『화엄경』「십회향품」

만다라 공양을 하자

● ● ●

착챌 강에서 오체투지를 하고 이제 북쪽을 향해 내려서면 계곡 사이에 커다란 평원이 펼쳐진다. 햇살 좋은 봄날 산책하는 듯 황금빛 가득한 이곳에 발을 들여놓으면서 나도 모르게 행복감에 젖어든다. 비록 양쪽에는 높은 산들이 벽을 치고 있음에도 만마萬馬가 내달릴 수 있을 정도로 탁 트이게 느껴지며 발걸음까지 가벼워지는 일은 바로 길지吉地이기 때문이리라. 형세는 육릉陸綾, 마치 비단필을 펼쳐 놓은 모습이다. 이런 길이 영원히 끝나지 않기를 바라는 마음도 한줄기 일어난다.

이 일대 이름은 쎌숑sershong이다. 쎌은 티베트어로 황금을 말하며 숑은 접시 혹은 병을 일컫는다. 쎌숑이라는 단어는 티베트 언어권에서는 지명이

나 사원 이름에서 자주 발견하게 된다. 즉 황금접시, 황금그릇이라고 부르는 평원으로 황금의 가치를 안다면 황금으로 만들어진 접시에는 보통 물건이 담길 수는 없다는 추리가 가능하다. 우리가 탑을 해체했을 때 황금으로 만든 사리함을 종종 보게 된다. 도대체 얼마나 귀중한 것을 안에 담았기에 황금으로 에워쌓았을까. 바로 황금보다 귀중한 사리다. 같은 식으로 얼마나 중요한 것을 품고 있기에 황금그릇을 이야기할까. 보배스러운 귀중한 것들, 즉 린포체들이 담겨져 있는 평원으로 이런 지명을 가진 곳은 어디에서든지 걸음걸이를 조심스럽게 해야 한다.

계곡의 바닥은 돌이 드문드문 깔려 있고 이끼류들이 여기저기 자라났다. 덕분에 약간의 부식토 냄새가 곁들어진다. 다소 습기 찬 곳은 앞서간 순례자들의 발자국과 그들의 친구 야크 발자국들이 나란히 궤적을 이루고 있다. 미풍에 키 작은 풀들은 두런두런 흔들리며 햇볕을 반사한다.

불교에서 황금은 붓다와 유관하기에 금구金口는 황면구담黃面瞿曇, 붓다의 입이며, 세월이 지나도 가치가 사라지지 않은 황금 같은 붓다의 말씀[法語]을 뜻하기도 한다. 고귀한 붓다를 형상화한 불상은 황금빛으로 채색했고 붓다를 모신 전각을 금당金堂으로 칭한 것도 다 그런 연유였다.

황금접시는 소중한 것을 담는 그릇[器] 역할이 있으며 티베트불교에서

만다라 공양은 흔하게 보는 모습이다. 바람, 불, 물, 땅을 상징하는 구조물을 이렇게 차곡차곡 쌓아올리기도 한다. 색이 다른 가장 아래 황금빛 판은 세상의 바탕이 되는 불성을 의미한다. 이들은 앉은 자리에서 불성을 바탕으로 천지를 창조하고 이어서 파괴한다. 머무는 것은 단 하나도 없다는 무상에 대한 명상이며, 기어이 남아 다른 세상을 만들어내는 쎌송-불성에 대한 절대적 귀의를 헤아리는 행위다.

는 다른 의미도 포함된다. 티베트의 사원에 가면 이상한 원판 같은 것을 들고 그 위에 곡식을 뿌리면서 뭔가 중얼거리는 사람들을 자주 보게 된다. 이것은 만다라Mandala 공양으로 장경 20센티 정도 되는 둥근 원판이 이 공양의 중심이 된다. 이 판은 자신의 여건에 따라 금, 은 혹은 나무 등등으로 만들며, 이 판이 바로 자신의 마음속에 있는 더할 나위 없는 소중한 쎌숑을 의미하니, 즉 불성佛性을 나타낸다.

이 판 위에 곡식을 뿌리면서 시계방향과 그 반대방향을 쓸어내는 동작을 하면서 만뜨라를 외운다. 탐욕, 성냄 그리고 무지〔貪瞋癡〕라는 세 가지 맹독을 제거하겠다는 의미로, 더불어 붓다의 몸, 말 그리고 마음을 기어이 얻고야 말겠다는 맹세의 행위다. 그리고 손에 쥔 곡식을 만다라 원판 중앙에 슬며시 붓는다. 다시 한 줌을 쥐어 가장자리 네 곳에 조금씩 나누어 부은 후 이어 중앙에 높게 솟아오른 곳 옆으로 자그맣게 두 자리에 더 뿌리게 된다.

여기서 곡식으로 가운데 높이 쌓는 곳은 무엇을 상징할까. 바로 강 린포체〔카일라스〕이며, 사방의 네 곳은 사대주四大洲 그리고 강 린포체 옆의 두 곳은 해와 달이다. 불교의 우주 창조의 모든 순간이 재현이 되는바, 우주 모든 것의 소중함을 붓다〔佛性〕에게 올리는 예가 된다. 중요한 것은 이것이 일어나는 자리, 일으키는 자리가 바로 쎌숑―불성이라는 사실이다.

이어 만뜨라를 외운다.

"제 앞에 만다라로 모습을 나타나신 붓다들께 꽃, 향 그리고 향수, 더불어 수미산, 사대주, 해, 달을 모두 바칩니다. 이 공덕 모든 생명들에게 베풀어주소서."

만뜨라가 끝나면 만다라 원판을 자신의 몸 쪽으로 슬며시 기울여 곡식이 자신의 무릎으로 쏟아지게 만들어 붓다의 축복이 자신에게 떨어지는 것을 상상한다.

파드마 카포스님의 『티베트의 지혜와 명상』에 의하면 만다라 공양은 여섯 가지 수행을 동반한다.

첫째, 물에 향로를 섞어서 만다라 판을 늘 깨끗이 닦는 수행은 보시布施〔베풂〕의 완성을 기약한다. 물은 번영과 풍요의 상징이기 때문이다.

둘째, 만다라 판을 소중히 하고 깨끗이 유지하는 수행은 지계持戒〔계율을 지킴〕의 완성을 기약한다. 지계는 모든 수행의 기초다.

셋째, 공양을 시작하기 전에 곡식에서 곤충과 벌레를 조심스레 골라내는 일은 인욕忍辱〔욕됨을 참음〕의 완성을 기약한다.

넷째, 즐거운 마음으로 적극 만다라에 공양하는 일은 자비의 완성을 기약한다.

다섯째, 만다라 공양할 때 마음을 집중하는 수행은 명상〔禪〕의 완성을 기약한다.

여섯째, 순야타sunyata〔空〕를 바르게 이해하고 만다라에 공양하는 것은 지혜의 완성을 기약한다. 만다라 공양에도 네 가지 계위階位가 있다. 바깥 공양, 안 공양, 비밀 공양, 절대 공양이 기초수행 단계이므로 여기에서는 '바깥 공양'에 대해서만 설명했다. 각자 적어도 십만 번은 거듭 실천해야 한다. 만다라 공양은 초심자에게도, 그렇지 않은 사람에게도 매우 커다란 이익이 있다. 수행을 시작해서부터 깨달음을 완성하기까지의 다르마에 관한 전반적인 의미가 여기에 내포되어 있는 까닭이다.

쎌숑이라는 단어는 가볍게 듣게 되면 황금접시이며, 깊이 듣게 되면 모든 것들의 기반이 되는 불성佛性을 의미한다.

가볍게 들을 것인가, 깊이 바라볼 것인가? 단어 역시 상징으로 바라보며 황금을 움켜잡듯〔正晝攫金〕 해야 하지 않겠는가.

황금판, 황금접시 위를 걸어가는 나는 더없이 소중하다. 그토록 가치 있는 황금 위에 값싼 것들이 오갈 수 있겠는가. 황금의 의미를 안다면 황금계곡을 걸을 자격이 주어지며 스스로 귀하지만, 황금 의미를 모른다면 반대가 되리라.

바닥이 습기 찬 곳이 있는가 하면 울퉁불퉁한 곳도 나오다가 이제는 탄탄한 대지가 펼쳐진다. 문득 이곳이 중심이며 내가 떠나온 저기 먼 문명 도시들이 도리어 고립된 섬처럼 느껴진다. 끼리끼리 모여 놀고, 마시고, 떠들고, 몰려다니는 그 섬에서 나와 황금빛 뭍을 걷는 마음, 모든 것이 고맙기만 하다.

신의 강을 따라 오르면

● ● ●

오체투지를 하면 달라지는 것이 있다. 성향미촉聲香味觸에 관한 몸의 감각들이 모조리 살아난다는 점이다. 후각이 예민해서 흙냄새, 물냄새, 더불어 공기 중에 섞인 어떤 향기로운 것들까지 미세하게 잡아내며 청각 역시 못지않게 예민해져 작은 동물이나 곤충의 움직임까지 인지된다. 모든 것을 잡아내고 알아내고 느낄 수 있는 감각의 레이더가 설치되어 전지全知의 입구에 선다. 소음, 공해, TV, 쏟아지는 광고, 그야말로 자연을 막아서는 온갖 장애물 사이에서 움츠리고 숨겨졌던 감각들이 되살아나며 자연과 교통한다.

자연은 어머니의 위치로 다시 올라서며 본래의 신성함에 복권된다. 감각이 되살지 않으면 아직 지독한 저잣거리의 탁한 물은 빼지 못한 상태이므로 이런 과정은 진행되지 못하리라.

"그냥 봉우리 하나던데 뭐."

길에서 만났던 강 린포체[카일라스]를 이렇게 평한 사람들 저변에는 아직 열리지 않은 감각이 있다. 왕의 행차를 보고, 왕의 힘은 보지 못한 채, 키가 작다, 나이가 어리다, 약해 보인다며 용모만을 탐색하는 부류다.

문제는 그 다음이다. 여기서 끝나면 그냥 주뻣거리는바, 조용히 살피면 몸의 감각 너머 어떤 의식意識이 활동을 재개하는 것을 알 수 있다. 깨달음이 움직인다. 이제 회심回心이 시작되어 자연물의 상징들이 해석되어 무엇이 숨겨져 있었는지, 무엇이 어떤 형태로 산 주변을 장엄하고 있었는지, 스스럼없이 정보가 들어온다. 어떤 날 이제까지 아무런 느낌을 받지 못했던 풍경이 무엇인가 색다른 요소를 가지고 색다른 느낌으로 따라오기에 어떤 절집의 전각 하나가 완연히 다른 빛을 보이기도 한다.

그 풍경이나 그 전각이 갑자기 변모를 했을까.

오로지 내 탓이다. 본디 이렇게 늘 노출이 되어 있었음에도 감지하지 못했다. 진리라는 것 역시 항상 열려 있으나 받아들이지 못하기에 비밀秘密이 되어버리고 만다. 티베트불교를 밀교密敎라 말하는바 바로 비밀불교 약자로, 붓다는 이미 모든 것을 낱낱이 밝혔으나 번뇌 망상에 가려진 중생의 입장에서는 비밀인 셈이다.

> 의왕醫王의 눈에는 길에 널린 것은 모두 약藥이고
>
> 보석을 볼 줄 아는 사람에게는 돌덩이도 보석이라네.
>
> —쿠가이〔空海〕

그렇다면 저 강 린포체〔카일라스〕는 어떻게 보이는가?

봉우리 하나?

보석〔린포체〕?

이런저런 이유로 하나에서 다른 하나로 이동할 때는 오체투지를 하거나, 마음을 집중시켜 합장삼배하거나, 그것도 여의치 않은 상황에서는 진중하게 반배라도 하여 마음을 열고 받들어, 이 특이한 사원에 초대받은 사람으로서 모든 것을 얻어가야 하지 않을까.

평원을 걷다가 예민해지는 의식을 따라 멈추어 선다. 한 번 정성을 다해 오체투지를 한다. 이런 기분 단 몇 분이면 세상의 비밀 모두 알아차릴 기세가 마음 안에서 꿈틀댄다. 쎌숑이 주는 선물이다.

쎌숑의 좌측으로는 라추라고 부르는 맑은 물줄기가 흘러간다. 티베트의 수도 이름은 라싸로 라lha는 신神을 뜻하는 의미가 담겨 있고, 더불어 왕王 혹은 붓다 역시 포함되어 있기에, 사원을 말하는 라캉lha khang도 같은 범주에 속하는 단어다. 강 린포체〔카일라스〕의 좌측에서 흘러내려오는 강물 이름인 라추lha chu는 라를 이해한다면 강물 혹은 시냇물이라는 의미의 추를 넣어 신천神川 혹은 불천佛川으로 이름을 바꾸는 일이 어렵지 않다.

본디 산이란 천강만수川江萬水의 근원이 되어 이런 작은 시냇물이 이제 수덕수도隨德隨道, 바다를 향해 걸음을 떼어 놓는다. 이런 물들이 훗날 산을 가르고 몸을 거듭 낮추면서 아시아의 거대한 강물을 이룬다. 시냇물은 생각보다 맑다. 상류 쪽으로는 나무가 없고 오로지 황량한 지역임에도 불구하고 회색빛이 아니라 푸른빛이 감도는 물줄기라 도리어 신기하다. 물살은 일부 구간에서는 매우 빨라 모양새가 힘차다. 가만히 들여다보면, 단테가 이야기했던가, 아무것도 감추고 있지 않으면서도 무엇인가 품고 있는 듯한 분위기.

라추를 따라 걷는 일대를 라율lha yul이라 이야기한다. 라율은 바로 신의 땅, 붓다의 땅으로 불국佛國이니 쎌숑 평원에 참 어울리는 이름이 아닌가.

옴 라.

길을 따라 본격적으로 평원에 들어선다.

어떤 풍경 안에 접어들면 환청처럼 들리는 소리가 왕왕 있다.

"오라 비구여〔善來比丘〕!"

마치 쎌숑 풍경이 말씀을 내며 환히 반기는 듯하다. 나는 전생에 비구로 살았을까, 가끔 이렇게 비구라고 부르는 소리가 들린다.

붓다 시절, 일일이 계戒를 준 것이 아니라, 붓다를 뵙고, 눈을 마주치는 자체로 계목戒目 나열 없이 계가 전해지는 경우가 왕왕 있었다.

그리고 뒤따르는 한 마디.

"오라 비구여!"

오라, 비구여 [善來比丘]

● ● ●

여자 곡예사가 장대 위에 올라가 묘기를 부렸다. 아찔한 높은 장대 위에서 재주넘기를 하고, 몸을 평평히 만들기도 하더니 마치 평지처럼 노래하고 춤추었다. 마침 이때 이 모습을 보던 청년 우가세나Uggasena는 단번에 여자 곡예사에게 사랑을 주어버렸다.

그는 친구들에게 선언했다.

"저 여인을 얻는다면 나는 살 것이고 그렇지 못하면 죽으리라!"

때는 붓다 시절이었고 장소는 라자가하였다.

재력가의 아들 우가세나는 그리하여 부모를 버리고, 물려받을 재산을 팽개치고, 자신의 신분조차 포기한 채 사랑을 위해 집을 나섰다. 결혼과 더불어 곡예사가 된 우가세나는 피나는 연습을 거듭하여 곡예사 길을 걸었으니 이제 장대 위에서 따를 사람은 아무도 없을 정도의 경지까지 이르렀다.

세월이 흘렀다. 이제 곡예단은 우가세나의 고향인 라자가하에 들어왔다. 우가세나는 고향사람들에게 자신의 묘기를 보이기 위해 장대 위에서 최선을 다했고 아낌없는 갈채를 계속 받았다.

마침 라자가하에 머물고 있던 붓다는 탁발을 나섰다가 공연장에 들어서게 된다. 우가세나는 높은 장대에 올라서 일곱 바퀴를 도는 고난이도의 묘기를 선보이는 중이었다.

붓다는 우가세나의 시절인연을 읽었다. 이제 때가 이르렀다. 그리하여 제자 목갈리니〔目連尊者〕를 시켜 우가세나에게 묘기를 다시 보여 달라 부탁했다. 목갈리니의 부탁을 들은 그는 공중으로 몸을 솟구쳐 무려 열네 바퀴를 회전하고 높은 장대 꼭대기에 슬며시 내려앉았다.

장대 위에서 떨어지지 않고 묘기를 부리기 위해서는 자신의 동작 하나 하나를 예리하게 살펴야 한다. 허공으로 차오르는 발동작, 회전하는 자세, 착지하는 동안의 발끝의 근육 움직임의 순서 등등. 단 하나의 흐트러짐이 용서되지 않는다. 오로지 관찰, 관찰이 아니겠는가. 그렇다면 그런 관찰을 종교적인 용어로 바꾼다면 바로 위빠사나다. 그는 이미 탄탄한 기초가 마련되었기에 손만 스치면 터져버리며 만개하는 꽃과 같은 존재였으리라.

붓다는 앞으로 나서며 우가세나에게 말했다.

"현명한 사람은 과거, 현재, 미래의 오온五蘊에 대한 집착을 모두 버린다. 그럴 때야 그는 진정한 생로병사로부터 해탈하느니라."

그리고는 게송을 읊었다.

미래의 일, 현재의 일, 과거의 일을 내려놓아라.

머나먼 바다를 건너라.

그대의 마음이 집착에서 벗어날 때

다시는 생사의 길을 가지 않으리.

그 순간 높은 장대에 앉아있던 우가세나는 아라한에 이르렀다.

그는 곧바로 땅에 내려와 출가하기를 청했다. 제일 먼저 여자를 마음에서 버렸으리라.

붓다는 말했다.

"오라, 비구여!"

그렇게 사는 일, 높은 장대 위에서 혹은 외줄 위에서 묘기를 부리는 일, 그곳에서 균형을 유지하며 기술을 피우며 사는 일이 삶의 최선이라 생각한 날들이 있었기에, 조금 더 잘 살아보려고 기술을 닦고 익히며 살아온 시절이 오랫동안이었다. 기술을 익히는 동안 어디 장대 위에서만 온전히 머물 수 있었겠는가. 어쩌다 미끄러지거나 땅에 떨어지면 큰일 난 것처럼 다시 오르기에 바빴다. 남들이 2번 회전하면 나는 기어이 3번은 해내야 성공이라 생각도 했다. 바닥에 대한 냉소와 편견이 없었을까.

막대기 위에서의 곡예에 대한 집착을 버린다면, 더불어 단단한 땅에 내려오면 만날 수 있는 탄탄한 세상.

"내려오라, 비구여!"

장대에서 내려오는 길을 택하면서 내 삶은 이렇게 흘러와 오늘 강 린포체[카일라스]를 걷는다.

어떤 자리에서는 산이 불성을 전해주겠다는 듯이 마음을 통通해 이렇게 뜻이 온다[內通]. 과거에 읽었던 구절이 생생히 뇌리에서 살아나와 이번 기회에 다시 살핀다.

완전히 땅으로 내려왔는가.

바로 처처 금강계단金剛戒壇이다. 나는 내생에 출가할 것을 이미 맹세했으니 미리 계戒를 받는다. 잠시 멈추어 서서 다시 한 번 오체투지한다. 이렇게 계사戒師의 뜻과 받아들이겠다는 제자의 뜻 사이에서, 무념무언의 계戒가 형성되는 일은 고암스님의 표현을 따르자면 목격전수目擊傳受라 일컫는다. 붓다에 비견되는 강 린포체〔카일라스〕를 바라보며 다음 삶에서의 출가를 미리 받아낸다. 여행 중에 만난 히말라야 구루는 '본디 이 자리에 살던 구루'라 했으니 겨우 제자리에 돌아가는 일이지만 잠시 외도하는 삶을 기어이 제 궤도로 돌려야 하지 않으랴.

단단하기만 한 대지는 멀지 않은 오뚝한 봉우리들까지 이어진다. 내가 두 발로 디디고 온몸을 던질 수 있는 낮은 곳은 장대 꼭대기처럼 묘기를 요구하지 않으며 다만 멈추어〔止〕 보기〔觀〕를 청한다. 이제 높은 장대에서 내려와 이토록 안락한 황금대지 위에서 새 삶을 시작하고 있으니 스승들이 지도한 방법을 따라가기만 하면 된다.

때가 되면 시냇물 소리가 겁외가劫外歌로 들리지 않겠는가, 빈 바구니 안에 고운 달빛을 온전하게 가득 담을 수 있지 않겠는가.

불성을 의미하는 황금벌판을 걸어가면서 모든 감각을 열어 미래까지 심어본다.

엄밀하게 이야기하자면 쎌숑은 양쪽에 산을 끼고 있는 '계곡'이지만 쎌숑 '평원'이라고 부른다. 이곳에 발을 딛고 서면 이유를 알 수 있다. 계곡이 아니라 넓고 단단한 대지의 기운이 땅위에서 맴돈다. 왠지 이리저리 뒹굴고 싶은 마음이 드는 곳으로 땅심이 예사롭지 않다. 오체투지 한 번이면 땅이 기운을 전수해준다.

◉ 7

강니촐뗀은 바로 불이문

인욕은 세상에서 가장 고귀한 것이며 평화에 이르는 길이다.
인욕은 험한 세상의 도반이니 아름다운 명예를 갖게 한다.
인욕은 어두운 세상의 빛이며 원수를 뉘우치게 하는 진리의 길을 걷게 한다.
인욕은 탐욕을 떠나게 하며 보시, 지계, 정진, 선정, 지혜를 이루게 하니 인욕은 불법의 근본인 것이다.

— 대집경大集經

강니촐뗀 기둥에 이마를 대고

● ● ●

쎌숑 중앙에 강니촐뗀이라는 말끔한 탑이 하나 서 있다. 정말 좋은 곳에 자리 잡았다. 강 린포체〔카일라스〕 이마가 보이기 시작하는 자리에 소박하고 단정하게 정좌했다. 오래된 버릇 중에 하나는 불이문을 지날 때 이마를 기둥에 대거나, 전각에서는 존경심을 표하기 위해 역시 이마를 기둥에 대고 만뜨라를 외우는 일, 오늘도 예외 없이 한쪽 기둥에 이마를 맞대고 이제 성스러운 공간으로 진입하는 마음을 준비한다.

니Nyi의 의미는 이二로 우리 발음과 유사하다. 강니는 기둥이 두 개라는 이야기며 강니촐뗀은 다리가 두 개인 탑이라는 이야기다. 중국인들은 이런 양식을 이퇴불탑二腿佛塔이라 표기하며 우리말로 바꾸면 일주문一株門이다. 일주문 역시 기둥이 2개이지만 옆에서 보면 한 줄로 보이기에 일주문이라는 이름을 얻었다. 탑 모양에 밑으로 통로가 있는 형식이라 탑 밑을 통과할 수 있다.

강 린포체〔카일라스〕는 하나의 거대한 사원으로 보아도 좋다. 그리고 사원의 입구이기에 이 자리에 불이문이 자리 잡았다.

우리나라 절집은 산 아래 일주문, 천왕문을 지나 모신 존재에 따라 대웅전, 대웅보전, 영산전, 팔상전, 대적광전, 극락보전, 약사전, 원통전, 명부전, 나한전, 조사전, 그리고 산신각, 삼성각, 칠성각, 용왕각 등 다양한 부속 건물들이 일정한 간격을 가지고 옹기종기 모여 있다. 그러나 티베트 사원은 조금 다르다. 가령 티베트 사원의 대표사원이라 할 수 있는 라싸 조캉 사원의 경우, 두캉Dukhang이라고 부르는 사각형 구조의 대법당 한 건물 안에 이런 '마음의 수호자들' 을 모신 전각들이 다 모여 있다. 즉 회랑을 따라 걸으면 가장자리를 따라 18개의 괸캉Gonkhang〔수호신 법당〕 그리고 라캉Lhakhang〔보조 법당〕이 자리 잡았으니 한 건물 안에 들어서면 모두 다 해결된다. 이 구조에 익숙하게 되면 강 린포체〔카일라스〕가 바로 이 모습 그대로 빼어 닮았으며, 강 린포체〔카일라스〕가 바로 거대한 천연사원이라는 사실을 깨닫는다.

보통 일주문에는 절의 이름을 적은 현판을 걸지만 이곳에는 어떤 현판도 없다. 아니 현판이 있을 이유가 없다. 이곳에서는 사원을 지키는 사람이 없고, 헌금을 강요하는 성직자나 기와보살이 없으며, 사원을 밝히는 야크버터 등잔은 물론 어떤 조명시설도 찾을 수 없다. 스님들의 의식도구, 북, 피리, 책상이라고 있겠는가. 공문空門으로 인도하는 사원에 소소한 치레가 있을 이유가 없을 터, 다만 바람, 햇살, 눈비 그리고 하얀 봉우리가 장엄하고

강 린포체가 막 보이기 시작하는 자리에 강니 촐뗀[불이문]이 서 있다. 이제 천연사원을 들어선다는 의미를 선포하는 탑이다. 눈이 오나, 비가 오나, 천둥번개가 들이닥쳐도 아랑곳없이 대지위에 고요하게 결가부좌로 주석하고 있는 모습이다. 흔들리지 않는다. 사원의 입구에서 부동적정함을 무언으로 선언하고 있다.

수많은 야생동물들이 천연사원 안에서 기거하며 순례자들을 동그란 눈으로 반길 따름.

강 린포체[카일라스]의 골격은 일단 조캉 사원처럼 만다라 사면체이며 그 위에 원추가 얹힌 형태고, 사면이 있기에 각기 동서남북에 수호신들이 있다. 이런 테트라드tetrad 즉 4라는 개념은 절대적 안정성을 상징한다. 고대로부터 지구를 떠받치는 4개의 기둥에 관한 이야기도 안정성에 기초를 했고 그것에 더해 정사각형에 가까울 때는 신앙적인 요소까지 덤으로 주어진다. 정사각형을 말하는 영어 square는 square living[똑바른 삶]이랄지 back to square one[출발점으로 돌아간다]는 의미를 품게 되니 동서양이 따로 없다. 한자에서 나라를 뜻하는 국國의 모습을 찬찬히 살펴본다면 부언이 필요없을 정도가 된다.

수에 대해서 생각할 때 인간이 손가락으로 하나 둘 셋 세어서 만든 것이 아니라 자연의 구성 패턴을 옮겨온 것이기에 숫자적 형태는 명상으로 내면으로 옮겨와 상징을 풀어내는 힘을 더해야 한다. 그렇다면 고대 사람들이 강 린포체[카일라스]에 신성을 부여한 여러 요소 중에 사각형이라는 한 가지 요소가 더 있었음을 추리할 수 있겠다.

강 린포체를 향해 나가기 전이나 되돌아온 후 이렇게 티베트 대표사원 안 회랑을 따라 여러 번 꼬라를 하면서 천연사원과 비교하며 예습 혹은 복습이 필요하다.

사원을 들어서기 위해서는 이렇게 일주문을 지나가야 하며 일주문을 통과할 때는 일단 걸음을 멈추고 옷매무새를 단정하게 고치고 합장 반배하는 것이 원칙이다. 사찰의 경계인 셈으로 이제 승僧과 속俗, 그리고 세간世間과 출세간出世間, 생사윤회의 중생계衆生界와 열반적정의 불국토佛國土가 나뉘는 곳으로 기능적으로 성속을 나눈다.

뒤돌아본다. 그리고 다시 이마를 기둥에 댄다. 차가운 각성의 온도가 정수리를 타고 들어온다. 나는 이제 더욱더 성스러운 불국토 도량으로 진입하니 일심一心과 잡념의 분수령이며 동시에 이제 해탈성불을 목표로 하는 산문에 들었음을 선포하는 구조물에 예의를 표한다.

기둥에 머리를 대고 있으면 한 인물이 지나간다. 우리나라 절집 일주문을 지날 때마다 붓다 제자 중 지혜제일智慧第一 사리붓다Sariputta〔舍利弗〕를 기억했으니 이곳이라고 예외가 아니다.

사리붓다 정신이 단단한 기둥에 있다

기원정사에서 안거가 끝났다. 이제 사리붓다는 붓다에게 인사를 드린 후, 시자들과 떠날 준비를 서둘렀다. 많은 비구들이 사리붓다를 배웅하기 위해 사리붓다를 찾았다.

친절하게도 사리붓다는 찾아온 비구 하나하나의 이름과 성을 불러주며 헤어지는 인사를 치렀다. 그러나 비구의 숫자도 만만치 않고, 사리붓다도 사람인지라 기억력에 문제가 있는 법, 한 사람은 그리하지 못했다.

자신의 이름을 불러주며 인사하기를 기대했던 이 비구, 자신의 간절함이 무너지자 도리어 악의를 품는다. 더구나 그 과정에서 사리붓다의 옷자락이 자신의 귀를 스치자 불만이 눈덩이처럼 커진다.

붓다를 찾아가 말한다.

"세존이시여, 사리붓다 존자는 분명히 '나는 상수제자다' 라고 으스대며 귀가 먹을 정도로 저를 쳤습니다. 그래놓고도 미안하다는 말 한마디 없이 길을 떠났습니다."

이 일로 붓다는 사리붓다를 소환한다.

붓다가 사리붓다에게 이렇고 저런 일이 있었냐, 묻자 그는 그렇지 않다고 부정하는 대신 이렇게 답했다.

"붓다시여, 몸을 관하는 마음챙김이 확고히 서 있지 못한 사람은 도반에게 상처를 입히고도, 용서를 빌지 않은 채 떠날 수도 있을 것입니다."

그리고 다음과 같은 사리붓다의 이야기가 이어졌다.

"저는 마치 대지와 같아 어느 누가 꽃을 던져도 즐거워하지 않고, 대소변이나 쓰레기를 쌓아도 불쾌함을 일으키지 않습니다. 저는 출입하는 문 앞에 놓인 흙털개처럼 거지가 닫거나 뿔이 없는 황소가 닫아도 개의치 않습니다……."

그는 분노와 증오에 매이지 않는 (현재) 자신의 자유로움을 깨끗하건 더럽건 모든 것을 다 받아들여주는 대지의 참을성에 비유했고, 또 자기 마음의 평온을 뿔 없는 황소에, 버림받은 천민 출신 젊은이에, 물에, 불에, 바람에, 그리고 염오厭惡의 제거에 비유했다. 이어 자신의 몸에 대한 염오를 뱀이나 시체에서 느끼는 혐오감에 비유했으며 자기 육신이 유지되는 것을 기름진 흙덩어리가 유지되는 것에 비유했다.

모였던 사람들은 사리붓다의 적절한 비유에 모두 감동했다.

사리붓다는 도리어 상처를 주었음을 사과하고 두 사람은 화합한다.

붓다는 이 일에 대하여 다음과 같이 말했다.

"비구들이여, 사리붓다 같은 사람이 노여움이나 미움을 품는다는 것은 있을 수 없는 일이다. 사리붓다의 마음은 대지와 같고, 일주문 기둥처럼 든든하고, 깊고 잔잔한 연못물과도 같다."

이어 게송을 읊었다.

인욕은 대지와 같이 흔들림 없고
뜻은 '일주문' 기둥처럼 든든하며
마음은 깊고 잔잔한 연못처럼 맑으니
이런 이에게 다시 태어남은 없도다.

—『법구경』

생각해보면 '인욕'과 '용서'라는 이 정신은 현재까지 그대로 흘러와 이 대지의 본래 주인인 티베트 사람들의 수장 달라이 라마에게까지 이르렀다. 중국의 만행을 용서하고 자신들의 탓으로 인정하는 모습을 보면 사리붓다의 언행과 한 치도 다르지 않다. 『기신론起信論』에서는 이것을 내원해인耐怨害忍이라 말했다.

사막 종교에서는 '원수를 사랑하라'지만 본래 원수가 없는 것이 붓다의 제자들이다. 영웅이란 타인들을 수없이 배격하여 밟고 올라가는 사람이 아니라 모든 대상을 가슴에 포용하는 사람이 아닌가. 그런 큰 영웅, 마하비르[大雄]를 모신 자리가 대웅전大雄殿이다.

생각해보면 삶을 꾸려오는 동안 생각의 많은 부분을 심판審判에 사용했다. 주변에서 쉼 없이 일어나는 사건에 대해 받아들이기 보다는 옳다 그르다, 착하다 악하다, 깨끗하다 더럽다 등등, 제7식識에 걸터앉아 심판을 선택했으니 지옥에 떨어지라고 저주하거나, 감옥에 가둬놓는 상상을 하고, 재산을 빼앗아 거지로 만드는 등등, 필요없는 거친 파장을 일으켰던 생각들이 그 얼마더냐.

그러나 히말라야 17, 18년 동안 그런 것들은 차차 내려놓게 되었다. 히말라야 문화권의 다양성, 힌두교, 불교, 무슬림, 자니아교, 무속신앙은 물론 국적으로도 네팔, 인도, 시킴 왕국, 파키스탄 등등, 일곱 빛깔 무지개들과 조우하면서, 코스모스는 코스모스며 해바라기는 해바라기듯이, 붉은 빛은 붉은 빛이고 푸른빛은 푸른빛으로 각기의 존재를 인정하면서 분별심은 사라졌다.

용서는 상대에 대한 인정과 존중이 없다면 이루어지지 않는다. 만일 용서하지 못하면 지는 거다. 침략자를 용서하지 못하면 진정으로 침략당한 것이고, 때린 자를 용서하지 못하면 정말 맞은 것이 되기에 용서야말로 제일 큰 용기가 아닌가.

일주문에 이마를 기대거나 단단한 사원의 기둥을 손으로 어루만지면 늘 생각은 흘러가 '당신의 원수는 바로 당신의 스승이라' 설법하는 14대 달라이 라마까지 찬탄하게 되며 소위 말하는 무적無敵이라는 개념을 다시 생각하게 만든다. 오늘도 역시 그렇다.

월등한 힘을 바탕으로 상대를 억누르는 무적과, 스스로 적을 만들지 않아 적이 없는 상태의 무적. 국가라고 다를까. 현재 중국과 티베트의 지도자를 비교하자면 하나는 모순이 가득한 자신을 돌보지 못하고 밖을 제압하는 왕王의 길이며, 후자는 자신을 통솔하여 그것이 바깥으로 나타나는 짜끄라바르띠cakravarti, 즉 전륜성왕轉輪聖王 모습으로 나타난다.

대장부라면 어느 길을 스스로 선택해서 가야겠는가.

낮이 되면서 일주문은 그림자조차 서서히 발밑으로 숨기고 있다. 어루만지는 기둥 단단하기만 하다. 새롭게 칠한 탓에 손에 하얀 횟가루가 묻어났으니 기둥에 비볐던 이마는 이미 하얗게 되었을 터, 무슨 대수랴.

일주문을 지나면서 무엇을 내려놓아야 하는가.

많은 것 중에 분노가 으뜸이며 인욕을 잘 챙겨야 하지 않겠는가. 나는 언제쯤이면 티베트를 차지한 중국 정부에 대해 미움, 분노, 증오를 소멸시켜가며 용서하는 마음을 낼 수 있을까.

용서하되 포기하지는 말자. 그들의 폭력은 이제 용서하되 티베트 독립은 포기하지 말자.

올려다보니 하얀 산이 우뚝하니 서 있는 모습이 마치 검은 바위로 하얀 꽃을 피운 듯하다. 순결한 백설로 하얗게 꽃을 피워냈으니 암설화岩雪花라 불러도 좋겠다. 신기한 일은 이 풍경이 마치 나의 뇌에서 나와, 내 눈으로 투사하는 모습을 다시 보는 것 같다는 점이다. 해발 4천700미터 고지대의 희박한 산소 탓일까. 너와 나의 경계가 모호해진다.

촐뗀의 상징은 무엇일까

명상하는 사람은 대지 위에 허리를 세우고 결가부좌로 앉는다. 그리고는 머리, 이마를 하늘에 고정시킨다. 아무런 한계가 없는 하늘은 우주의 절대적인 진리를 상징하고, 땅은 우리가 몸담고 있는 실질적인 현실의 반영이다. 영원한 생명과, 때가 되면 다시 무너지는 대지에 근거한 몸이 이렇게 만나니 결가부좌는 일주문이 된다.

일주문 위에는 태양, 달 그리고 연꽃으로 장식되어 있다. 티베트불교에서는 탑을 쵸르텐이라기 보다는 촐뗀이라 발음한다. 이것은 아무렇게나 돌과 흙을 쌓아올린 것이 아니라 그 의미는 이렇다.

그렇게 한동안 지나면, 그 맨 아래에서 먼저 바람의 수레〔風輪〕가 생깁니다. 동요가 일어난 것입니다. 무언가 움직임이 일어난 것이지요. 바람은 언제나 가벼워서 쉽게 움직이고 서로 부딪혀 마찰을 일으킵니다. 마찰은 건조한 겨울날 우리의 옷에서 정전기가 일어나듯 그렇게 메마른 불의 수레〔火輪〕을 만듭니다. 불의 힘이 강화되면 그 힘으로 주변의 습기를 부르는 것은 당연한 이치입니다. 그렇게 해서 뭉쳐진 습기가 구름을 만듭니다. 바람의 수레 위에 형성된 구름은 견실한 황금의 정수입니다. 시간이라는 흐름 속에, 습기를 머금은 구름은 그 무게를 이기지 못하고 거대한 비가 휘몰아칩니다. 그리고 그곳에 물의 수레[水輪]을 형성합니다. 다시 멈출 줄 모르는 바람은, 수만 년을 파도에 밀려서 생긴 세모래 백사장처럼, 물의 수레를 마찰하여 좀 더 견고한 땅의 수레[地輪]을 형성합니다. 그렇게 수많은 세월이 모여서 이루어진 땅의 성분은 물의 수레 위에 견실한 황금의 지반을 이룹니다. 이제 무엇인가 발 디딜 곳이 생긴 겁니다.

그 땅의 수레가 견고하게 다져진 지반의 한가운데에서 이 세상의 중심인 수미산須彌山과 주변에 일곱 겹의 황금산과 일곱 겹의 향수해, 그리고 4대부주와 4소주가 생겨난 것입니다. 아주 먼 시간을 달려 생각을 가진 존재들이 거주할 공간과 시간의 땅이 이루어진 것이지요. 그래서 시간과 공간과 방향이라는 개념이 생겨나고, 이를 통하여 세상의 대상을 구별할 수 있게 된 것입니다.

—최로덴의 『티베트불교의 향기』 중에서

위의 글을 쉽게 풀면, 일단 어디선가 회오리바람이 분다[風].

바람이 부니 눈에 보이지 않는 먼지 같은 것들의 마찰로 인해 불꽃이 튄다[火].

불꽃이 튀면 내부의 물기가 바깥으로 나오게 마련[水].

물 기운은 모여 반복적인 운동으로 단단한 대지가 형성되고[地] 그 위에 수미산이 일어난다. 불교에서는 이렇게 대지 위에 제일 먼저 생긴 것이 수미산이며 바로 강 린포체[카일라스]로 간주한다.

우주는 이렇게 바람-불-물-땅 순으로 형성되었다면 그렇다면 바람[風] 전에는 무엇이 있었을까?

일주문 위에는 연꽃, 달, 해가 보인다. 연꽃은 숫드호함[淸淨]으로 진흙탕을 뚫고 올라와 꽃을 피워 행유하는 모습으로 사람들을 가르쳤다. 달은 어두운 밤에 사위를 밝게 비추어 밤길을 가는 사람들의 길을 안내했다. 태양은 세상 전체를 확연하게 밝힌다. 따라서 '연꽃은 악에 의한 오염을 정화하고[戒] 달은 정신적 무지의 어두움을 다스리고[定], 태양은 초월적 깨달음의 빛을 두루두루 비추는 것[慧]'을 상징한다. 이것은 연꽃, 해 그리고 달과 같이 우리 주변에 나타나는 현상을 스승으로 삼아, 두두물물에 스며들어 있는 불성, 신성을 깨달으라는 상징물들이다. 이들이 강 린포체 입구 탑 위에서 순례자들을 맞이한다.

이런 질문에는 공空이라 명쾌하게 대답하고 있다. 이것을 포함해서 지금 밟고 있는 단단한 땅에서부터 최초로 돌아가자면 지-수-화-풍-공, 이렇게 다섯 가지가 되며 이것을 오대五大라 부르고, 우주뿐 아니라 우주의 축소판인 사람이 결가부좌로 앉아있을 경우, 가장 아래는 지륜, 배꼽에는 수륜, 가슴에는 화륜, 민간에는 풍륜, 이마에 공륜이 생기며, 각각 형상화를 하자면 지-사각형, 수-원형, 화-삼각형, 풍-반원형, 공-단형團形이라고 경전은 말한다.

바로 이 생각에서 촐뗀 모습이 생겨났으며 촐뗀은 바로 우주 혹은 사람의 생성과 해체를 그대로 반영한 모습이다.

본론은 우주가 반대로 해체된다면 어떤 수순을 밟을까, 하는 점이다. 무질서한 붕괴가 아니라 당연히 역순을 밟기에 풍화수지風火水地가 세상의 근간이었다면 땅이 꺼지면서 분해되고, 물이 남았다가 사라지고, 불기운이 등장했다가 소멸하고, 아무것도 없이 강한 바람만 남더니 그마저 사라진다.

이제 질문을 바꾸어 보자.

"사람이 죽을 경우, 어떻게 소멸할까."

사람이란 우주를 만든 재료와 똑같기에 당연히 역순이다. 몸을 이루는 풍화수지의 원소들이 서로 잘 협력하고 유지되면 생명에 문제가 없으나 이들 사이에 협동이 멈추기 시작하면 죽음 입문의 원인으로 작용한다.

사고로 죽는 경우를 제외하고 간단히 살피면 이렇다.

땅과 같은 몸뚱이, 즉 육신이 물에 가라앉는 느낌을 받으며 머리를 가눌 수 없고 몸을 지탱할 힘이 소실된다.

물의 원소들이 불 속으로 녹아들면서 체액들이 사라지니 입이 마르고 눈이 뻑뻑해진다. 정신적 요소 역시 갈증이 찾아오게 된다.

불의 원소들이 이제 바람으로 녹아들면 몸의 온기가 사라져 누군가 만져본다면 입과 코가 싸늘해지는 것을 느낄 수 있다. 마음 역시 바람 속으로 넘어가므로 안과 밖의 구별이 되지 않고 사물구별을 못한다.

이제 바람의 요소가 흩어지면서 결정적인 단계가 찾아오니 호흡이 불안해지고 숨을 들여 마시기가 어렵게 되고 몸 안의 모든 것을 빼내려는 듯 내쉬는 숨이 길어진다. 이제 당사자에게는 환각이 온다. 모든 감각이 사라지면서 의식은 공간의 원소로 녹아들어간다.

이 모든 과정은 우주창조의 역순으로, 지, 수, 화, 마지막으로 풍이 떠나가니 작은 우주의 해체다. 맨 나중에 남는 것은 공空 그리고 까르마[業]이다. 이제 업력[까르마의 힘]에 의해 의식은 몸에서 이탈되고 거칠고 미세한 상념의 붕괴가 일어나며 밝은 빛, 붉은 빛, 검은 빛들이 출현하는 것을 감지한다.

삶과 죽음에 대한 궁금증으로 오래전에 집을 나왔다. 이런저런 이야기를 만났고, 들었고, 더불어 읽었다. 힌두교에서는 죽고 나면 육신은 이곳에 남아 순환하고 아뜨만은 자신의 까르마[業]를 따라 다시 윤회의 길을 나서거나 위대한 신성 브라흐만[梵]과 합일된다 했다. 의심이 없는바 아니지만 영원한 천국과 지옥을 이야기하는 지난 종교에 비해서는 내용이 타당하기에 한동안 모든 죽음을 이 틀에 맞추어 바라보았다.

그러다가 티베트불교 서적에서 우주관을 보는 순간, 한 단계 더 진화된 모습을 발견할 수 있었다. 여기에 삶과 죽음을 모두 해결할 수 있는 단서를 찾을 수 있었으며 더구나 티베트불교 구루들은 자신이 마치 수십 번 이상 죽어본 것처럼 죽음이 진행되는 과정을 상세히 나열했다.

촐뗀을 보면 생으로의 길과 반대로 향하는 죽음으로의 길이 동시에 보인다. 힌두교에서는 생명이나 위대한 브라흐마가 창조해서, 비슈누가 유지시키고, 후에 쉬바가 파괴시켜 본래의 자리로 되돌려 보내는데, 티베트불교에서는 촐뗀 하나 일어서서 모든 것을 품고 있다가 사라지니, 생겨나고〔生〕 달라지며〔異〕, 소멸하는가〔滅〕 하면, 이루어지고〔成〕, 머물고〔住〕, 무너지고〔壞〕 텅 비어버리는〔空〕 것을 알려주며 이 바탕에는 까르마가 존재한다고 알려준다.

그러니 평소 부정적인 까르마를 소진시켰고, 자신의 우주인 몸과 마음을 잘 관찰했으며, 죽음에 대한 공부를 마쳤다면, '나 이제 그만 갈란다' 죽음을 예고하고 퇴장할 수 있다는 점. 죽음의 단계에서 사라지는 25가지(이 25가지에 대해서는 각자가 티베트불교를 통해 깊이 공부할 일)를 평소 노트해서 확인해 놓으면, 즉 25가지 요소를 죽음에서 내 것으로 부리는 주인이 되고자 한다면 티베트불교 공부가 으뜸이다. 우리 불교에서 죽음의 과정을 상세히 알려주지 않는다면 티베트불교에서 적극적으로 배워야 하리라. 다만 내 호흡이 서서히 멈추며 이런 요소들이 해체되는 것을 스스로 보아야 하기에 날벼락 같은 사고로 죽어서는 안 된다.

그 순간 나 역시 만공선사처럼 이렇게 말하고픈 욕심이 있다.

"그대와 나, 이승에서 인연이 다 되었구나. 그럼 잘 있어, 안녕."

그러나 촐뗀 구조물을 연꽃, 달, 해로 보는 시각도 있다. 진흙탕 위로 올라온 연꽃의 청정함, 어두운 밤을 비춰주는 달의 밝음, 세상 전체를 확연하게 만드는 해의 광명으로, 세상 탁함을 정화하는 역할-연꽃[戒], 정신의 무지를 다스리며-달[定], 이후 깨달음의 불법을 널리 알리는 태양[慧]을 상징하기도 한다는 의견도 큰 목소리를 낸다.

그 어느 것이라도 마음에 쏙 들기는 마찬가지다.

이 자리에 대한 힌두교 입장은 왜소하다

인도인들은 촐뗀이 서 있는 이 자리를 불교에서의 단속斷俗의 의미와는 달리 사용하여 야마드바르Yama-dvar라 부른다. 야마는 죽음의 신을 말하고 드바르는 힘을 쓰지 못한다, 세력이 없다는 의미로, 이제 이 자리를 통과하면 죽음의 신은 자신의 권력을 행사하지 못하니 신의 집, 신의 영역이라는 이야기가 된다. 그런 생각은 설혹 이 안에 들어와 순례 중에 죽게 된다 해도 죽음의 신의 손에 맡겨져 거친 윤회의 길에 들어가지 않고, 신과 더불어 천상에 들 수 있다는 생각으로 발전했다.

야마는 중국으로 들어오면서 우리 귀에 익숙한 염라閻羅로 음역되었으나 염라대왕은 사실 인도 출신이다.

힌두교의 신은 우선 주요 삼신이 있어 임무에 따라 창조의 브라흐마, 유지의 비슈누, 그리고 파괴를 맡는 쉬바가 있으며 그들의 가족인 파르바티, 락쉬미, 가네쉬, 스칸다 등등이 신과 인간세상에서 주된 권능을 가진다.

이어서 이들과 충돌하기도 하고 서로 돕는 관계인 보조역활의 부속신들, 인드라, 야마, 바루나, 꾸베라, 아그니, 수리아, 바이유, 소마, 강가, 사스티 등등, 신들이 꽤나 많다.

야마의 아버지는 태양신 수리아Surya,어머니는 사란유Saranyu 혹은 다른 이름으로 삼즈나Samjna로 부속신이었다. 이들은 수하에 아들 마누Manu, 딸 야무나Yamuna, 그리고 그 밑에 야마Yama, 야미Yami, 쌍둥이 남매를 두었고, 수리아는 아들 야마를 자신들의 조상들 거주지인 죽음의 땅, 죽음의 세계의 왕으로 임명했다. 야마의 얼굴은 검지만 인도에서의 죽음은 끝이 아니며 마치 봄이 되면 되살아나는 식물처럼 재생과 연관되기에 피부는 녹색이다. 네 개의 팔을 가지고 있으며 태양신의 아들임을 증명하듯 불타오르는 갑옷을 입었다. 물소를 타고 다니며 철퇴와 올가미, 죽은 자의 영혼을 끌어내서 심판대에 앉히는 데 필요한 그물을 들고 있다.

티베트불교에서 강니 촐뗀은 우주를 포함한 존재의 탄생과 해체를 상징하는 곳이며, 힌두교에서 강니 촐뗀 의미는 야마가 더 이상 안쪽으로는 그의 능력을 발휘하지 못한다는 점으로, 즉 티베트불교는 생주이멸의 회전으로 죽음을 뛰어넘는 상징인 반면 힌두교에서는 죽음의 신의 출입금지 정도가 된다.

이것을 반증이라도 하듯이 인도인들은 달첸에서 이곳까지 서둘러 차를 타고 들어와 이 자리에서부터 꼬라를 시작한다. 몇몇 기행문을 보자면 이런 대열에 한국인들도 꽤 포함되니 깊은 의미를 가진 착첼 강이나 오체투지 그리고 쎌숑에 대한 공부가 없음이다.

주변에는 커다란 돌들이 마치 거인이 놀다 던진 것처럼 드문드문 흩어졌다. 순례자들은 이제 촐뗀을 지나 북쪽으로 걸어 나간다. 몇 년 동안 힌두교도로 살아왔던 나는 죽음의 신이 힘을 쓰지 못하고 보다 막강한 힘을 가진 쉬바신이 보호해준다는 생각보다는, 세상의 인연에 의해 태어났다가 때가 되면 그 반대 순으로 해체된다는 사실에 마음이 이미 가 있다. 제법 커다란 까마귀 한 마리가 고개를 끄덕이다가 가볍게 부러지는 소리처럼 스타카토로 울더니 설산 쪽으로 날아오른다. 울음소리가 선방 입선 죽비소리 같다.

걸어가며 나를 미리 죽음으로 보내 분해해본다. 기어이 남는 것은 순야타(空)이지만 공과 더불어 까르마(業)가 있다. 그 까르마(業)가 모여 바람을 일으키고 불꽃을 튀게 만들며 물을 불러오면서 살점을 만들었으니 거꾸로 죽음의 방향으로 내려간다면, 지수화풍地水火風 무너진 자리에 무거운 업장이 있다. 그 까르마(業)가 없어야 진정한 죽음이며 재탄생이 아니겠는가.

정말 다행인 것이 이 강 린포체(카일라스) 순례는 까르마(業)를 없애거나 가볍게 해준다니 걸음걸음이 어찌 가뿐해지지 않겠는가.

◉ 8

스승을 기억하는 달포체

저 잎 떨어진 나무는 언제나 잎 떨어진 나무가 아니기에
봄이 오면 곧 영화롭게 꽃이 핀다.

— 구까이[空海]

파드마쌈바바라는 인도 스승

● ● ●

티베트불교는 크게 4가지 파가 있다. 쉽게 이야기하자면 티베트라는 고원지대에 4가지 꽃이 피어 있다고 보면 된다. 닝마빠, 까규바, 샤까파, 그리고 겔룩빠다.

초펠스님의 이야기를 보면 방법이 다르지 목적은 꽃을 피우는 것, 하늘을 나는 것, 오직 하나다.

티베트 종교의 여러 종파들이 수행하는 길道과 그 결실은 외도外道와 불교 사이와 같이 완전히 다른 것이 아니다. 예를 들면 비행기를 만들어서 하늘을 날게 할 목적으로 어떤 이들은 엔진을 만드는 기술을, 또 어떤 이들은 동체 만드는 기술을, 또 어떤 이들은 물감을 만들어 칠하는 기술을, 또 어떤 이들은 조립하는 기술을 합하여 비행기가 완성되면 바람과 불에 의지하여 하늘을 날 수 있듯이 단지 그 만드는 일에 차이가 있을 뿐이지 비행기를 만드는 목적은 같은 것이다.

이와 같이 티베트불교의 모든 종파들도 각자 처음으로 가르침을 베푼 스승들의 경험에 따라 제자들을 길道로 이끄는 방법에 약간의 차이가 있기는 하지만 모두 수뜨라, 딴뜨라를 구별하지 않고 수행하여 결국 부처의 깨달음을 얻기 위한 목적은 같은 것이다. 이렇게 티베트불교의 종교는 여러 가지가 있었지만 그 중에서도 네 학파, 즉 닝마빠, 까규바, 샤까파, 겔룩빠 등이 유명하다.

처음에는 닝마빠라는 꽃이 고원에 피었다가, 까규바가 피어나 고원의 많은 부분을 차지했고, 그 후에 샤까파가 일어나 세력을 떨치다가, 마지막으로 겔룩빠가 개화하여 역시 고원을 함께 장식했다.

티베트로 먹고사는 사람이 아니라면 이 꽃들이 각기 몇 세기에 일어나 얼마동안 번창하고, 그 꽃을 파종한 사람은 누구이고, 꽃들이 차지한 면적은 각기 몇 %이고, 어떤 경전을 가지고 있으며 등등, 세세한 부분까지 연대와 이름을 포함한 통계를 외울 필요는 없다. 그 시간이라면 차라리 경전 한 줄을 읽던지, 남을 돕던지, 시냇물 옆에서 가부좌로 앉아 눈을 감는 일을 천신天神들은 더 좋아한다.

일단 닝마빠는 빨간 모자를 쓰기에 적모파라고 부르며, 시조는 인도 사람 파드마쌈바바Padmasambhava, 이 정도는 알아놓는 일이 좋다. 닝마rNying ma라는 말은 오래된 전통, 빠pa는 (그것을 따르는) 사람이니 이름만으로 닝마빠는 티베트불교의 원조라는 사실이 추측된다.

또한 까규바는 인도인 띨로빠에서 나로빠로 법맥이 내려가며, 그 후 티베트인 역경사 마르빠, 그의 제자 미라래빠, 이렇게 불법이 이어진다는 정

파드마쌈바바의 최초의 형상은 8세기, 즉 파드마쌈바바가 티베트에서 왕성하게 활동하던 시기에 삼예 사원에서 만들어졌다. 파드마쌈바바 생존 시에 만들어졌기에 그의 얼굴 그대로 명확히 남겨졌다. 그는 자신의 형상을 보고 직접 축복을 내린 것으로 알려져 있다. 눈을 부릅뜨고 있는 이유는 '나처럼 보라'는 의미다. 무엇을 파드마쌈바바처럼 보라는 것일까. 일단 그것을 알고, 그렇게 보아야 한다. 어디 육신의 눈을 부릅 뜨라는 것일까, 우리 마음의 눈을 부라리며 주변을 밝히듯이 보라는 것. 저 또렷한 육안을 넘어 심안, 천안, 혜안, 법안, 불안佛眼을 밝히는 스승의 모습.

도를 알아놓으면 강 린포체〔카일라스〕 이해가 그럭저럭 무사하다. 이 파는 은둔생활을 주로 한다.

파드마쌈바바는 구루 린포체를 위시해서 다른 이름이 많다. 본디 능력이 뛰어난 사람들은 능력에 따라 많은 이름을 가지게 마련이다. 그의 생애에 대해서는 많은 이야기가 있으나 파키스탄 스와트Swat계 근처에 있었던 우겐Urgyen, Oddiyana국 출신이라는 것이 정설로 받아들여진다. 거의 기적 아니면 신화로 채워져 있는 탄생, 수행 정진하던 젊은 시절 등등을 뛰어넘으면 파드마쌈바바는 굉장히 도력이 깊고, 가끔 마술 같은 힘을 보이는 강력한 밀교수행자였음을 추측할 수 있다.

이때 티베트에서는 무슨 일이 있었을까. 문무를 겸비한 티쏭 데짼〔khri-srong-sde-btshan, 松德贊〕이라는 왕이 나라를 다스렸다. 당나라 수도 장안을 점령하고, 중인도의 마가다로 향하는 요충로를 세력권에 넣는 등, 주변 국가를 압박하며 막강한 위력을 발휘하며 한편으로는 나란다 대학 학장이었던 싼타락시따Santaraksita 寂護/善海, 725~783를 비롯한 인도의 고승대덕들을 티베트로 초빙하여 불교를 적극적으로 수용하며 티베트에서 처음으로 정식 불교사원을 건립했다.

그러나 불교 수입은 기득권 반발 등등으로 쉽지 않았다. 인도인 싼타락시따는 일단 네팔로 되돌아갔다가 티쏭 데짼 왕에게 파드마쌈바바의 초청을 권했고, 이에 파드마쌈바바가 응낙하자 서기 770년, 함께 티베트 고원에 발을 들여놓는다.

그 후 779년 삼예 사원이 무사히 건립되고, 파드마쌈바바에 의해 불교의 방해가 되는 요소가 차례차례 제거되었으며, 티베트는 물론 히말라야 일대에 불교가 차차 널리 퍼졌다. 즉 인도의 한 밀교수행자의 힘에 의해 티베트에 불교가 제대로 뿌리를 내린다.

파드마쌈바바가 티베트의 원주인이었던 토속신을 긍정하면서 불교 안으로 받아들이자, 티베트 사람들은 불교에 대한 이질감을 줄일 수 있었다. 티베트 사람들은 불교의 극락, 윤회와 같은 체계적 이야기를 들으면서 거친 환경에서 살던 자신들이 향후 갈 수 있는 보다 좋은 환경에 대한 희망을 엿보았으니, 이런 요소들이 히말라야 남쪽, 인도 불교에 대한 저항감을 호감으로 바꿔주었으리라.

다양한 이야기가 남아 있으나 닝마빠 기록을 따르자면 파드마쌈바바는 무려 55년 하고도 6개월 동안 티베트에 머물며 많은 은신처, 즉 산, 동굴, 언덕, 호수, 계곡 등등에서 수행하고 축복했으며, 사람들을 지도했고, 경전을 집필했다. 이렇게 만들어진 경전은 당시 티베트 수준이 낮아 미래의 티베트 불교도를 위해 성물들과 함께 요소요소에 감추어 두었다. 그리고 티쏭 데짼의 아들인 무티 첸뽀Muthri Tsenpo 집권 시에 티베트를 떠난다. 일부에서는 떠난 것은 그의 화신이며 실제로는 아직까지 티베트에 머물러 있다고 한다. 죽지 않고 다르마가 필요한 자리에 나타나 수호하고 보호하며, 거친 길을 가는 여행자들에게는 안녕을 선물한단다. 나는 이 말을 믿는다.

파드마쌈바바가 내 목숨을 살렸다

1997년 네팔 히말라야 여름 날씨는 유별났다. 아무리 몬순 중이라도 오전 중에는 잠시 날이 좋아지는 법이건만 며칠이고 폭우가 계속되었다. 그렇다고 제한된 시간을 가진 여행자로서 계획을 미룰 수도 없는 일, 카트만두에서 인접한 순다리잘이라는 곳에서 고사인꾼드를 지나 랑탕쪽으로 코스를 잡아 철벅거리는 산을 오르기 시작했다.

모든 문제는 싸구려 지도 때문이었다. 파울로 간도니Paolo Gandoni가 만든 「랑탕Langtang」이라는 1:12만 척도 지도를 믿으면서 일이 엄청 비틀어졌다. 요즘이야 상황이 달라졌으나 당시 지도상에 숙박시설이 있다고 표기된 해발 3천430미터의 곱테라는 마을은 단 한 사람도 거주하지 않는 텅 빈 마을이었고, 해발 4천300미터의 고사인꾼드 역시 숙박시설은커녕 빈집 두 채만 기다리고 있을 뿐 사람 그림자는 어디에도 없었다. 무려 10년 앞을 내다본 지도였다. 지도에 그려진 숙박시설이 실제로 없다는 사실만으로는 목숨이 위태롭지는 않으나 지도에 그려진 등산로가 엉뚱한 방향으로 그려져 있다면 깊은 산에서 보통 심각한 문제가 아니다.

지도에 표시된 대로 아름다운 호수 고사인꾼드 서쪽을 지나 야생화 즐비한 벌판을 통과하고 급격한 경사의 협로를 따라 내려갈 때는, 풍경에 흠뻑 젖어들며 황홀했다. 잠시 등장했던 안개가 사라지고 하늘이 부분부분 드러나며 전방 북쪽에는 랑탕 히말의 눈부신 백색 설산이 구름과 함께 웅장하게 펼쳐지며 이곳이 천국임을 선언하고 있었다. 그러나 이것도 잠시, 산길을 내려가면서 가스가 차오르더니 길의 모습과 기후는 예상보다 빠르게 바뀌기 시작했다. 길이 띄엄띄엄 끊겨 없어지는가 하면 절벽 끝에 폭이 채 한 뼘도 안 되는 길이 슬쩍 걸쳐져 있기도 했다. 습기 찬 차가운 바람이 목덜미를 파고들었다.

지도를 다시 펼쳤다. 분명히 지도상에서는 호수의 북쪽에서 서쪽으로 가로지르는 길이 둔체 방향으로의 하산 길이었다(돌아보면 날씨가 좋았다면 하산 길은 빤히 보였기에 지도를 꺼낼 필요조차 없었다). 점점 미궁으로 빠져들고 있다는 사실을 알았다. 시야는 점차 나빠져 불과 몇 미터 앞이 보이지 않고 가까운 어디선가 천둥이 그르렁대기 시작하니 당황하지 않을 수 없었다. 가이드 역시 겁먹은 기색이 역력했다. 그제야 그는 이 길의 안내가 처음이라고 고백했다. 고사인꾼드 코스는 높지 않고 지도 위의 트래킹 궤적도 힘들지 않게 이어지기에 가볍게 보았으나 불량지도와 기후라는 큰 문제를 예상하지 못했다. 죽음이 멀지 않게 느껴지며 내일 아침을 맞이하기 전에 죽을 수도 있다 생각했다. 더듬듯이 앞으로 나가는 수밖에 다른 도리가 없었다.

그런데 갑자기 막대기를 움켜쥔 노인 하나가 소리 없이 앞에서 나타났다. 짙은 구름안개 속에 나타났기에 깜짝 놀랄 정도로 극적이었다. 마치 안개를 감싸고 나온 것 같았다. 그 높은 곳에 양치기 할아버지라니…….

먼저 '나마스떼' 인사하고 서투른 네팔어로 곧바로 길을 물었다. 노인은 대답하지 않았다. 말귀를 알아듣지 못하는 사람처럼 시선을 피하며 아래쪽을 가만히 노려보았다. 가이드가 또다시 질문을 던졌으나 마찬가지. 그가 뭔가 기다리고 있다는 사실을 안 것은 잠시 후였다. 날씨 변화를 꿰뚫고 있었는지 노인이 바라보고 있는 아래 계곡의 구름이 천천히 걷히더니 푸른 고산식물들과 사이사이 돌출한 바위들이 서서히 모습을 나타냈다.

할아버지는 그제야 막대기로 한 지점을 가리키며 말을 시작했다.

"길을 잘못 들었어. 이곳은 사람이 다니는 길이 아냐. 저곳으로 내려가. 사람이 다니는 길은 없어. 야크와 염소의 발자국을 따라 30분 내려가면 폭포가 나와. 그 아래에서 나무로 만든 다리를 통해 물을 건너면 위로 가는 길이 보일 거야."

그 순간부터의 악전고투는 이루 말할 수 없었다. 무릎 높이 때로는 허리 높이로 자란 고산식물의 거친 줄기와 날카로운 잎사귀를 헤치며 내려가야 했고, 미끄러지면서 움켜쥐는 바람에 손은 엉망이 되었으며, 절벽의 끝 부분에서 다시 되돌아가고, 습기 찬 발밑의 풀들 때문에 또 미끄러지고. 산길은 이제까지 경험한 히말라야 산길 중 최악의 험로였으니 절벽에 가까운 내리막은 내리막대로, 코가 닿을 듯 가파른 오르막은 오르막대로, 길이 아니라 숨 가쁜 장애물의 연속이었다.

반나절 헤맨 끝에 3천900미터 나우리비나야에 닿았다. 배낭을 팽개치듯 풀어놓고 앉자 몸에서 찐빵처럼 김이 모락모락 일었고 후들거리는 다리를 내려다보니 너덜너덜해진 바짓가랑이는 볼 만했다. 땀을 닦으려 수건을 꺼내는 사이 기다렸다는 듯이 앞이 보이지 않는 폭우가 시작되며 사방에서 번개와 천둥이 산을 요란하게 흔들었다. 가이드가 요깃거리와 따뜻한 차를 부탁하자 베틀을 짜던 구릉족 아주머니가 일어났다.

음식을 내려놓고 사연을 듣던 그녀는 고개를 갸우뚱거렸다.

"거기는 사람이 안 살아요. 더구나 노인은 근처에 없어요. 소 키우는 사람도 없어요."

얇은 돌을 켜켜이 이어 만든 지붕에 떨어지는 빗소리가 요란했다. 구운 옥수수를 입에 넣어 씹을 무렵 아주머니는 갑자기 무엇인가 알아냈다는 듯 목청을 높였다. 빗소리만큼 큰 목소리였다.

"파드마쌈바바가 틀림없어요!"

높은 산이나 창탕고원에서 길 잃은 티베트족에게 나타나 올바른 길을 알려준다는 파드마쌈바바. 8세기 사람이 아니라 어제도 왔고, 오늘도 왔으며, 내일도 온다는 티베트인들의 성자. 돌아보니 여자의 눈은 커져 있고 손에는 이미 말라〔念珠〕를 움켜쥐고 있었다.

정신이 번쩍 들었다. 피곤한 몸이 일시에 번개가 관통한 듯 찌릿거렸다. 사실 노인의 옷은 고산족들과는 달리 새 손님을 맞이하듯 유별나게 깨끗했고, 눈빛은 노인의 그것과는 달리 형형했다. 할아버지를 만나지 못한 채 서쪽 길로 계속 나갔으면 폭우, 어둠, 번개, 조난 그리고 탈진에 이은 죽음뿐이었다. 그곳은 마을은 물론 비박조차 할 수 없는 험한 지역으로 아예 길이라고는 없다지 않는가.

나와 가이드는 힐끗 시선이 마주친 후, 각각 자신의 만뜨라를 외웠다. 구릉족 아주머니가 만뜨라를 외우는 동안 당시 힌두교도로 살던 나는 쉬바신에게 정성을 다해 감사함을 표했다.

"옴 나마 쉬바여."

그날은 종일 험한 비가 내리고 번개가 계속 떨어졌다. 다음날 비가 그친 후 싱 곰빠로 내려오는 길은 전날 떨어진 벼락으로 나무들이 초토화되어 있었고 아직 연기를 뿜어내는 거의 검게 타버린 나무도 보였다.

"옴 나마 쉬바여."

모든 일정이 끝나고 카트만두로 귀환한 다음날, 미처 동이 트기도 전인 첫새벽, 함께 길을 걸었던 가이드가 찾아와 문을 두드렸다. 예고도 없었던 방문이었다. 그의 간곡한 부탁에 끌려 카트만두 계곡 남쪽에 자리 잡은 닥친 칼리 옆의 파드마쌈바바 동굴사원을 함께 찾아갔다. 여전히 파드마쌈바바가 우리를 구해주었다고 생각하던 불교도 가이드는 자신의 하루 일당을 넘어서는 거액을 파드마쌈바바 불상 앞에 내려놓고 연신 허리를 구부렸다.

이제 세월이 이만큼 흘러 다시 돌아보니, 할아버지는 쉬바신이 아닌 파드마쌈바바가 틀림없었다. 그는 나를 조금 더 살려놓아 할 일을 하도록 만들어준 셈으로 더불어 할 일이 무엇인지 이제는 잘 알고 있다. 결과를 통해 원인을 살피는 상방운기上方雲起로 보자면 심지어 앞으로의 길도 보인다.

이 달포체는 바로 나를 구해준 파드마쌈바바와 관련이 있는 곳이기에 옛 생각으로 마음이 각별하다. 이 일이 생긴 이후 수호신守護神 임재臨齋에 대해 긍정적으로 생각하는 문이 열려, 누군가 하느님이 나타나, 산신령이 나타나 길을 알려주었다면 코웃음을 치며 외면하는 치기는 모조리 사라졌다. 옛글에서나마 이런 대목을 만난다면 다만 합장하며 만뜨라를 바칠 따름이다.

"옴 아 훔 바즈라 구루 파드메 시디 훔."

그 후로 히말라야를 얼마나 더 다녔던가. 어디 이 일 한 번뿐이었겠는가. 급류에서, 빙하에서, 모두 보이지 않는 손에 의해 무사히 고비를 넘기고 남은 일을 위해 집으로 돌아올 수 있었다.

달포체에서 다시 부활된 행사

달포체Darpoche를 일부에서는 딸포체Tarpoche라고 영어로 표기한다. 정식으로 쓰자면 앞에 황금그릇이라는 의미를 붙여 쎌숑 딸포체Sershong Tarpoche다. 강 린포체[카일라스]를 중심으로 도는 꼬라의 출발점을 6시 방향의 달첸으로 본다면 7시에 해당하는 위치로 커다란 암반 위에 놓인 지역이다.

쎌숑이 황금으로 만들어진 그릇이기에 핵심이 있게 마련이다. 풍수에서는 '아무리 금상金箱이라도 옥새를 지니지 않으면 대지대혈의 길지라도 제왕지지가 되지 않는다' 말한다. 그 옥새에 해당하는 자리가 바로 깃발을 세운 달포체로 비단처럼 펼쳐진 대지가 산 쪽으로 한 번 출렁이며 슬며시 올라선 형상을 가졌다.

달포Darpo는 깃발이며 체che는 크다는 의미니 큰 깃발이라는 지명으로 강 린포체〔카일라스〕 꼬라의 출발점이자 도착지점인 달첸과 같은 어원이다.

강 린포체〔카일라스〕 곳곳은 어떤 인물과 밀접한 연관을 가지고 있다. 붓다, 파드마쌈바바, 마르빠, 미라래빠, 까르마빠, 괴창빠 등등이며 이곳 달포체는 붓다와 파드마쌈바바, 두 성인과 관계있는 장소로 붓다 탄생일을 위시해서, 붓다와 관계있는 날이면 어김없이 사람들이 구름처럼 몰려든다. 한국불교와는 달리 티베트불교는 음력으로 4월 보름이 붓다 탄생일이고 이날을 샤까 다와Saga 혹은 Saka Dawa라 부르며 이 날에 올리는 공양, 기도 및 종교적 행위는 다른 날보다 수백 배 공덕이 크다고 믿는다.

이 자리에는 높이 24미터의 높은 나무막대기 깃봉이 하늘을 향해 곧바르게 일어나 있고 깃봉에는 무수한 오색의 깃발들이 매달려 바람에 펄럭인다. 나무를 세우는 일은 신화의 반영, 강 린포체 키워드 중에 하나, 하늘과 교통하려는 우주축, 즉 인간 무의식의 행위다. 해마다 깃발을 새롭게 세우는 날은 역시 티베트력으로 부처님 오신 날로 미리 나무막대기를 내려서 지난해에 매달았던 깃발들을 제거하고 새로운 달쵸〔깃발〕들을 걸어 일으킨다. 기둥을 내릴 때 끝은 이곳에서 동쪽 방향에 자리 잡은 강 린포체〔카일라스〕 안〔內〕 꼬라 길에 있는 갼닥Gyangdrak 곰빠를 향하도록 눕힌다. 깃대를 다시 일으켜 세우는 동안, 심벌즈, 나팔 그리고 북을 연주하며 성대한 의식을 함께 한다.

내리고 올리는 일도 절차가 있어 티베트불교에서 불구로 사용하는 악기들이 연주되며 사람들은 시계방향으로 돌며 한 해의 건강, 장수 그리고 풍년을 기원한다. 스님들은 만뜨라를 외우고, 북소리, 심벌즈, 금강령 등이 예법 동안 배경음악을 만들어낸다. 티베트불교에서 연주법은 같은 악기라도 늘 2인 이상인 이유는 고지대에서의 연주법으로는 당연한 것으로 한 사람이 연주하다가 호흡문제로 쉬게 되더라도 다른 사람이 끊임없이 소리를 낼 수 있기 때문이다.

나무막대를 일으켜 세운 방향은 강 린포체〔카일라스〕쪽으로 기울거나 그 반대가 되어서는 안 된다고 한다. 세운 기둥이 강 린포체〔카일라스〕 쪽이나 반대로 멀어지는 경우 그해 기근이나 역병이 일어나고 나라에 좋지 않은 일이 생긴다고 예언하고 있다.

원래 이곳에는 스스로 현현한〔랑중rangjung〕 나무가 있어 파드마쌈바바〔구루 린포체〕가 깃발을 달아 장식했던 것으로 알려져 있다. 티베트에는 이런 신성한 나무에 대한 이야기가 제법 있다. 그 중 티베트 동부 암도 쿰붐 사원의 백단나무는 유명하다. 티베트 역사상 몇 손가락 안에 들어가는 큰스님 쫑카빠Tsong Khapa가 세상에 나올 때 쫑카빠 어머니가 흘렸던 혈액이 떨어진 자리에서 나무가 자라났고 세월이 지나자 잎사귀들은 한 면에는 문수보살의 그림이 다른 면에는 옴마니반메훔이라는 육자진언의 글자들이 모두 한 자씩 적혀 있었다 한다.

평원 끝부분에 대지가 말려 올라간 자리에 하늘을 향해 깃봉이 솟아 올라있다. 다르마가 번성하고 더불어 세상이 영화로웠던 시절 신통한 나무가 자라났던 자리다. 이제는 나뭇잎 대신 무성한 깃발들이 바람에 펄럭이며 다르마(法)를 세상에 알리고 있다. 뒤편의 언덕 위로는 조장터가 있어 낙엽처럼 세상을 떠나면서 이렇게 흔들리는 깃발로부터 배웅을 받는다. 절묘한 배치다.

솟아오른 깃봉에 달쵸들이 만국기처럼 매달려 펄럭인다. 색색 깃발이 바람에 나부끼는 모습은 단조롭고 황량한 티베트 고원에서 아름다움을 만드는 요소 중에 하나다. 샤까 다와[부처님 오신 날]가 지난 지 한 달밖에 지나지 않아 모든 색이 여전히 깔끔하다. 바람이 불 때마다 바다의 물고기들이 떼지어 수면위로 튀어오르는 소리가 난다. 달쵸는 현재 티베트불교에서 폭넓게 사용하고 있지만, 본래 토속종교였던 뵌교의 것으로 티베트불교 안으로 받아들여졌다. 즉 뵌교에서는 우주만물에 영혼이 깃들어 있음을 굳게 믿었고, 하늘을 상징하기 위해 푸른색, 하늘의 구름과 눈을 표현하기 위해 흰색, 태양과 불[火]은 붉은 색 그리고 곡식과 수확물을 상징하는 녹색, 더불어 흙을 상징하는 노란색으로, 이렇게 자신들이 생각하는 만물의 바탕이 되는 요소들을 깃발 색으로 표현했다. 이들은 이 깃발에 무기, 해, 달 등등을 그려서 악운을 막거나 복을 불렀다.

그런 뵌교의 것을 파드마쌈바바가 나무에 걸었다는 사실은 그의 깊은 생각이 엿보이게 하는 대목이다. 즉 이전까지 불교에서는 색색깃발을 사용하는 일이 없었으나 파드마쌈바바에 의해 처음으로 도입되었고, 차차 세월이 흐르면서 오색 깃발 안에 불교의 경문, 상서로운 8가지 문양이 들어가며, 불상이나 수호신은 물론 불법을 수호하는 사자, 용, 가루다 등등의 그림이 더불어 그려졌음은 쉽게 추측이 가능하다. 그런 깃발이 바로 불법의 근간을 상징하는 생명의 촉싱tshogs zhing[木]에 유기적으로 힘을 합쳤다. 전설에 의하면 본래 이 자리에 있던 나무는 소원성취의 위력적인 힘을 가졌다 했으니, 거기에 파드마쌈바바의 마술적 명성을 더함으로써 이름을 티베트 고원에 널리 날렸으리라.

성자들과 관계된 나무를 만나면 가슴 찡하다. 특히 붓다가 깨달음을 얻기 위해 정좌했던 보드가야 보리수나무 밑에서는 마음이 많이 흔들렸다. 결가부좌, 깊은 명상의 세상에 들어간 성자의 머리 위로 그리고 어깨 위로 흩날리던 보리수나무의 잎사귀들, 험한 빗물과 강렬한 태양으로부터 고행의 쇠약한 몸을 보호해주던 보리수나무. 비록 나뭇잎이 깃발로 바뀌었으나 마음이 찡하기는 마찬가지다.

우주 안에서 영원한 것은 없듯이 세월이 지나면서 파드마쌈바바와 인연을 맺었던 이 나무는 사라지고 언젠가부터 사람들이 깃봉으로 대치했다. 사라진 시기는 알 수 없으나 사람들은 그런 나무가 있었다는 이야기를 입에서 입으로 전해오다가 정확히 1681년에 나무를 기념하는 행사가 시작되었다. 티베트를 통일하고, 제정일치를 이루어내고, 주변국가와 원활한 관계를 유지했으며, 포탈라 궁을 건축한 '위대한 5대'라 불리는 5대 달라이 라마 로상 가쵸Lozang Gyatso를 후원하던 갤덴 쩨왕Gyaden Tsewang은 당시 라닥왕국이 통치하던 아릿코쏢을 무력으로 해방시킨다. 그리고 달포체에서 샤까 다와, 즉 티베트력으로 부처님 오신 날에 옛 이야기를 기초삼아 나무기둥에 온갖 달쵸를 현란히 장식하여 세우는 의식을 정식으로 시작했다.

시초의 그 기운, 즉 뉴빠neupa는 사라졌지만 신성을 유지하려는 사람들에 의해 오늘도 깃봉은 어느 쪽으로도 기울지 않고 우뚝 솟아 있다. 달쵸들이 파드마쌈바바의 어느 날처럼 바람에 펄럭인다.

강 린포체[카일라스]는 묵묵하게 이 모든 것을 내려다보고 있다. 어느 날

한 구루가 찾아와 신비롭다는 나무에 오방오색기를 내걸더니, 세월이 지나 그가 티베트에서 떠나가자 나무는 맥없이 죽어가고, 또 훗날 사람들이 찾아와 전해오는 옛 이야기를 되살려 같은 자리에 하늘을 향해 나무기둥을 설치하고 나무 잎사귀처럼 색색 깃발을 매달았다.

샤까 다와 전날이면 한 해 동안 나무에 달렸던 깃발들은 낙엽처럼 사람 손에 의해 귀근되었다. 사이, 많은 왕들과 구루들이 태어나 죽고 고원의 왕권이 바뀌어나갔고, 많은 순례자들이 찾아왔다가 어디론가 뿔뿔이 사라졌다. 태양은 동에서 솟아 서쪽에서 지고 황색두루미들이 남쪽으로 향했다가 다시 근처로 날아왔다. 소원을 담았던 깃발들은 한 해 동안 나무기둥에 매달려 겨울을 지나는 동안 모진 바람에 누더기가 되었다가 사라지고 다시 새로운 명징한 빛을 가진 달쵸들이 새로 돋아나는 잎사귀들처럼 강 린포체〔카일라스〕 바람과 한껏 어울렸다.

그런 여름과 겨울이 하염없이 흐르더니 먼 동쪽에서 안경 쓴 한 사내가 찾아와 합장한 채 연신 머리를 조아리고 있다. 큰 구루 파드마쌈바바 덕분에 살아남아 오늘 여기까지 이르렀노라고. 당신의 뜻을 잘 알고 있다며.

◉ 9

뵌교, 티베트 고원의 뿌리

옴 마 드리 무에 시레 두

—뵌교 만뜨라

뵌교는 무엇일까

강 린포체〔카일라스〕의 원 주인은 뵌교도들이었다. 그들은 이 산을 띠셰 Tise 혹은 강 띠셰라 불렀다. 띠셰는 눈〔雪〕을 의미하며 강 역시 눈〔雪〕을 뜻하기에 강 띠셰는 강조어법이며 중국인들은 깡디드〔岡底斯〕라 음역했다(국내서적에는 강디스로 발음표기한 것들이 많다).

강 린포체〔카일라스〕를 알기 위해서는 뵌교를 조금이라도 알고 넘어가야 옳다. 옛 주인에 대한 예의라면 예의랄까. 미국을 이야기하면서 200년 이전 오랫동안 대륙의 주인이었던 원주민을 쏙 빼버린다면 세상을 바라보는 시선이 얕은 것이리라.

티베트의 영향권을 뜻하는 단어에는 〔ㅂ〕자 발음이 많이 들어간다. 인접한 국가 혹은 지역 이름인 부탄, 발티스탄 등등은 물론 티베트인 스스로도 보드Bod 혹은 뵌빠Bon Pa라 하며, 즐겨 마시는 티베트 차〔茶〕 역시 뵈자라 한다. 뵌교 역시 다르지 않다. 티베트에 불교가 들어오기 전에 창탕고원에 있던 토속종교로 원조이기 때문에 〔ㅂ〕이 들어간다.

이것에 대해서는 다음 두 인용문이면 모두 해결된다.

티베트 사람들이 스스로를 '뵌' 이라고 하는 데에는 그 연원이 있다. 전하는 말에 의하면 고대 가융嘉絨 지방에 이름이 '뵌뽀' 라고 불리는 권위 있는 무사巫師가 있었으며, 사람들은 그 무사巫師의 이름을 따서 그 종교를 '뵌뽀' 라고 했으며, 그 뒤 '뵌뽀교' 는 가융嘉絨 지방으로부터 전파되어 나갔으니, 고대 가융嘉絨 사람들이 사면팔방으로 확장해 나감에 따라서 가융嘉絨 민족문화와 종교문화 역시 동시에 각지로 전파되어 갔다. 가융嘉絨 지방보다 민족문화가 낙후되어 있던 대설산 청장青藏 고원의 티베트 사람들은 가융嘉絨의 뵌뽀교 문화를 받아들였다. 그래서 통일적인 명칭이 없던 여러 곳의 티베트 사람들은 처음으로 '뵌' 이라는 이름으로 통칭하게 되었다. '뵌' 은 '무사巫師' 라는 말에서 연원하여 민족 명칭이 되고, 종교 명칭이 되고, 지역 명칭이 되고, 정권 명칭이 되었다고 할 수 있다.

— 晏春元, 「本波教起源地象雄爲嘉絨藏區淺析(上)」, 『西藏研究』, 1989年 第3期.

그리고 종교의 명칭을 '뵌Bon' 이라고 한 이유는 '뵌' 이란 명칭은 동사 '뵌뽀Bon-po' 에서 왔다고 할 수 있는데, '뵌뽀' 란 신령과 통하기 위한 주술적인 언어, 즉 '읊다' '吟誦하다' 라는 뜻이라고 한다. 그 뒤 티베트불교와 접촉했을 때에는 '뵌' 이란 글자는 불교의 '法' (chos, 산스크리트어는 dharma)자가 지닌 모든 의미와 같이 쓰여져, '教法' 혹은 '眞諦' 라는 뜻으로도 되었다.

— 霍夫曼(獨) 著, 李冀誠 譯注, 「西藏的本教」, 『西藏研究』, 1986年第 2期.

이에 따라 고대 중국인들은 이웃인 티베트를 표현하면서 음역을 통해 번蕃 또는 토번吐蕃이라 표기하게 된다.

티베트라는 지역은 남쪽으로는 히말라야 장벽이 가로막고 있는 평균고도 4천 미터 이상의 고원지대다. 이런 고원지대에서 살아가는 사람들에게 자연이란 자신들의 가축을 키워주고, 수확을 거두게 만들어주는 고마운 존재이며, 동시에 기근을 주고 천재지변을 통해 위협을 가하는 무시무시한 대상이었으니 숭배하지 않을 도리가 있었을까. 자연에 대한 이런 생각이 뵌교의 기초다.

이 종교의 창시자는 기원전 5세기경, 현재 아릿코쑴 지역에 해당하는 옛 샹슝zhang-zhung〔象雄〕 왕국의 왕자였던 셴랍 미우체gshen-rab-mi-bo〔辛饒米保〕라 한다. 뵌교 사람들은 셴랍 미우체를 교주를 뜻하는 퇸빠를 붙여 정식으로 퇸빠 셴랍이라고 부르기도 한다. 뵌교에서는 셴랍 미우체가 기원전 1063년생이라고 연도를 꼭 짚어 주장하며, 일부에서는 왕자가 아니라 이 왕국을 세운 사람이 셴랍 미우체라는 이야기 등등 여러 방면에서 다양한 의견이 제시되고 있다.

셴랍 미우체가 등장할 당시에는 이미 자연계 천지신명에게 예경을 드리는 조악한 종교가 있었으나, 살아있는 양을 번제로 바치는 등, 생명을 경시하는 요소가 만연해 있었기에, 셴랍 미우체는 이것을 어느 정도 제거하고 철학적 바탕을 만들어 새롭고 체계적인 상위 종교 형태를 탄생시켰다. 후세 사람들은 과거 토속종교와 비교하여 정식이름을 융중본교gyung-drung-bon라 칭하고 있다.

소, 야크, 양, 사슴을 죽이고 심지어는 사람까지 죽여 번제로 바치는 행위는 그렇게 함으로써 자신의 소유를 신의 소유로 돌린다는 의미였으며, 신 혹은 정령들은 이런 행위를 통해 마치 인간처럼 생명의 힘을 받게 된다고 생각했다. 뵌교는 그런 의미에 더해 짐승의 다리를 부러뜨리고 창자를 밖으로 꺼내놓아 악한 짓을 한 사람은 사후에 이런 모습이 된다며 선행을 유도했다.

이런 폭력적 행위를 멈추고 생명을 중요시했다는 사실은 티베트 고원에서 인간의 영적 진화가 한 계단 올라섰음을 보여주는 일이다. 센랍 미우체가 그 일을 했다.

이 종교는 기원전 5세기부터 거의 1천년 이상 거침없이 명맥을 이어나갔다. 초기에는 천天, 지地, 강江, 불〔火〕, 초草, 목木 그리고 돌〔石〕을 숭배하는 원시종교를 바탕으로 지방신地方, 가신家神, 전신戰神, 구신舅神 등 각종 신에게 제사를 지내며 모셨다. 처음에는 환생에 대한 믿음이 있었으나 차차 약해지는 반면 귀신의 존재를 인정하고 귀신이 영혼을 데리고 가 후세에 영향을 미친다고 여겼으니 천신天神 숭배에서 조상祖上 숭배로 방향이 바뀐다. 이것 역시 천신에서 현실로 한 걸음 진화한 형태로 일부 종교학자들이 인정한다.

그런다가 송짼 감뽀srong-btsan-sgan-po〔松贊干布〕가 티베트를 통치하는 동안 불교와 기득권을 놓고 세력을 다투게 된다. 감뽀란 중국으로 치자면 왕즉 천자天子를 말한다. 8세기 중엽의 티쏭 데짼 재위 때에는 불교가 본격적으로 위세를 떨치면서 뵌교는 박해 당한다. 이때 파드마쌈바바가 들어와 더욱 막강한 힘을 발휘하니 뵌교의 여러 신들을 굴복시켜 불교에 편입시키며 수호신 호법신으로 만들어버리자 뵌뽀 위상은 자연히 형편없이 격하되었다. 위기는 기회. 불교가 자신들의 경전을 번역하고 편찬하는 작업을 하는 동안 뵌교 역시 이론적 체계를 세우고 경전을 펼쳐내니 이런 일이 없었다면 뵌교는 역사 속에서 아주 사라지고 말았을 것이다.

외부에서 자극을 받았을 때, 앞으로의 운명이 도태냐, 생존이냐는 스스로의 반응에 달려있는 셈이다. 훗날 이 경전을 통해 다시 한 번 중흥기를 맞이하지만 뵌교의 운명은 마이너. 결국은 소수 종교로 자리 잡는다.

뵌교의 창시자 센랍 미우체라는 이름은 티베트 민중에게는 붓다만큼 각별하다. 더구나 뵌교는 사라진 것이 아니라 불교 안에도 깊숙이 들어와 다양한 형태로 접목이 되었고 불교 역시 뵌교로 깊숙이 들어가 서로가 서로의 무늬를 가지고 있으니, 티베트불교가 가지고 있는 외부적인 화려함과 극렬함 등은 사실 대부분 뵌교의 불교화 결과물이다.

달쵸 혹은 룽따를 걸고, 보릿가루를 뿌리고, 고수레를 하며, 달라이 라마를 비롯하여 서민까지 무당에게 신탁을 받고 등등, 뵌뽀의 것들은 티베트에 녹아들고, 티베트에 녹아든 것들은 이후 원나라에 스며들고, 원나라에 들어간 것은 다시 동진하여 한반도에 찾아와 우리의 일부가 되어 있다.

그것뿐 아니다. 티베트에서 뗄뙨terton이라는 흥미로운 이름이 있는데 이들은 뗄마Terma라고 하는 매장문서를 찾아내는 특별한 능력을 가진 수행자들을 일컫는 단어다. 주로 파드마쌈바바가 숨겨둔 경전을 찾는 닝마빠에 뗄뙨들이 있으나 이것의 원조는 불교의 압박에 의해 자신들의 경전을 숨겨야 했던 뵌교에서 시작되었다. 즉 뗄뙨의 원조는 뵌교다.

이렇게 티베트불교의 많은 부분의 뿌리를 찾다 보면 원시종교와 맞닿아 있다. 뵌교의 춤추기, 예언하기, 깃발걸기, 삼라만상과 접촉하기 등 많은 것들은 티베트 뵌교의 원형이기에 어둠의 종교라 구박하지 말고 티베트의 수원, 티베트의 모태, 즉 자궁으로 바라보는 시각이 필요하다.

사실 불교와 뵌교의 뒤치락엎치락에 관련된 연도, 이름, 배경 등등은 책 한 권으로도 어림없다. 무수히 등장하는 이름을 보면 내 모국의 옛 왕국들 즉 삼국시대 고구려, 백제, 신라의 왕 이름조차 가물가물한 사람으로서 이걸 다 알아야 하나? 막막하기 짝이 없으니 이것 역시 큰 흐름만 이해하면 되리라.

현재 뵌교는 세상의 '고苦'에 대해 말하고 그것을 빠져나오기 위한 방법을 가르친다. 육도윤회를 이야기하는가 하면 그것을 벗어나기 위한 깨달음을 거론하고, 티베트불교도들이 사용하는 똑같은 마니차를 들고 다니며, 비록 반대방향이지만 꼬라도 하니 거의 불교와 다름없다. 그러나 그들의 교리와 신화를 바탕으로 하는 만다라와 만뜨라는 다르다.

몇 년 전 시킴 히말라야에서 뵌교 사원을 처음 방문해 보았다. 태어나서 처음 뵌교와 만나는 시간이었다. 외양이 불교 스님과 조금도 다르지 않은 친절한 사제는 자신들의 교리가 담긴 영문서적 복사판을 20루삐에 판매했다. 사원 내부 역시 몇 가지 상징물과 프레스코 벽화를 빼고 티베트불교와의 차이점을 찾기 어려웠다. 세상 인연이 묘해 2년 후에 카트만두 국내선 대기실에서 그 사원의 뵌교 스님을 다시 만났다. 탕카를 배우러 카트만두에

왔다고 하며 자신이 그렸다는 작은 관세음보살 탕카를 보여주었으나 어느 부분에서도 티베트불교의 탕가와 다른 점을 찾지 못했다.

해를 따라가며 걷자

뵌교는 왜 강 린포체〔카일라스〕를 자신의 성지로 생각했을까.

뵌교는 왜 불교 혹은 힌두교와는 달리 시계 반대방향으로 산을 걸을까.

강 린포체〔카일라스〕 남면은 마치 피라미드처럼 층층으로 이루어졌으며 이곳에 뵌뽀들이 숭앙하는 일반 만卍자와는 날개 방향이 반대인 역逆 만卍의 모습이 선명하게 패여 있다. 자연 현상에 의한 것이겠지만 고대인들은 이 모습에서 상징을 읽어냈을 것이다. 더구나 자신들의 교주는 이 세상 사람이 아니라 저 강 린포체〔카일라스〕 정상에서 마치 피라미드 계단처럼 생긴 남쪽 능선을 통해 하산하여 이 세상으로 왔다니 바로 강 린포체〔카일라스〕의 코드, 우주축을 통한 산신하강 신화다.

불교에서의 '卍'자는 본래 고대의 부호로 종교적 표지였다. 태양 혹은 불을 상징한다. 범어梵語에서의 의미는 가슴의 길상吉祥 표지로써 석가모니의 32상의 하나다. 뵌뽀교에서는 선회하는 방향이 반대로 되어 있다. 영생과 불변을 나타낸다. 뵌뽀교도들은 아침에 예배를 할 때에도 시계방향의 반대로 돌아서 불교와 완전히 상반된다.

— 万瑪, 「從佛教與本教的比較看佛本的相互浸透與影向」, 『西藏硏究』, 1988年 第4期

만卍, 즉 스와스티카swastika 어원은 산스크리트어로 좋다는 뜻의 수Su와 장소라는 뜻의 바스뚜Vastu가 합쳐졌다. 원래 군사적 용어로 군사들이 주둔하기 좋은 요새를 말했으나 종교적으로 사용되면서 길상吉祥, 만덕萬德, 길조吉兆, 성인聖人, 신神 등을 상징하게 되었고 그런 의미를 품는 문양이 되었다. 인도 박물관에 가보면 신의 가슴, 발바닥 등등에서 이 문양을 쉽게 발견할 수 있다.

태양이 움직이는 방향은 동에서 남으로 그리고 서쪽으로 흘러간 후 지평선 아래로 내려가기에, 이것을 길라잡이 삼아 따라가면 시계방향이 된다. 힌두교, 불교 등등에서 이렇게 태양이 순환하는 길을 원활하게 따르는 일은 자연 방향에 순응하는 행위며 만卍이라는 글자로 대변된다. 그런데 이 흐름은 바로 시간의 흐름과 일치하기에 모든 존재들에게 문제를 일으키는데, 즉 변화를 거듭하며 생로병사가 찾아오는 중차대한 요소가 된다.

뵌교도는 이런 이유로 반대방향을 택한다.

그 반대 방향으로 나가는 일은 시간의 역행이며 영생 및 불변으로 통하는 행위로 간주했다.

이 문제는 한 번 깊이 생각해볼 만하다.

순응하는가, 역행하는가.

흘러가는 강물에 몸을 실은 우리가 흘러가는 강물 속도와 맞추는 일이 옳지 않은가. 그런 의미에서 불교와 뵌교를 놓고 본다면, 다시 세밀히 이야

뵌교의 불교화는 시간이 흐르면서 이제 뵌교 겉모습에 관한 한 불교와의 구분조차 없어졌다. 뵌교의 특징 중에 하나인 역逆 만卍까지 사라지고 뵌교 사원 안에는 만卍의 문양을 그대로 사용한다. 오래전 한 인물이 뵌교를 태동시켰을 무렵 꿈도 꾸지 못했을 일이다. 그러나 뵌교도의 행동은 그대로 남아 영생을 꿈꾸며 불교도, 힌두교도와는 반대 방향의 길을 걷는다.

기하여 무상無常과 영생永生을 놓고 다른 가르침을 내놓는 종교를 고른다면 어떤 것을 택할 것인가?

세상 모든 것은 변하지 않는 것이 없다. 그런데 왜 애써 변하지 않음을 추구하는 것일까. 우리가 해야 할 일은 이를 수 없는 불변을 좇는 일이 아니라 변화를 바라보는[觀] 일을 추구하는 일이 옳지 않은가.

산을 하나 중심에 두고 걷다보면 반대로 오는 뵌교도를 가끔 만난다. 지금은 '만난다'는 표현을 쓸 수 있으나 과거에는 '충돌'이었으니 비단 티베트불교와 뵌교 사이의 충돌뿐 아니라, 힌두교, 불교와 무슬림과의 관계도 마찬가지다. 무슬림 역시 어떤 대상을 놓고 반대로 움직이는 동선을 사용한다. 순례철에 메카를 중심으로 회전하는 모습을 보면 시계 반대방향이며 무슬림이 그렇게 도는 이유는 비교적 간단명료하니 시간의 역행이 아니라 내게 가장 소중한 심장이 왼쪽에 있기 때문에 심장을 신성한 것에 가까이 놓고 걷기 위해서다.

일단 힌두교와 불교에 몸을 담은 사람이라면 해가 움직이는 방향처럼 시계방향으로 걷는다. 이 길은 죽음을 피하면서 영생을 따르거나, 매일 똑같은 모습을 요구하는 불변의 길이 아니다. 내가 서방정토까지 가기 위해서는 이번 삶에서는 어디까지 가고, 그 다음에는 어디까지 이르며, 그 후에 다시 또 목표를 향해 나가는 길. 생로병사를 거스르지 않고 즐거이 따른다는 이야기며, 이제 강 린포체[카일라스]까지 왔다면, 그 다음은 산 위의 간덴[兜率天]까지 올라 기어이 무색계無色界의 비상비비상처천非想非非想處天으로 간다는 이야기로 역행이 아닌 변화와 진행의 상징이 된다.

티베트불교의 상징인 색색깃발 룽따와 달쵸. 이것은 본디 뵌교의 것을 불교가 적극적으로 받아들이면서 자신의 것으로 만들어버렸다. 티베트불교가 있는 그 어디든지 룽따가 있고, 그 자리라면 어디든지 뵌교가 함께 하기에 티베트불교가 영원하면 뵌교 DNA 역시 그 안에서 함께 살아 숨 쉬는 불가분의 관계다.

◉ 10

천장터 혹은 미라래빠의 다촘 기기 쵸송

마을이나 숲이나,
계곡이나 언덕이나,
'아라한'이 산다면 그 어디라도
그곳엔 즐거움이 있나니.

—법구경

나한전이 있다

달포체에서 동쪽으로 급한 길을 잠시 올라서면 커다란 마니석들이 늘어선 멘동 지역이 보인다. 고도계를 가진 손목시계는 해발 4천800미터 근처를 표시한다. 이 일대는 강 린포체[카일라스] 일대의 다른 지역처럼 범상치 않은 기운이 넘쳐난다. 달포체에서는 동쪽으로 병풍처럼 일어선 뒷벽 윗부분에 달쵸들이 휘날리는 모습이 보이는 자리로 강 린포체[카일라스]에서 첫 번째 만나는 조장터다.

설화에 의하면 밀교의 위대한 스승들, 일명 84마하싯다mahasiddhas들의 남은 육신을 이 자리에서 독수리들을 통해 조장鳥葬했다고 한다. 84싯다는 자신의 삶에서 붓다의 가르침을 받고, 붓다가 되고자 직접 수행해서, 붓다에 이른 사람들을 이야기하며, 싯다라는 칭호는 성취成就라는 의미의 싯디

siddhi에서 유래했다. 시간이 지나면서 싯다는 불법佛法 수행한 후 마술적인 힘을 가진 사람 혹은 깨달음을 얻은 사람을 부르는 말로 변했고 싯다에서 더욱더 뛰어난 사람들을 마하무드라 싯다, 마하싯다라 불렀다. 이들의 법맥은 인도에서 티베트로 넘어왔으며 대부분이 재가 수행자들이었다.

한편 주변은 층층으로 이루어진 암석층이 보이며 조장터라면 어디든지 그러하듯 사람들이 두고 간 옷, 돈, 신발 등이 어지러이 흩어져 있고.

다른 설에 의하면 한때 붓다와 오백의 제자가 신통력으로 히말라야를 넘어와 설법을 펼쳤다는 자리기도 하다. 기적에 관해서는 늘 거부하는 자세로 일관했던 붓다가 후세의 이 이야기를 듣는다면 고개를 저으며 침묵하겠지만, 어쩌랴, 붓다와 연결시켜 신성함을 유지하려는 티베트 옛사람들의 순박한 생각에 도리어 은근히 끌린다. 또한 사람들에게 신성함을 이끌어내는 대지의 형상이 그런 이야기를 만들어냈을 법하다. 그러나 오백 인이 찾아오기에는 협소하기에 하나의 설로 받아들여도 무방하며 바로 아래 달포체에 오백나한이 운집했다는 이야기가 더 설득력이 있겠다. 지형학적으로 보면 이 자리에 붓다가 주석하고 아래 달포체에 오백나한이 모여 있었다면 딱 맞는 이야기가 될 듯하다. 여러 개의 발자국들이 흩어져 있는데 히말라야를 오백 비구와 함께 넘어온 붓다 발자국〔땀딘 둔콩 Tamdin Dunkhong〕이라는 설과 미라래빠의 것이라는 설이 함께 있으나 붓다 유관설은 인도에서 한 발자국도 떠나지 않았다는 역사적 사실을 볼 때 풍설이거나 신화에 속하지 않을까.

붓다와 함께 왔다는 오백인五百人은 아라한Arhat으로 발음 그대로 아라

한阿羅漢 혹은 나한羅漢이라고 음역되며, 생사윤회를 초월하여 깨달음을 얻은 성자들을 말한다.

이렇게 오백상수五百上首, 기백있고 귀중한 사람들이 찾아온 자리라면 예사로울까. 그렇지 않다. 어떤 사람 이야기를 따르자면 우리말로 조장터이며 동시에 다른 사람의 설명에 의하면 나한전羅漢殿에 해당하는 곳으로 강한 힘이 맴돌며 흐른다.

눈을 감고 잠시 호흡을 고르자면, 발우를 들고 있으며, 혹은 주장자를 들고 비스듬히 앉아있는가 하면, 커다란 눈을 부라리며 게으른 후학을 견책하는 걸걸한 아라한들이 보인다. 혹은 하늘을 날기 위해 봉황을 옆에 둔 인자한 노인이 있으며, 경전을 펼치고 막 가르침을 주려고 손짓하는가 하면, 긴 눈썹이 바람에 날리며 큰 웃음을 짓고, 불쑥 튀어나온 배를 어루만지며 차 한 잔 권하기도 한다. 천진난만한 일상에서 흔히 만나는 할아버지 모습부터 동굴 앞으로 잠시 나온 준엄한 구도자까지 다양한 모습이 과거로부터 마음 안에서 살아나온다. 낮잠이라도 깜박 들면 몽중가피를 받을 지경이다.

그러나 눈을 떠보면 나한들은 간 곳이 없고 절을 올리는 티베탄의 모습을 만난다. 이제 천장터로 의미와 역할이 굳어진 후 사람들은 뒤로 보이는 불룩불룩한 봉우리들을 나한봉이라 이름을 주었다. 나한들이 이 자리를 떠나 모조리 강 린포체 산기운이 남서쪽으로 흐르는 능선 위로 옮겨갔다.

미라래빠, 위대한 정복자 중에 하나

● ● ●

죽음이 두려워서 나는 산에 올랐다.

나는 죽는 시간의 불확실성에 대해 거듭 명상하였다.

마음의 본성이 죽음을 넘어선 영구적인 요새임을 알았다.

이제야 죽음에 대한 온갖 두려움에서 벗어났다.

— 미라래빠

이 지역은 아라한과 유관하다는 이야기와 함께 바위에 남아있는 발자국 때문에 미라래빠 역시 유관성을 가진다.

티베트인들은 '위대한 세 사람의 정복자' 가 있다고 한다.

첫째는 붓다, 두 번째는 파드마쌈바바, 마지막은 미라래빠다.

이들 이름을 들어본다면 무엇에 대한 정복자인지 쉬이 알 수 있다. 미라래빠는 강 린포체[카일라스] 일대가 그의 앞마당이기에 알고 지나가지 않는다면 이 산의 반도 알지 못하게 된다.

미라래빠Milarepa는 티베트의 북부 궁탕 태생이다. 기록에 의하면 1052년생으로 아버지 쎄랍 갤첸Sherap Gyaltsen과 어머니 딸겐Targyen 사이에서 태어났고 밑으로는 여동생이 하나 있었다 한다. 많은 재산을 모았던 아버지는 미라래빠가 일곱 살 되던 해 병으로 사망하니 어머니는 당시 스물네 살.

미라래빠의 숙부는 미라래빠 아버지의 재산을 가로채고 미라래빠의 어머니와 결혼을 시도하다가 실패한다. 미라래빠는 숙부에 대해 반감을 품고 있던 중 모친의 권유로 복수를 위해 집을 나와 흑마술을 배우고, 흑마술이 높은 경지에 이르자 이제 숙부의 아들, 며느리, 친구 등 무려 35명을 죽이게 된다. 이 살인이 미라래빠가 저지른 일임을 알아차린 마을사람들이 그의 어머니에게 복수하자 미라래빠는 이번에는 우박을 쏟아내려 동네를 초토화시킨다.

결국 미라래빠는 크게 후회하고 불교에 귀의한다. 처음에는 닝마빠 스님에게 가르침을 받았으나 제대로 되지 않음을 느껴 인도 유학파인 마르빠에 귀의하니 그의 나이 38살 때의 일이다.

미라래빠가 마르빠를 찾아 나섰을 때, 근사한 상상을 했다고 한다. 인도에 가서 큰 스승을 모시고 공부를 하고 왔으니 멋진 요기의 모습으로 고행을 거듭하는. 그런데 아내와 자식 일곱, 더불어 소작농들과 함께 밭을 갈고 땅을 일구다가 미라래빠가 온다는 아들의 말을 듣고 집으로 들어가 거들떠보지도 않았다 한다. 당시 미라래빠는 교육을 거의 받지 못했고 더불어 뵌교 흑마술에 익숙한 상태인데다가 그것을 이용하여 악행을 저지른 후였다. 마르빠는 우여곡절 끝에 그를 제자로 받아들인 후 7년 동안 혹독한 수련을 통해 제자의 까르마가 소진되도록 배려하고, 착첸[마하무드라]으로 향하는 문을 열어준다.

미라래빠는 45세에 이르러 귀향을 원한다. 스승 마르빠는 늙은 어머니를 마지막으로 만나고자 하는 제자 미라래빠의 간청을 받아들이며 이승에서 이 제자와 다시는 만날 수 없다는 사실을 알고, 수행에 대해 충고하고 다짐받는다.

"아들아, 그대는 이제 나를 떠나가도 좋다. 존재하는 모든 것들은 몽환夢幻과 같고 신기루와 같음을 나는 지금 보여주었다. 앞으로 그대는 스스로 이 진리를 깨닫도록 하여라. 깊은 산 속 은둔처나 한적한 동굴이나 황량한 숲 속에 들어가 명상하면서 진리를 깨닫게 되리라."

티베트인 미라래빠의 스승은 티베트인 마르빠. 그리고 마르빠의 스승은 인도인 나로빠. 나로빠는 더운 나라 인도의 수행자답게 거의 벗은 모습으로 나타난다. 마르빠는 인도의 불교를 티베트로 이식하는 공헌을 했다. 인도와 티베트 사이에 직적접인 다리를 놓은 셈으로 소중한 불법의 종자를 티베트인 제자에게 주어 티베트 고원에 직접 심도록 만든 장본인이다.

마르빠는 은둔처를 일일이 열거한다.

"깊은 산의 은둔처로는 인도의 여러 성자들이 이미 축복한 장소들이 있다. 그 장소로는 곌기스리라[성산의 영화로운 봉우리]와 부처님이 설산雪山으로 언급한 띠셰 봉우리가 있다. 이 띠셰 봉우리는 뎀촉이 살고 있는 곳으로, 명상수행자가 수행하기 적합한 산이다. 그리고 또 랍치 깡이 있는데, 이곳은 12성지聖地 중에서 가장 성스러운 곳이다. 랍치 깡은 고다바리라는 이름으로 나온다. 또한 망월 지방에 있는 리워뻴와르와 네팔에 있는 윌모깡라도 명상수행에 적합한 곳이다. 이들은 대승경전大乘經典에도 언급되어 있다. 이런 장소에서 명상하라. 또 진 지방에 있는 츄와르는 다끼니 여신들이 성화聖化시킨 땅이다. 그 밖에 어떤 한적한 동굴이라도 물

쎌송 평원 앞으로는 라추가 흐른다. 파드마쌈바바, 미라래빠, 괴창빠, 등등 하늘의 별과 같은 스승들이 이 강물을 바라보고 강을 따라 걸었으며, 강에 손을 적셨다. 변함없이 그 자리에서 그렇게 흐르는 강물은 스승들의 자태처럼 큰소리도 없이 여유롭게 흐른다.

과 땔감만 가까이 있으면 명상수행하며 거주하여도 괜찮다."

여기서 띠세 봉우리가 바로 강 린포체〔카일라스〕의 옛 이름으로 마르빠 시기에는 강 린포체라는 말 자체가 없었던 셈이며, 불교적 이름은 없어도 이미 빼어난 수행지로 인식되고 있었음이 대화 내용에 나타난다.

미라래빠는 귀향하지만 어머니는 이미 돌아가시고 여동생은 거지꼴이었다. 그는 고향의 남쪽 키론의 동굴에서 쐐기풀을 먹어가면서 9년을 더 수행하여 마지막 고비를 넘긴 후, 이어 스승 마르빠가 권한 명상처 강 린포체〔카일라스〕로 가서 정진, 그 후 제자를 키우며 법을 널리 펼친다. 강 린포체〔카일라스〕는 미라래빠 역시 자신의 제자들에게 12곳의 명상처를 권할 때 빼놓지 않은 추천 지역이었다.

미라래빠는 1135년 겨울 정월, 나이 84세에 평소 시샘하던 승려 짜뿌와의 사주를 받은 여자가 건넨 독이 든 우유(미리 알았으나 피하지 않았다 한다)를 마시고 며칠 후에 열반에 든다.

그의 생애는 3부로 구성된 『십만송十萬頌』에 기록되어 있는바, 후세에 제자들을 비롯하여 다르마에 귀 기울이는 많은 사람들에게 감동을 주고 있다. 즉 미라래빠는 인도의 띨로빠에서 시작하여 그의 제자 나로빠, 이어 티베트인 마르빠로 흘러간 법맥을 고스란히 이어받았고, 강 린포체〔카일라스〕 일대에는 그의 이야기가 곳곳에 남겨져 있다.

까규바의 흐름을 살펴본다면

미라래빠의 스승 마르빠는 티베트 초조初祖에 해당한다. 그에 의해 티베트에서 일어난 법맥을 까규바라 부르며 까규바는 '여덟 가지 세속법의 먼지를 바람에 날려 보낸 채, 산山의 아들이 되어, 안개로 만든 옷을 입고, 살아가는데 필요한 최소의 음식과 대화로 만족' 하며 살았다. 동굴과 같은 '저 거룩한 암자에서 그들은 몸뚱이에 대한 애착, 의미 없는 이야기, 마음의 시끄러움과 분주함을 떨쳐' 버리고 수행했으며, 더불어 '그들은 뿌리를 땅속 깊이 내린 참나무처럼 한 자리에 붙어 앉아 스승의 입을 통해 전해들은 가르침을 가슴에 깊이 간직하며 그토록 건너기 어려운 윤회 바다를 건너 구원의 해방을 성취' 했다 한다.

멋진 일이 아닐 수 없다. 히말라야에서 수행하는 힌두교 요기들의 삶과 깊은 산속에서 은일하게 정진하는 선사들의 모습과 똑같기에 티베트불교의 유파 중에 선불교와 가장 흡사한 것이 바로 이 까규바 계열이다. 까규바가 정식으로 탄생되기 전까지는 거의 맨투맨man to man, 즉 스승 한 사람이 제자 한 사람을 철저하게 담당하는 개인지도 형식이었다.

마르빠에게는 네 명의 제자가 있었는데 마르빠가 가르친 기술을 배울 것을 강조하는 세 명의 제자가 있었고, 명상과 실천, 그리고 마르빠의 가르침을 경험할 것을 주장하는 한 제자가 있었으니 바로 미라래빠였고 그가 법을 이어받아 아래로 흘러 보냈다.

마르빠는 인도유학 중에 스승 나로빠의 예언을 듣고, 불길한 그 예언을

미라래빠는 오른손을 귀에 대고 열심히 무엇인가 듣는 모습으로 표현된다. 스승의 말씀을 하나도 놓치지 않는 자세다. 가르침을 받는 기본적 자세는 귀를 열어 적극적으로 남김없이 받아들여야 함을 후학들에게 알려주고 있다. 그런 다문多聞의 결과를 보라. 티베트 땅에서 동쪽으로 멀리 떨어진 이곳에, 더불어 세월도 천 년 가까이 흐른 오늘, 20세기 한국에도 그를 칭송하는 사람들이 있다. 위대한 그대 미라래빠여!

막을 방도가 있는지 물은 적이 있었다.

"제게는 장남 다르마 도데를 포함하여 일곱 명의 아들이 있는데, 저의 가문이 끊긴다고 하니 혹 그것을 막을 방도는 있는지요?"

스승은 말했다.

"미래의 그대 법통의 후손 중에 사문의 위의를 갖춘 자가 있을 것이니, 그는 대승의 뜻을 깨쳐 깨달음의 경지에 머물며 많은 보살들의 옹호를 받을 것이다. 그와 같은 자손이 수없이 나올 것이다. 그밖에도 각기 다른 모습의 후손들이 나와 수행 법통을 불리고 화장시켜 나갈 것이다."

잠시 쉬었던 스승.

"그리고 그대에게 일곱 아들이 아니라 수천 명의 아들이 있다 해도 그대의 가문은 더 이상 존속하지 못하리라. 그리나 섭섭할 것도 없는 것이 많은 진리의 아들들이 암자에서 신성한 이담의 사다나Sadhana를 수행하고 정진할 것이다."

그리고는 축복한다.

"전생의 수행 공덕으로 그대는 대보살의 지위에 머물며 많은 유정들을 유익하게 하리라. 그러므로 티베트 눈의 나라의 제자들을 수행시키기 위해 나는 그대를 나의 대리인으로 임명한다."

그대 설국 티베트로 가라.

거기 온갖 꽃이 만발한 산비탈

향기로운 수풀 우거진 곳에

큰 그릇이 될 행운의 제자가 있으리니

아들아! 그곳에 가서 중생들을 위해 은혜를 베풀라.

그대 틀림없이 이 일을 성취하게 되리라.

스승의 통첩성 예언은 '정확히 과녁을 꿰뚫은 화살처럼 적중' 하지 않았던가. 마르빠는 온갖 체험을 통해 경전을 번역했기에 뛰어난 번역서가 남겨졌고, 그가 가지고 온 경전들과 스승들의 설명을 받아 적은 주석은 훗날 티베트에 고스란히 남겨져 많은 사람들을 옳은 길로 인도했다. 그는 훗날 자신이 이렇게 큰 인물로 남을지 예상하지 못했으리라. 한반도 작은 구석에서 사는 나 같은 사람에게까지 마르빠, 오, 마르빠 위대한 역경사여, 칭송을 받고 있지 않은가.

그가 가지고 온 것은 경전과 다르마[法]뿐 아니라 오체투지가 있었다. 그가 오체투지를 가지고 오기 전에는 티베트 고원에 오체투지라는 것을 찾아볼 수 없었기에 티베트에서 먼저 일어난 닝마빠의 파드마쌈바바의 제자들은 이런 방법으로 스승에게 절을 올리지 않았다. 마르빠에 의해 수입되었고 까규바에 널리 퍼졌다. 일설에 의하면 미라래빠 역시 마르빠의 제자가 되고자 찾아왔을 때, 멀리서부터 오체투지로 다가왔기에 마르빠의 추종자로 착각한 마르빠 아내에 의해 무사히 집 안까지 들어올 수 있었다고 한다. 일단 들어오면 받아들여야 한다!

그 후 어마어마한 고통스러운 일들이 스승 마르빠로부터 제자 미라래빠를 향해 부과된다. 이 당시 어떤 일이 일어났는지는 『십만송』을 보면 느낌이 참혹하기까지 하다. 까규바의 이 지독한 지도방법은 마르빠, 그리고 그의 인도 스승으로부터 이어져 내려온 것이다.

훗날 마르빠, 미라래빠 계열의 스승 도 겐체와 제자 파툴 사이의 이야기를 보면 지독한 지도방법의 계승이 보인다.

파툴이 공부한 것은 요가수행과 만다라를 마음으로 그리는 심상心像이었다. 공부를 하다가 진도가 나가지 않자 스승 도 켄체를 찾아가기로 했다. 스승은 노천에 불을 피워놓고 차를 마시고 있었다. 멀리서 스승을 본 파툴은 일단 오체투지를 시작하며 스승을 향해 앞으로 나갔다.

도 켄체는 빈정댔다.

"이 늙은 개야, 용기가 있다면 이리 와봐!"

오체투지로 앞으로 나가는 동안 쉴 사이 없이 욕을 퍼붓고 돌을 던졌다. 가까이 다가갈수록 더욱 큰 돌이 날아왔다. 마침내 그가 스승 곁으로 다가서자 발로 마구 차고 찍어 내렸다.

파툴이 정신을 차렸을 때, 그는 전혀 다른 의식 상태에 있었다. 그가 그렇게 심상화하려 했던 만다라가 자연스럽게 눈앞에 떠올랐다.

그들은 스승의 폭력을 이담 혹은 헤루카의 축복으로 본다.

> 스승이 때리고 둘러 매치는 것은 관정灌頂이며
>
> 만약 가피가 있다면 (그것을 당하는 일이) 가피를 입는 것이다.
>
> 거칠게 야단맞는 일 (욕을 먹는 일은) 강력한 (축복의) 만뜨라며
>
> 일체의 장애물이 사그라지게 하는 것이다.
>
> —도관짱바갸레

산을 사랑하고, 산에서 삶을 마쳐도 좋다고 생각하며, 산에서 스승의 모습을 구하는 사람이라면, 산사태로 다리가 부러지는 일은 산이 주는 관정이고, 우박과 천둥번개는 바로 산사람에게 주는 스승의 만뜨라다. 이런 일들을 무서워하고 피하려 한다면, 가기는 어디를 가나, 지하철을 타고 금주의 인기가요가 녹음된 MP3 이어폰을 귀에 꽂고 도심을 오갈 일이다.

탑을 쌓고 다시 허무는 일. 눈으로 보기에도 참혹한 고행과 인간적 모멸이 미라래빠에게 우박처럼 쏟아졌으나 미라래빠는 포기했다가 다시 일어서 기어이 뚜벅뚜벅 걸어 올랐다. 마치 어떤 어려움도 피하지 않고 산정으로 오르는 사람처럼.

미라래빠의 악행은 너무 심했다

미라래빠의 전기를 보면 일부 저자들은 미라래빠가 아버지의 재산을 가로채고, 자신의 어머니까지 빼앗아가려는 숙부에 대한 복수에 대해, 그럴 수 있다, 어느 정도 긍정적이다. 즉 숙부가 그러했으니 그런 일을 당해도 할 수 없다는 식으로 숙부와 그의 가족의 죽음에 대해 큰 비중을 두지 않는다.

세상에는 많은 고통과 고난이 있다. 그보다 더한 일을 당하는 사람들이 지구상에서 어디 하나둘인가, 부지기수다. 그들이 모두 이런 경우 복수를 해서 상대편 가족까지 죽여야 할까. 아버지 재산을 빼앗기고 학대받았다고 당사자의 아들, 며느리, 그리고 친구까지 무참히 주살해야 옳은 일일까. 그것은 살인귀다.

그까짓 재산이 뭐라고. 죽으면서 가지고 갈 수도 없는 일, 붐비는 시장도 밤이 되면 텅 빈다. 소유란 얼마나 덧없는 것이냐. 더구나 티베트 유목사회에서는 자신의 집안을 유지하기 위해 형제 중에 하나가 죽으면 그의 재산과 아내는 형제가 이어받는 전통이 있었으니, 미라래빠의 아버지가 유목이 아니라 장사로 돈을 벌었다 해도 숙부의 행동을 쉽게 비난할 수는 없다. 미라래빠의 이야기만 가지고 현대사회의 잣대로 그들 죽음을 매도해서는 안 되며 진중하게 살펴보자면 문제는 온전하게 미라래빠에게 있었다.

많은 살인을 포함한 악행을 저지르고도 그가 깨달음에 도달했다는 사실은 미라래빠의 근기도 근기지만 스승 마르빠의 공력이 만만치 않다. 만일 다른 스승을 만났다면 오늘까지 입에 오르내리지는 못했으리라. 남들에게 저지른 일의 수십 배 수백 배에 이르는 가혹한 수행을 스승은 점진적으로 고되게 부과했고, 미라래빠는 '목마른 자가 물을 구하듯이 열렬하게' 그리고 묵묵히 부지런히 노력했으니, 수행의 중간에 의심을 품거나 시간낭비라는 생각을 했다면 도달할 수 없는 자리였다.

여기서 의심이라는 것은 부정적인 감정을 말하는 것일 뿐, '금의 순도를 알기 위해 그것을 분석하고, 자르고, 문질러보며, 태우는' 다른 차원의 의심과는 다른 것이다.

과거에 방일한 사람일지라도
이제 더 이상 방일하지 않은 사람은
마치 구름 사이를 뚫고 나온 달처럼
이 세상을 비출 것이다.

일찍이 자신이 지은 악업을
이제 선업으로 덮는 사람은

마치 구름 사이를 뚫고 나온 달처럼

이 세상을 비출 것이다.

—『법구경』

오래전에 전기를 읽으며 혀를 여러 번 끌끌 찼다. 악행이 나오는 부분에서, 마르빠의 지독스러운 제자 지도방법에서.

이제 드디어 본격적으로 미라래빠를 글이 아닌 현실의 흔적으로 만나게 되니 바위에 남아있는 그의 발자국이다. 나름대로 감회가 깊다. 이런 인연이란 것이 보통 인연은 아닐 터.

미라래빠의 발자국을 바라보는 동안 그의 악행은 붓다시절 살인귀에서 수행자로 우화한 앙굴리말라까지 생각나게 만든다. 앙굴리는 손가락, 말라는 목걸이니 사람 손가락으로 만든 목걸이를 걸고 다닌 사람이란 이야기다.

붓다는 사밧티에서 탁발한 후, 사람을 죽여 손가락을 잘라내어 목걸이를 만든다는 흉악범이 출몰하는 길을 통해 돌아간다. 소먹이는 사람들과 농부들이 붓다에게 소리치며 가지 말라고 했으나 붓다는 묵묵히 길을 갔다.

앙굴리말라는 혼자 길을 가는 붓다를 발견, 뒤따라 나선다. 그런데 아무리 따라가도 유유히 걷는 붓다를 잡을 수 없었다.

그는 외친다.

"사문이여, 걸음을 멈춰라!"

붓다는 걸음을 멈추고 뒤를 돌아보며 말했다.

"나는 멈추었다. 앙굴리말라야, 그대도 멈추어라."

예전에는 이 의미를 몰랐다.

멈춤〔止〕.

백년도 살지 못하는 우리들, 삼만육천 일日도 못 버티는 우리들은 천년 만년年 때로는 억겁劫의 걱정을 하면 산다. 멈추자〔止〕.

천년만년 윤회를 일으킬 거친 까르마를 짧은 순간에 이루고 있다. 멈추자〔止〕.

이제야 온전히 이 뜻을 받아들인다.

사실 범부들은 자신이 윤회하는지 모르고 계속 순환한다. 반면 같은 윤회라도 스스로 알아서 환생하는 뚤꾸가 있다. 즉 모든 사람들이 환생의 경로를 따라 걷지만 뚤꾸는 과거 높은 수행을 닦았던 사람의 재탄생으로 자신의 전생을 기억하고, 죽은 다음에 자신이 태어날 장소와 부모를 택할 수 있다. 일반인들은 아무런 목적 없이 세상을 방황한 결과 덩어리이고, 뚤꾸는 멈추어〔止〕 자신을 살피고 중생의 고통을 살피며〔觀〕 정진한 결과로 태어난 사람이다.

멈춤을 택한 앙굴리말라는 붓다의 제자가 되기를 간청하고 받아들여진다. 그 후로 앙굴리말라는 다른 비구들과 함께 탁발을 다녔으니 사람들이 가만히 있었을까. 돌을 던지거나 흙을 뿌렸다. 저항하지 않자 차차 옷이 찢기거나 얼굴을 다치는 일이 생겼다.

어느 날 얼굴에 피가 철철 흐르는 모습을 바라본 붓다가 일렀다.

"성자는 인내하지 않으면 안 된다. 앙굴리말라여, 인내하지 않으면 안 된다. 그대는 지금 예전에 저지른 악업의 대가를 받고 있나니."

나는 이런 종교가 너무 좋다.

앙굴리말라를 읽으면 늘 가슴에서 뜨거운 무엇이 촛농처럼 흘러내린다. 더불어 미라래빠를 읽으면 고행을 겪어내는 모습 안에서 멈춤으로 향하는 내가 택할 길들이 보인다. 붓다와 마르빠가 손수 알려준 길.

앙굴리말라와 미라래빠는 스승이 부과한 가르침을 온몸으로 받아들였고 그들은 응분의 과업을 해소하며 드디어 다른 세상 사람이 되었다.

이 자리에서 나는 스스로 묻는다.

"나는 앙굴리말라 혹은 미라래빠에 비해 죄업이 턱없이 가벼워 그들이 한 근 정도라면 나는 깃털 무게조차 이르지 못한다. 그렇게 좋은 텃밭을 가지고 수확을 거두지 못한다면 도대체 누구 책임이냐?"

어지러운 미라래빠 발자국

미라래빠는 득도 이후 무려 1만6천의 노래를 불렀다고 한다. 그 중 1만 개는 칸돌마〔다끼니〕들이 아카니타Akanistha 천天으로 가지고 가고 나머지 6천 개를 제자들을 위해 남겨 놓았다. 강 린포체〔카일라스〕 계곡에 들어서 귀를 기울이면 하늘로 가져간 노래들이 은은하게 울려나올 듯하지 않은가. 특히 이 자리는 미라래빠와 인연이 깊어 바람소리가 마치 노랫소리 같아 귀를 쫑긋 세워본다.

책에서는 이 자리에서 멀지 않은 곳에 뵌교의 수행자 나로뵌충의 작은 동굴이 있다 안내했지만 세월과 계절 탓인지 찾을 도리가 없다.

강 린포체〔카일라스〕를 중심으로 사방에 흩어져 있는 미라래빠의 발자국을 알기 위해서는 『십만송』의 「띠셰 설산에서 일어난 기적」의 장章을 읽어보면 된다. 이 장은 미라래빠가 띠셰 설산에서 뵌교 사제 나로뵌충을 물리친 이야기로 티베트불교와 뵌교의 충돌에 관한 내용이 상세하게 남아 있다.

미라래빠와 몇 명의 제자들이 뿐렌을 떠나 설산으로 가고 있을 때였다. 띠셰(현재의 강 린포체)와 마빰Mapam의 지신地神들이 많은 시자들을 데리고 나타나 마중한 후, 미라래빠에게 엎드려 예배드린 뒤 갖가지 예물을 바쳤다. 그리고 미라래빠에게 전설과 설화에서 이미 알려진 훌륭한 명상 장소들을 일러주면서 수행자들을 수호하겠다고 서약하고 자신들의 거처로 모두 돌아갔다.

미라래빠와 제자들은 마빰 호숫가, 현재 마나사로바에 이르렀다. 뵌교 사제 나로뵌충은 미라래빠가 제자들과 함께 왔다는 소식을 듣고 자신의 신도들과 함께 찾아왔다.

뵌 사제는 미라래빠 일행이 누군지 알지 못한다는 듯이 너스레를 떤다.

"당신네들은 어디서 왔으며 어디로 가는 중입니까?"

미라래빠는 대답하였다.

"우리는 명상 수행하러 띠셰 설산으로 가는 중이오. 우리는 그곳에 있는 은신처에서 수도하려고 하오."

뵌 사제는 다시 물었다.

"당신은 누구십니까? 존함은 어떻게 되시는지요?"

"나는 미라래빠라 하오."

"아, 그렇습니까? 그렇다면 당신은 마치 마빰 호수와 같군요! 마빰 호수는 그 명성이야 사방에 널리 알려졌지만 실제 와보면 그렇게 놀라운 게 아닙니다. 어쩌면 호수가 수려해 보일 수도 있겠지요."

미라래빠라는 명성은 자자하지만 실제로 보니 별거 아니다, 은근히 비틀어보는 비유가 된다.

그는 말을 잇는다.

"호수와 주위의 산들은 이미 우리 뵌 신자들이 차지하고 있습니다. 당신들이 여기 머물고 싶다면 우리의 가르침을 따르고 뵌 신앙을 믿어야 합니다."

텃세를 부리는 거다. 여기는 우리 땅이니 여기서 뭔가 하려면 우리 편을 해야 한다, 그런 이야기가 아닌가.

미라래빠는 다시 응답했다.

"이 산은 진리 수호자들의 처소가 되도록 부처님께서 이미 예언한 장소로 알려져 왔소. 그리고 나에게는 특별히 중요한 의미가 있는 성소聖所요. 스승께서 이미 예언한 장소이기 때문이오. 그대 뵌 신자들이 지금까지 여기에 살아왔다니 참으로 잘한 일이오. 그대들이 앞으로도 여기 계속 머물기를 원한다면 우리의 가르침을 따라야 할 것이오. 그렇지 않다면 다른 장소로 옮기는 게 좋겠소."

굴러온 돌이 박혀있는 돌을 빼겠다는 미라래빠의 도전.

뵌 사제는 대꾸했다.

"듣기로는 당신이 참으로 위대한 인물이라고 소문이 자자하더이다. 하지만 이제 가까이서 보니 작고 하찮은 사람에 불과하군요. 세인이 말하듯이 당신이 참으로 그렇게 놀라운 인물이라면 나와 겨루는 것도 개의치 않을 테니 누구의 신통력이 뛰어난지 한번 대결해봅시다. 이 시합에서 이긴 자는 합법적인 소유자로 여기에 남고, 진 자는 떠나도록 합시다."

말이 통하지 않으니 이제 진검승부를 원한다는 뜻. 뵌 사제는 말을 마친 뒤 신통력으로 마빰 호수를 두 다리 사이에 넣고 걸터앉아 다음과 같이 노래 불렀다.

떠세 설산은 명성이 높을지라도

꼭대기는 눈 속에 깊이 파묻혔네.

마빰 호수 그토록 널리 알려졌건만

거센 바람에 수면이 흔들리네.

세상에는 미라래빠가 참으로 위대한 자라고 알려져 있건만

알고 보니 벌거벗고 잠자는 늙은 망나니에 지나지 않네.

아름다운 노래 입으로 읊고 다니지만

손에 든 건 등나무 지팡이 하나뿐,

찾아봐도 위대한 건 아무것도 없네.

우리 뵌 종교의 불변자는 주主 예신쭈퀴이니,

스와스티카상이 그 상징이네.

입 크게 벌린 무서운 흡혈대신吸血大神!

머리는 아홉 개요 팔은 열여덟 개,

온갖 신통력 지닌 대왕이시네.

아아, 대신大神의 화신은 구두신九頭神이네.

대신의 누이는

온 세상 다스리는 모왕신母王神!

뵌 행자인 나는 모왕신의 제자이네.

자, 볼지니 놀라운 신통력의 시현을!

이 이야기 속을 살펴보자면 당시 뵌교에서 섬기는 주主와 관계된 이야기들이 자세히 자리 잡고 있다.

뵌 사제의 노래를 들은 후 미라래빠는 즉시 호수 위에 앉더니 노래를 했다.

들을진저, 여기 모인 천상과 지상의 뭇 존재들이여!

영취산 정상에

팔무외八無畏의 법석 펴고

완전한 승리자 석가모니불은 좌정했네.

천상 옥민의 진리궁宮에
둘 아닌 지혜의 본신本身,
무한한 금강지불은 상주하네.
가엾은 어머니 모왕신은 닥메마요,
본생의 화신은 띨로빠요,
문지기 대학자는 나로빠요,
역경사 생불生佛은 마르빠시네.
이 사왕신四王神에게 나, 미라는 축복과 은총을 받았네.

축복받은 존재인 나, 미라래빠는
스승 마르빠의 가르침 따라
일체 중생의 안녕을 위해
띠셰 설산에 명상하러 왔네.

그대, 사견에 빠진 뵌 신앙자여,
화답하는 내 노래를 들을진저.

명성이 높은 백설의 띠셰 산은
지순하고 흠 없는 붓다 가르침을 상징하네.

수많은 강물 흘러드는 마빰 푸른 호수는
절대의 진리 세계 상징하네.

이 늙은 미라래빠는 벌거벗고 잠자니
이원二元의 상대 세계 초월을 의미하네.
입술에서 나오는 작은 노래들은
사실은 내 가슴에서 흘러넘치는 샘물,
붓다의 경전을 말하는 노래들이네.

손에 쥔 지팡이는
윤회 바다 건너는 상징 도구.
마음과 물질 통달한 미라는
신들의 도움 없이도 모든 기적 행하네.

조야粗野한 형태를 지닌 신들이 거하는
띠셰 산은 온 세상 설산들의 제왕이네.
미라래빠 따르는 불자들의 땅이네.

뵌 사제와 이교도들이여,
그대들이 지금 곧 진리를 수행한다면
머지않아 만인에게 이익을 베풀 수 있으리.

아니면 다른 곳으로 떠날지니

보다시피 내 신통력이 그대들보다 뛰어나기 때문.

자, 이제 자세히 볼지어다.

백설의 띠세 산, 즉 강 린포체[카일라스]는 붓다의 가르침을 상징하며, 마빰 호수, 마나사로바는 절대의 진리 세계를 상징한다는 말이 눈에 들어온다. 이것이 바로 티베트불교에서 이곳 성지를 바라보는 시선 그대로다.

15년 전 카일라스라는 이야기를 듣고 쉬바신의 거처이며, 사람으로서 눈으로 보고 발로 걸을 수 있는 신의 땅이라 생각하며 꾸준히 순례를 꿈꾸었다. 그런데 티베트불교를 공부하면서 만난 미라래빠의 노래, 이 대목에서 이 일대가 그뿐이 아닌 가르침, 절대 진리의 세계, 등등의 의미가 있음을 새롭게 알게 되니 더욱 끌리지 않을 도리가 있었겠는가.

이어 미라래빠는 마빰 호수 전체를 들어서 손가락 끝에 올려놓는 다른 기적을 보여주었으니 미라래빠의 완벽한 승리였다. 바로 이 순간을 기념하기 위해 티베트불교도들은 뵌교도들이 부르던 마빰이라는 이름에 윰yum을 넣어 마빰 윰쵸로 바꾸어 부르기 시작했다.

뵌 사제는 일단 신통력에서는 밀렸지만 그냥 물러서지 않았다. 호수에서는 졌으니 이번에는 장소를 옮겨 산에서 붙어보자는 내용이 뒤따른다.

뵌 사제는 띠세 설산을 오른쪽에서 왼쪽으로 돌기 시작했고 한편 미라래빠와 제자들은 왼쪽에서 오른쪽으로 돌기 시작했으니, 생로병사를 고정시키려는 이법과 태양을 따라 자연을 따르는 이법의 충돌이었다. 서로 반대로 돌던 이 둘이 강 린포체[카일라스]의 북동쪽 골짜기 큰 암반 위에서 서로 만나자 뵌교 사제 나로뵌충이 미라래빠에게 말했다.

"당신네들이 이 성소를 돌고 예배드리는 것은 합당한 일이지만 앞으로는 뵌 예법으로 돌도록 하십시오."

그러면서 미라래빠의 손을 거머쥐고 자기 쪽으로 끌어당겼다.

그러나 미라래빠.

"나는 그대들의 잘못된 예법을 따르고 싶지 않소. 불교의 전통을 바꾸고 싶지 않으니 그대들도 나처럼 불교 예법으로 돌도록 하시오."

이렇게 말하고 미라래빠는 뵌 사제의 손을 잡고 자신의 방향으로 잡아당겼다. 두 사람이 서로 밀고 당기고 하는 동안 바위 위에는 미라래빠와 뵌 사제의 발자국이 무수히 생겼다. 이곳 지명은 샵제 드락톡Shabje Drakthok으로 강 린포체[카일라스] 북쪽의 될마라 근처에서 만난다.

그러나 결국 뵌 사제가 미라래빠 쪽으로 질질 끌려가게 되었다.

미라래빠의 마지막 승리

미라래빠는 나로뵌충과 다른 많은 시합을 하였으나 승리하는 쪽은 늘 미라래빠였다. 나로뵌충은 마지막으로 강 린포체[카일라스] 정상에 누가 먼저 도착하는지 내기를 제안한다. 그 후 나로뵌충은 약속 날에 이를 때까지 자기가 믿는 신에게 온 정성을 다해 승리를 위해 기도드리고, 반면 미라래빠는 태평스럽게 지낼 뿐이었다.

이리하여 약속한 보름이 되어 나로뵌충은 초록색 외투를 걸치고 뵌 악기를 연주하며 북〔鼓〕 위에 앉아서 하늘을 가로질러 띠셰 봉우리를 향해 신통력으로 날아가기 시작했다. 미라래빠의 제자들은 모두 이를 지켜보았으나 미라래빠는 아직도 깊은 잠에 떨어져 있었다.

이에 제자 래충빠는 당황하여 외쳤다.

"스승님, 어서 일어나서 저기를 좀 보세요! 나로뵌충이 북을 타고 띠셰 정상으로 날아갑니다. 이미 산 중턱에 다다랐습니다!"

미라래빠는 여전히 편안하게 누워 있다가 물어본다.

"우리 뵌 친구가 거기 벌써 도착했느냐?"

제자들은 아직은 그렇지 않다고 하면서 미라래빠에게 즉시 행동하시도록 안달복달하자 그는 그제야 자리에서 일어나 뵌 사제를 향해 무드라〔手印〕를 지었다. 제자들이 뵌 사제를 다시 보니 누가 위에서 누르는 듯 더 이상 오르지 못하고 뱅뱅 도는 것이 아닌가. 오르려고 애를 쓰지만 모두 허사.

이제 동이 트고 태양이 솟아오르자 미라래빠는 외투를 날개처럼 걸치고 손가락을 '딱!' 튕기며 띠셰 봉우리를 향해 날았다. 한순간 그는 벌써 띠셰 산 정상에 도착했으니 이제 아침 햇살이 막 산봉우리에 비칠 때였다.

여기서 강 린포체〔카일라스〕 정상에는 무엇이 있는지 중요한 이야기가 나온다.

미라래빠는 그곳에서 까규바의 법통의 스승들과 수호신들을 보았다. 뎀촉불佛과 시자侍者들도 모두 화현하여 환대하자 미라래빠는 기쁨을 느꼈다. 나로뵌충은 이제야 정상 바로 아래에 도착했고 미라래빠가 이미 정상에 도착한 모습을 보고 크게 실망한다. 바로 그 순간 나로뵌충은 아래로 떨어졌고 그가 타고 있던 북은 띠세 산 남쪽 능선으로 떼굴떼굴 굴러 떨어졌다.

그토록 드높았던 자존심이 철저히 꺾인 나로뵌충은 미라래빠를 향해 큰 소리로 외쳤다.

"선생님의 능력이 진실로 저보다 뛰어납니다! 이제부터는 선생님이 띠세 산의 주인이십니다. 저는 떠나겠지만 띠세 설산이 보이는 곳으로 가도록 하겠습니다!"

미라래빠는 응답하였다.

"그대가 비록 세속의 신들로부터 축복받고 일반적인 성취를 달성했을지라도 어찌 나와 비할 수 있겠는가? 나는 본생 지혜本生智慧를 완전히 깨달아 최상의 성취를 이루었기 때문이다. 띠세 설산 정상은 지혜의 붓다 코로돔빠가 살고 있는 금강金綱정원이다. 그대는 거기 이를 만한 공덕을 쌓지 못했다. 여기에 모인 불자(비인간 포함)들을 위해 나는 신성神性을 발휘하도록 허락받았다. 또한 나는 그대의 자만심을 꺾기 위해 그대를 산에서 떨어지게 하고, 북을 잃게 하였다. 앞으로는 그대가 띠세 산의 기슭에 이르는 것조차 나의 능력에 의존해야 하리라."

미라래빠는 산에 새로운 주인이 등장했음을 선포하는 노래를 불렀고 이어 뵌 사제는 간곡히 청하였다.

"저는 이제 선생님의 기적적인 힘과 능력을 완전히 믿게 되었습니다. 참으로 수승하고 놀라운 힘입니다. 하지만 진심으로 간구하오니, 띠세 설산이 보이는 장소에 제가 머물 수 있도록 허락하소서!"

미라래빠는 나로뵌충에게 대답했다.

"그렇다면 그대는 저 건너 산에서 살도록 하라."

미라래빠는 곧 눈을 한 움큼 쥐어 동쪽 산의 정상으로 집어 던졌다. 이 산이 강 린포체에서 멀지 않은 해발 5천60미터의 뵌리Bonri, 현재 뵌교의 본산이 있는 곳이다.

이리하여 미라래빠의 후예들은 띠세 설산과 주변 호수를 요즘 말로 접수하고 그들의 수도처로 삼게 되었다.

띠셰Tise는 오래전부터 강 린포체[카일라스]의 본래 이름이었다. 미라래빠가 살아있을 때까지 강 린포체라는 이름은 아예 없었으며 마빰 역시 마찬가지로 이런 충돌 이후에 마빰 윰쵸, 현재까지 내려오는 이름으로 바뀌었다.

강 린포체[카일라스]는 티베트불교도와 뵌교도에게는 일종의 영적 충전소와 같았다.

제자 래충빠가 인도에서 돌아왔을 때 미라래빠가 그에게 말한다.

"자, 아들아, 우리 띠셰로 가자!"

이때까지, 즉 미라래빠가 살아있을 무렵만 해도 이름은 이렇게 여전히 띠셰였으나 미라래빠 사후에 불교는 토속 뵌교에 대해 차차 안정적으로 세력을 획득하여, 강 린포체라는 불교적 이름으로 굳어져 갔다.

이런 무수한 기적들을 어떻게 볼 것인가

위의 사건은 마치 무협소설을 보는 듯하다. 그러나 무척 상징적으로 강 린포체〔카일라스〕 일대에서 뵌교의 후퇴와 불교 약진의 구도로 해석할 수 있다. 사실 한 종교가 우세해지면 이름이 바뀌는 경우는 왕왕 있어 히말라야 문화권에서는 티베트불교가 넓게 퍼지면서, 토속적인 본래의 이름을 잃고 불교이름으로 바뀌는 경우를 볼 수 있다. 이 사건 이후 띠셰라는 이름은 쇠락의 길을 걷고 대신 강 린포체가 차차 티베트 사회에 폭넓게 자리 잡은 기틀을 다지게 되었으니 주인공은 미라래빠, 조연은 나로뵌충이었다.

일본 방케이 선사가 류몬사에 머물 때였다.

정토진종淨土眞宗의 스님 하나가 찾아와 이야기를 건넸다.

"우리 종단의 창시자는 기적이라는 능력을 가지고 계셨습니다. 우리 스승은 강 이편에서 붓을 들고 계시고 신도들은 반대편에서 종이를 들고 있었는데, 스승은 공간을 뛰어넘어 종이에 아미타불 이름을 쓰셨다오. 당신도 그런 능력이 있나요?"

방케이 선사 답한다.

"아마도 당신네 그 교활한 사람은 그런 속임수를 보여줄 수 있었을 것이오. 하지만 그것은 선의 바른 길이 아니오. 내가 행하는 기적은 배가 고프면 먹고, 목이 마르면 물을 마시는 것이오."

기적의 자리를 보면서 사람들은 경배하지만 기적을 경계해야 하는 것이 사실이다. 누군가 기적을 벌인다며 호기심으로 찾아 나서고, 기적의 꽃이 피었다면 그 현장을 찾아가 그 자리에 섬으로써 체험을 소유하려고 하니 결국 자신이 자신을 속이는 일이다. 기적의 현장이라고 어서 와서 체험하라며 버젓이 신문광고를 내보내는 위인들은 또 어떻고.

> 그래서 저기 기만의 다음 단계는 마술이 실제로 일어나는 것을 보고싶어 하는 욕망을 갖는 일이다. 우리는 지금까지 위대한 요기와 승려, 성자, 신의 화신들에 관해서 쓴 많은 책을 읽어왔다. 그러한 책들은 모두 비범한 기적을 기술하고 있다. 벽을 뚫고 걸었다든가 세계를 거꾸로 뒤집었다거나 하는 갖가지 기적들을 말이다.
>
> 여러분은 이러한 기적들이 정말로 일어난다는 것을 자기 자신에게 증명하고 싶을 것이다. 그럼으로써 자신은 구루 편에 있다는 것, 그 교리나 기적의 신봉자라는 것, 그리고 자신이 하고 있는 것을 안전하고도 강력한 힘을 가지고 있다는 것 (중략) 여러분은 자신이 '선인들' 쪽에 속해 있다는 것을 확인하고 싶고, 꿈 같은 일이나 특출한 일, 아니 특출마저도 초월한 일을 해낸 그 특별한 사람들 속에 한몫 끼어들고 싶어한다.
>
> ―최감 트룽빠

기적을 경계한다. 강 린포체〔카일라스〕 부근은 이런 기적으로 인한 많은 흔적들을 가는 곳마다 만나게 된다. 미라래빠의 발자국이 남겨진 이곳이 그런 기적의 첫 현장이라 앞으로 기적을 어떻게 바라보아야 할지 마음을 잘 챙기는 일이 중요하다. 티베트불교에서는 이런 기적이 많이 기록되어 있으나 최감 트룽빠의 이야기처럼 별다른 가치를 줄 필요는 없으며 신화, 전설,

바위에 깊이 팬 발자국. 위대한 인물이 자신의 법력을 후세에 알리기 위해 의도적으로 남겼건, 자연이 만든 현상이건, 후세인들은 그야말로 '발자취' 를 보게 된다. 발자국을 남긴 기적적 위력에만 매달리면 스승은 '발자취' 만 남긴 채 숨어버리고, 스승이 위력을 보인 배후의 불성을 묵상한다면 스승의 전신이 이 자리에 홀연히 등장한다. 그것이 '발자취' 의 의미다.

기적 등등의 메타포를 살피면 된다. 강 린포체[카일라스]로 떠나오기 전, 이 문제를 가지고 라싸의 스님 한 분에게 자문을 구했으나 '신경 쓸 것 없다', '티베트 불교의 공성, 자비 그리고 지혜와는 무관하다' 는 명료한 이야기가 돌아왔다.

기적이 필요한가?

오로지 배고프면 먹고, 졸리면 잠들 뿐이다. 세월이 지나면서 내게 기적의 가치는 점점 떨어져, 외도들이 말하는 '죽은 사람을 살리는 기적'을 통해 목숨을 살려놓아도 결국은 시간이 흐르면 죽는다는 사실을 알았고, 그 죽음이 일어나지 않으면 도리어 재앙으로 생각하는 곳까지 왔으니 기적에 대해 이제는 감동이 전혀 없다. 물 위를 걷는 일은 물고기들이 하며, 하늘을 나는 일은 새들이 쉽게 하고, 땅속으로 파고드는 일은 마모트나 두더지들도 잘한다.

어지러운 발자국에 손을 대본다. 불교는 믿는 종교가 아니라 닦는 종교다. 미라래빠의 기적을 믿는 것이 아니라 미라래빠의 경지까지 닦는 일이 우선되는 종교다.

순서를 기다리는 티베트인들이 있어 오래 만져보지는 못한다. 그들은 자신의 발을 그 흔적 안에 담그며 매우 기뻐한다. 기온이 산뜻하게 오르며 차가운 기운을 주었던 옷이 뽀송뽀송한 느낌으로 바뀐다. 대기 안의 냉기는 서서히 가시고 있다. 순례자 무리를 따르는 기적과는 무관한 강아지 한 마리가 순한 얼굴로 바닥에 코를 바짝 들이댄 채 킁킁거리고 있다. 또 한 마리의 늙수그레한 개는 티베트의 개답게 낮이면 짖기를 포기한 채 사람들과 눈을 마주치지 않는 일이 철칙이라는 듯 느릿하고 순종적 자세로 얌전하게 성지를 걷는다.

이 자리에서 기적이란, 인도에서 티베트로 넘어간 지혜로운 가르침을 좇아 히말라야를 다니던 내가 히말라야의 아버지 강 린포체[카일라스]에 발을 들여놓았다는 점이다.

정말 신비로운 일이 아닌가?

내가 이곳에 와 있다니!

● 11

밝은 빛 속의 최꾸 곰빠

부처는 본래 나지 않아 오고 감이 없고 법法은 본래 없어지지 않아 온 누리에 가득합니다. 그 모습은 텅 비어 보이지 않지만 묘용妙用이 자재自在하여 찾고 부르는 곳에 현신顯身하지 않은 곳이 없습니다. (중략) 심외무법心外無法이요 만목청산滿目青山이니라 〔마음 밖에 따로 법이 없으니 눈앞에는 청산이 가득하구나〕.

—2007년 부처님 오신 날, 조계종 종정 법전法專스님 법문

교주가 다르다

● ● ●

강 린포체〔카일라스〕 꼬라 중에 제일 먼저 만나는 최꾸 곰빠는 대일여래 그리고 법신과 관련이 있는 사원이다. 쎌숑 평원에 들어서면 멀리 북서쪽 단애斷崖 중턱에 이제 절벽의 경사도가 한 풀 꺾이는 쯤에 새둥지처럼 바짝 붙어 있다. 뒤로 높이 솟은 절벽은 붉은 빛으로 하늘까지 솟아 단단한 인상을 준다. 비로봉이라고 부르고 싶지만 봉우리 이름은 녠리Nyenri.

최꾸는 우리 말로 법신이기에 최꾸 곰빠를 우리말로 풀자면 법신사法身寺가 된다. 최꾸 곰빠가 자리 잡은 해발 고도는 4천820미터, 제법 높은 위치다. 건물은 3층으로 아래쪽은 작은 창문들이 위로는 알맞게 큰 창문들이 적당한 간격으로 보기 좋게 배치되어 있다. 건물 외벽은 황토 빛이 섞인 붉은 색과 하얀색으로 칠해져 있어 어디에서나 만나는 전형적인 티베트 절 모습

그대로다. 룽따가 거미줄처럼 늘어진 절 뒤편으로는 산이 거의 절벽에 가까운 모습으로 일어나 사원을 보호하는 역할을 떠맡는다.

이곳으로 가자면 계곡을 따라 북쪽으로 걷다가 계곡 서쪽을 따라 바짝 흐르는 라추에 얹힌 다리를 넘어, 가파른 언덕을 올라야 한다. 보기와는 달리 경사도는 보통이 넘어 오르는 일이 만만치 않다. 덕분에 몇 번이고 쉬어 가면서 아래에 펼쳐진 황금접시 평원을 내려다보고, 점점 선명해지는 강 린포체〔카일라스〕 주봉을 자주 바라보게 된다.

강 린포체〔카일라스〕 바깥 꼬라 길에는 출발지 달첸을 포함해서 사원이 모두 넷이 있는데 그 중에서 13세기에 가장 먼저 문을 연 사원이다. 이 사원의 건립에 대해서는 다양한 이야기가 있으나 인도에서 경전을 가지고 와 까규바를 일으킨 마르빠의 법맥 흐름 중 괴창빠1189~1258 스님이 주인공이라는 것이다.

법신사를 알기 위해서는 최꾸〔法身〕을 알아야 하고, 그렇다면 이야기는 붓다까지 거슬러 올라가야 한다.

붓다가 라자가하 베르바나〔竹林精舍〕에 머물 때 병들어 죽어가는 밧가리 비구가 붓다를 뵙기를 청했다. 자신은 도저히 갈 수 없으므로 붓다께서 와

최꾸 곰빠는 급격한 경사를 가진 웅장한 산을 배후에 놓고 있다. 사원까지 오르는 길은 비교적 완만하지만 고도 때문에 절집까지 이르는 길이 쉽지 않고 힘겹다. 이 오름에는 중국인 손에 의해 파괴된 후 아래로 굴려진 옛 절의 벽돌들이 마구 굴려져 널려있다. 파괴하고 다시 일으키고, 다시 부서지는 성주괴공成住壞空. 그런 현상의 바탕에는 옳고 그름을 떠난 법신이 존재한다.

주셨으면 좋겠다면서 간호하던 비구를 보냈다.

붓다는 흔쾌히 찾아갔다. 붓다가 오는 모습을 보고 밧가리는 몸을 일으켰으나 붓다가 만류한다.

밧가리는 말한다.

"대덕이시여, 저는 이제 가망이 없습니다. 병은 점점 깊어가고 조금도 나아지지 않습니다. 그래서 마지막 소원으로 세존의 얼굴을 뵙고 발에 경배를 드리고 싶었는데, 이 몸으로 도저히 베르바나에 갈 수 없었습니다."

붓다는 답한다.

"밧가리야, 이 썩어갈 나의 몸을 보아서 어찌 하겠다는 것이냐. 밧가리야, 그대는 이것을 잘 알아야 한다. 다르마[法]를 보는 사람은 나를 보는 것이요, 나를 보는 사람은 다르마[法]를 보는 것이다."

이 이야기에 밧가리는 물론 주변에 있는 모든 사람들은 깨닫는 바가 있었다.

불교의 가르침이라는 것은 붓다 개인에게 쏠리는 것이 아니라 개인 안에 흐르는 다르마[法]며 붓다는 다르마[法]의 거울이다. 붓다 자신은 개인적인 숭앙을 원치 않았고 법을 따르라고 반복적으로 누누이 이야기를 했다.

이런 정신은 붓다의 열반 후, 아난다의 이야기에도 잘 나온다. 붓다 이후의 승단 운영에 대해 힌두교도와 왕궁의 대신들이 묻자 그는 '자신들은 다르마에 의지한다' 고 밝힌다.

그렇다면 이 다르마는 훗날 어떻게 나타날까.

붓다 반열반 후 인도 내에서 불교는 (정확한 표현은 아니지만 이해를 돕기 위해)

소승, 대승 그리고 금강승Vajra-yana으로 발전해 나간다. 금강승은 금강석金剛石과 같은 견고하고, 귀중한 가치를 가지고 있으며, 무기일 경우 그 무엇도 대적할 수 없는 최고의 승乘, yana이라는 이야기로 훗날 인도에서 히말라야를 넘어가 티베트불교의 기초가 된다.

7세기에 이르면 『대일경』, 그리고 시간 차이를 두고 『금강정경』이라는 경전이 등장하게 된다. 그런데 이 경전에서는 역사적으로 위와 같이 실존했던 '붓다'의 가르침이 아닌 '대일여래'라는 존재가 갑자기 등장하여 다르마〔法〕를 설하며, 장소 역시 기원정사, 죽림정사, 영취산 등, 이렇게 지도상에 점을 찍을 수 있는 실질적인 곳이 아니라 비실재적인 천궁天宮으로 바뀐다.

또한 '이와 같이 나는 들었다〔如是我聞〕'의 뒷말도 다르다.

"어느 때 나는 이와 같이 들었다. 한때 박가범〔世尊〕은 모든 여래의 몸과 말과 마음으로부터 생긴 초인적인 지혜의 본질 속에서 즐기고 계셨다."

이유는 무엇일까?

붓다는 위의 이야기처럼 역사적 인격을 가진 존재다. 사찰에 가면 많은 사람들이 찾아와 불상에 절하며 붓다에게 간절하게 자신의 소원을 빌고 되돌아간다. 입시, 취직, 건강, 승진, 이루 나열하기 어려울 정도로 다양한 종류의 기원이 있다. 이것은 기독교에서 예수님에게 원하는 바를 부탁드리고 은택 기도하는 일과 크게 다르지 않으니 역사적으로 존재했던 한 인물에게 간절히 도움을 청하는 것이다.

그렇다면 만일 기원전 6세기 고타마 싯달다가 깨달음을 얻어 붓다의 자리에 오르지 않았다면 불교가 없었겠는가?

이런 질문에서부터 모든 답이 나온다.

그렇지 않다는 것. 고타마 싯달다가 붓다가 되기 전에도 이미 7명의 붓다[깨달은 존재]가 있어 과거칠불過去七佛이라 불렀으며, 붓다 이후에도 계속 나올 수 있다는 이야기다.

경전은 말한다.

"역사상으로 석존이 출현하지 않았더라도 세상 최고의 진리 자체는 변함이 없고, 언제 어디에서도 그것은 존재한다. 불교에서는 그 당초부터 '불타佛陀가 세상에 나오든 안 나오든 진리[다르마 法] 자체는 항상 있다[常住]' 고 누누하게 이야기했다."

> 대일여래는 역사적인 존재가 아니고 진리 그 자체를 구체화한 부처다. 바꾸어 말하자면 법[Dharma]의 人格化다. 그것을 法身Dharma-kaya이라고 말한다.
>
> —권영택의 『인도밀교의 성립에 관한 연구』 중에서

이에 '역사적인 인격을 가지지 않은 붓다의 가르침' 의 모습, 즉 실존 인물이 얻어낸 현실을 뛰어넘은 영원한 진리를 표현한 모습을 의인화하여 법신 대일여래大日如來로 나타내기에 이르렀다. 다르마[法]는 석존의 모습을 숨기고 경전을 통해 대일여래를 대신 내보낸 셈이다.

교주 개념으로 설명하면 소승과 대승의 교주는 역사적 인물 붓다이지만, 금강승의 경우 교주는 이렇게 대일여래가 되니, 대승이 금강승으로 진행되면서 불교를 일으킨 역사적인 인물, 교주 붓다를 뒤로 밀어놓는 종교적인 여유로움이 눈에 들어온다.

『대일경』, 『금강정경』을 중시하는 밀교에서는 붓다보다는 대일여래가 위중한 주체가 되기에 티베트불교 만다라를 살펴보자면 대일여래는 흔하게 등장하지만 역사적 인물 붓다는 찾기 어려운 이유가 바로 이것이다. 금강승, 티베트불교 사원에서는 본존불이 붓다가 아닌 경우가 더 많아 한국 사찰의 이런저런 모습에 익숙했던 사람으로는 '부처님이 어디 계시지?' 불교의 최고정점, 제일 좋은 자리, 높은 자리에 붓다를 모시지 않아 생경한 느낌을 받을 수 있다. 티베트불교는 독특한 매력을 풍겨내면서도 접근하면서 만나는 난감함의 바탕에는 이런 이유가 있다.

대일여래는 산스크리트어로 표기하면 마하바이로차나Mahavairocana로, 크다는 의미의 대大-마하maha, 빛의 찬란함, 빛의 힘, 널리 비추는 것을 태양에 비유하여 일여래日如來-바이로차나vairocana가 합쳐진 단어다. 아시아권에서는 음역되어 흔히 비로자나불毘盧遮那佛 혹은 노자나불盧遮那佛이라고 부르며 티베트에서는 같은 의미, 즉 광명자光明者, 맘낭Mannang 혹은 남빠낭제rNam-par-snang mdzad라고 칭한다. 큰 산들의 이름 비로봉 역시 같은 어원이다.

대일大日은 일은 일인데 큰 해〔日〕로 모든 어둠을 두루 밝힌다는 의미로 깊은 명상에서 만나는 무지를 파괴하는 그 빛을 말한다. 우리가 매일 만나는 태양〔日〕은 한편은 어둠이 있고 그림자가 있으며 밤이 있지만 큰 대大자를 하나 더해, 대일大日은 그 모든 것, 그림자까지 두루두루 비추고, 빛으로 동식물을 성장시키듯이 모든 생명을 성장시키고 완성시키며, 태양빛처럼 나고 멸함이 없이 늘 변함없이 중생을 위해 빛[法]을 설한다는 의미를 가지기에, 이것을 조금 어렵게 이야기하자면 각각 제암편명除暗遍明, 능성중무能成衆務, 광무생멸光無生滅이라 한다.

대일여래, 그림자가 없는 빛이다

이런 대일여래의 기본적인 에너지를 법신이라 부르고, 법신은 티베트어로 최꾸choku, 산스크리트어로는 다르마까야Dharmakaya라 한다.

대승불교에서는 세 가지 불신佛身이 있어 법신法身, 보신報身 그리고 응신應身이며 이것은 절대의 세상에 속한다.

티베트불교에서는 조금 복잡해져 이 최꾸[法身]를 다시 자성신自性身, 수용신受用身, 변화신變化身 그리고 등류신等流身으로 하나를 여럿으로 나눈다.

이런 글을 접하면, 이렇게까지 쪼개고 분류할 필요가 있을까, 이것이 각각 도대체 무엇인가, 반드시 알아야 하나 골치가 아파온다. 전문가가 아니고 티베트불교와 전생 인연이 없는 사람이라면 가볍게 넘어가도 강 린포체[카일라스]를 이해하는 데 큰 문제가 없다. 그러나 이것 하나는 알고 가야 한다. 이렇게 줄줄이 법신이 다양하게 나눠지는 이유는 많이 포함시키기 위해서다.

즉 대승불교의 법신은 절대세계의 붓다의 형태인 반면, 티베트불교에서는 절대세계는 물론 현실세계까지 확장하고 더아가, 인간을 위협하는 악마적인 존재까지 모두 붓다로 본다는 점이며, 더불어 이 모두가 대일여래와 별개가 아니라는 것이다. 눈에 보이는 달부터 달을 비추는 물에 이르기까지, 아름다운 꽃은 물론 그 위를 날아다니는 나비에 이르기까지, 최꾸[法身]가 머무는 곳이며 그 외 세상 모든 것이라고 다를까, 모조리 여래의 장엄이며, 설법이라는 이야기다.

'산천초목이 다 본질적으로 진리며, 그것이 대일여래라고 하는 인격을 가지고 있는 모든 곳에서, 모든 때에, 우리들에게 말하고 있다고 생각' 하며. '진리라 해도 추상이 아니라 현실세계 그 자체' 로 본다.

넓은 만다라 안에 삼라만상森羅萬象 모두 함께 있기에, 멋지게 이야기하자면 최꾸[法身] 안에서 와도 오는 것이 아니고 가도 가는 곳이 없다. 따라서 꽃이 피어나는 일도 진실이며 지는 일도 슬픔이 아니라 진실로 보아야 하니, 모든 변화를 긍정하면 아름다운 탄생만큼 죽음도 장엄하게 볼 수 있기에 사망의 음침한 골짜기란 말은 이원론적 편견임을 알 수 있다.

이 정도 알고 나면 쌍계사 영모전 주련 앞에서 쉬이 고개를 끄덕인다.

碧眼老胡默少林 눈푸른 늙은 달마대사가 소림에서 묵언을 하고

神光入雪更何尋 신광이 눈 속에 서서 도를 구한 것은 다시 무엇을 찾는 것인가.

山光水色非他物 산 빛, 물빛이 다른 물건이 아니고

月色風淸是佛心 달 빛 맑은 바람 그대로가 부처님의 가르침이다.

오전이면 동쪽으로부터 찬연한 햇살이 넘어와 사원 일대를 어루만진다. 빛 아래에서는 은둔이란 없다는 듯이, 스산함이란 다만 착각에 불과하다는 듯이, 색은 색이 더욱 또렷해지고 형상은 형상대로 제 모습을 유감없이 발휘한다. 죽음 이후 바르도의 밝은 빛 아래 들어가면 지난 삶 내가 만든 모든 것들이 이리도 또렷할까. 법신의 밝음 하에 빈틈없이 드러날 선업과 악업.

사실 천주교를 떠나와서 마음이 편해진 것은 이런 생각이다. 힌두교에서는 이런 것을 브라흐만〔梵〕으로 표현했으니 범신론Pantheism이며, 불교에서는 최꾸〔법신〕를 바탕으로 펼쳐진 것은 범불론Panbuddhism이다. 어디에나 퍼져 있고 스며있는 신성, 불성. 그런 범梵 에너지가 천국에만 있고 지옥에는 없으리란 법이 있는가. 산천초목은 모두가 진리이며 지옥이 있다면 그것 역시 진리가 된다.

과거칠불의 마지막 붓다는 아직 세상에 오지 않았다. 때가 되어 온다는 마지막 붓다의 이름은 티베트 말로는 참빠Champa, 혹은 창바Chang chub sem pa, 즉 마이뜨리아, 미륵, 메시아로, 마지막 붓다는 자비의 화신으로 중생을 구원하고 보살피며, 고통 받는 이들을 해방시키고, 수행자들을 속히 깨달음으로 인도한다. 그런데 여기서 과거칠불과 불성〔에너지〕의 형태를 보고 맘낭〔바이로차나〕을 이해한다면 다음에 찾아오는 참빠〔미륵, 메시아〕는 반드시 사람일 필요가 없다는 점. 구원하고, 보살피고, 피안으로 보내는 일이 '사람의 일' 이 되기보다는 어떤 단체라는 에너지 형태로도 나타날 수 있다는 점이다.

틱낫한스님 역시 말씀하신다.

"다음의 붓다는 영적 공동체 그 자체가 될 수 있다."

미래 붓다가 해야 하는 일이 무엇인가 살펴보면, 메시아라 불리는 스승 한 사람 나타나기를 간구하며 기다리는 일은 현대와 미래사회에서 도리어 엉뚱할 수 있다. 미래붓다-참빠-마이뜨리아-미륵불-메시아라는 존재는 사람으로 오지 않을 가능성도 염두에 놓고 스스로 자비를 베풀고, 은근히 남을 돕고, 열심히 수행하는 일이 도리어 신속한 발현의 요소가 될 수 있겠다. 그런 사람들의 에너지가 모여 훗날 청정한 수행단체가 생겨 상구보리 하화중생 한다면 그것이 바로 미륵의 출현이 아닐까. 그리하여 스스로 자비와 지혜를 닦는 일만이 말법시대에 미래붓다 혹은 베시아를 세상으로 신속하게 발현시키는 필요충분조건이다. 최꾸[法身]를 이해한다면 가능한 이야기다.

최꾸 곰빠는 법신사는 법신사이되, 일반적으로 생각하는 법신이 아니라 의식의 지평을 마구 확장해서 모든 것이 하나가 되는 경계 없이 넓은 티베트형 법신사. 더불어 붓다란 신앙의 대상으로 믿고 따르는 대상이라는 지점에서 벗어나, 기어이 도착해서 하나가 되어야 하는 구현의 목표이기도 하다는 이야기를 전하는 절집이다. 강 린포체[카일라스] 꼬라 길에 제일 먼저 만나는 사원이 바로 최꾸 곰빠, 즉 법신사라는 것은 의미 있지 않은가.

강 린포체[카일라스]를 넘어온 오전의 태양이 사원을 명명백백하게 어루만지는 모습을 본다면 최꾸라는 이름이 얼마나 좋은 이름인지 단박에 알 수 있다.

문화혁명이라는 광기

최꾸 곰빠는 제일 먼저 지어졌으나 외풍 역시 제일 먼저 불어왔다. 중국을 휩쓴 광풍이 창탕고원으로 넘어와 강 린포체[카일라스]까지 몰려오더니 기어이 이 사원을 풍비박산, 파괴시킨 것이다. 문화혁명이라는 그럴 듯한 이름이었지만 내부 사정을 보면 반反문화였다.

문화혁명은 1966년 5월에서 1976년 10월까지 모택동에 의해서 이루어진 정치혁명으로 당시 운동 참여자들은 교육, 과학, 기술 등등, 각 분야에서 전문가들을 제외시키고 당성이 강한 비전문가들로 구성되었다. 이 시기에는 구호가 쏟아져 나왔으며 그 중 하나가 듣기에도 가슴 철렁한 선파후립先破後立, 즉 '먼저 파괴하고 새롭게 건설하자' 였으며 이런 구호 아래 가장 피해를 많이 본 것이 전통, 그 중에서도 특히 종교문화였다. 오래된 불상, 아름다운 보디삿뜨바와 구루지들이 그려진 프레스코 벽화, 붓다와 스승의 이름을 부르며 사용했던 성물들, 수많은 수호신들이 그려진 유서 깊은 탕카 등등은 모두 역사 저편으로 완전히 사라졌다. 당시 문화재들을 때려 부수고 불을 지른 후 환호하는 홍위병 사진은 지금도 어렵지 않게 볼 수 있다. 만행광기가 아닐 수 없다.

사실 티베트 파괴는 문화혁명 훨씬 전으로 거슬러 올라가 중국이 티베트를 침략한 초기부터 시작되었고 특히 중국과 가까운 캄과 암도 지방은 그 정도가 극심하기 이를 데 없었다. 인면수심人面獸心이라던가, 곰빠에 있던 개들을 모두 잡아먹고 고양이는 산 채로 껍질을 벗겨 벽화와 불상에 피를 칠하고 껍질들은 사원 안에 던져 넣으며, 반항하는 스님들의 목을 쳐서 말뚝에 꽂는 일까지 저지른 것은 이제 비밀도 아니다. 문화혁명을 치르면서 이 광기는 되살아났으니 현재 티베트에 남아 있는 티베트인들의 어두운 얼굴 뒤에는 반세기 넘도록 이루어지는 상상 이상의 폭력 그림자가 드리워져 있는 셈이다.

문화혁명은 1981년 6월 중국공산당 중앙위원회 전원회의에서, 문화혁명이 '당, 국가, 그리고 인민에게 건국 이래 가장 심한 좌절과 손실을 가져다 준 모택동의 극좌적 오류이며 그의 책임'이라 재평가되었으나 이미 엎질러진 물.

사원으로 올라가는 길에는 과거 파괴의 흔적들이 곳곳에서 보였다. 그때 부서진 벽돌들을 절벽 아래쪽으로 마구 굴리고 내버려 이제 도리어 옛 이야기를 그대로 전해주는 증인이 되어 있었다.

최꾸 사원에 초初라는 수식어가 붙는 이유는 가장 먼저 세워졌고, 가장 먼저 파괴되었으나 이렇게 파괴된 강 린포체〔카일라스〕 사원 중에서 제일 먼저 1985년에 다시 세워졌기 때문이다. 티베트에서 파괴되었던 사원은 대부분 티베트 사람들이 기부금을 내고 자발적으로 노동력을 제공하면서 재건축되었다. 거의 완공이 될 무렵 정부는 약간의 기부금을 내고 언론매체에 대대적으로 자신들의 업적을 발표하면서 공을 독차지하는 방법을 썼으니 스스로 대국이라고 주장하는 나라의 면모가 그렇고 그러며, 그들이 바로 우리의 이웃집에 산다.

일전에 우리나라 정치관료 한 사람이 '지구상에서 전쟁을 제일 많이 치러낸 나라가 미국'이라 이야기해서 파문을 일으켰지만 엄밀히 살펴보면 중국보다 내란을 포함한 전쟁을 많이 일으킨 나라와 땅은 세상에서 단연코 없다. 우리나라는 부끄러운 줄 모르는 나라 '중국', 반성하는 것에 인색한 나라 '일본' 사이에 끼어 오랜 시절 세상을 함께 살아가고 있다.

중국과 일본의 지도자들 중에 '이 세상의 고통을 위해 울어본 사람' 이 있었을까. 보다 많은 것을 가지려는 소유욕과 탐욕으로 밤을 새웠고 군사들에게 폭력과 증오를 가르쳐 평화로운 이웃을 무력으로 정복했으니 그런 그릇된 욕심이 바로 행복으로 향하는 길로 여겼던 이웃 지도자들이다.

중요한 것은 탐욕貪慾의 반대말이 무욕無慾이 아니라는 점.

탐욕의 반대말은 만족滿足이고 만족할 줄 모른다면 괴물일 따름이다.

그릇된 목표를 가지고

남에게 해를 끼칠 생각만 하는

나쁜 윤회의 길에 선 가엾은 이들.

잘못된 이해심을 지닌 존재들.

어떻게 그들이 의미 있는 뭔가를 이해한단 말인가?

— 나가르주나〔龍樹〕

최꾸〔법신〕를 생각한다면 사실 그런 탐욕스럽고 지독히 폭력적인 행동 역시 법신이라는 하나의 태胎에서 나온 것이다.

그 메커니즘을 얼마나 잘 이해할 수 있는가 하는 점이 최꾸 곰빠가 오늘 이후 내게 주는 숙제가 된다.

부정적이라고 생각하는 힘〔力〕들까지 어떻게 껴안으며 살아갈 것인가?

동굴의 의미는 버리는 것

사원으로 오르는 길에는 깨지고 버려진 벽돌들이 이제는 곳곳에서 돌탑으로 쌓여 이정표가 되었고 그 외 수백 개의 마니석이 도열해 있다. 빼마푹pema puk, 일명 연꽃동굴이 근처에 있다. 불교에서 연꽃은 붓다를 의미한다. 한편 파드마쌈바바 역시 연화생蓮花生이라는 의미로 이 동굴은 파드마쌈바바 명상처였다. 남쪽으로 랑첸베푹Langchen Bephuk, 즉 숨겨진 혹은 비밀스러운 코끼리 동굴〔隱秘象洞〕이 하나 더 있고 역시 파드마쌈바바의 명상처였다 한다.

동굴의 의미는 한 마디로 고립으로 외부와의 단절이 된 어두운 장소다. 한쪽은 아주 막혀버려 바위 이외 아무것도 없고 뒤로는 자신이 오랫동안 살아왔던 바깥세상으로, 스승들은 이 자리에서 결가부좌로 앉아 면벽했으니 이렇게 세상을 등지는 일은 구救함이 없음이거나 혹은 더 이상 구하지 않음이다.

구救함으로 일어나는 모든 일을 살펴보면, 구함은 번뇌의 원동력. 바깥세상은 끊임없이 구하기에, 돈을 구하고, 명예를 구하고, 건강을 구하고, 자식들이 잘되기를 구하는 곳이다. 범부는 이것이 바로 삶의 목표이며 목적이라 생각하지만 스승들은 구함을 내려놓으려, 구救를 외면하기 위해 동굴로 왔으니 그들이 구하는 것이란 세속의 구를 버리는 일로 초탈이다.

나는 어느 파냐?

언제까지 동굴 입구에서 서성이고 있는가.

동굴 깊은 어둠 속에서 언제나 온 누리 비추는 밝은 빛, 아뇩다라삼먁삼보리. 많은 구루지들이 이 안에서 정진을 했을 터, 먼발치에서도 아뇩다라삼먁삼보리 에너지 흐름을 느끼게 된다.

사원 옆에는 소라껍질 모양을 한 바위가 있다. 하늘에서 이곳으로 떨어져 바위에 박혔다고 한다. 우박이 잦은 티베트 지역에서 흔하게 만나는 이야기로 때로는 인도의 붓다 성지에서 하늘로 날린 어떤 성물이 히말라야를 넘어 떨어지며 축복의 성소가 되었다는 이야기를 창탕고원에서 왕왕 만난다. 티베트 원년은 기원후 154년으로 두 가지 설이 있다. 하나는 티베트의 얄룽 왕조가 시작된 해라는 이야기와, 다른 것은 티베트 국왕을 위한 최초의 건물인 얌불 라캉(윰부라캉)에 최초의 불교경전이 하늘에서 날아와 지붕에 떨어진 날이란다. 국가 원년을 설정하는데 이런 설이 큰 비중을 가질 정도로 티베트 사람들은 '날아온 것' 에 대한 전설에 큰 가치를 둔다.

사원의 신기한 보물들

현판이 걸려야 할 입구에는 중국인들이 만들어 붙인 '종교활동장소등기증宗教活動場所登記證' 이라는 제목에 붉은 도장까지 찍힌 액자가 걸려 있다. 액자 밑으로 본당 들어가는 문 크기는 어른 한 사람이 들어가기에도 빠듯해 보일 정도로 작고 문설주 채색은 오래 되지 않아 아직 반짝인다. 입구에는 티베트 어디서나 볼 수 있는 노르부〔寶物〕를 등에 잔뜩 짊어지고 돌아오는 코끼리 그림과 거친 호랑이를 밧줄로 조련하는 한 사내의 그림이 양편에 각각 그려져 있다.

이 라캉 안에는 세 가지 보물이 있다 한다. 인도 보드가야에서 히말라야 넘어 스스로 날아 떨어졌다는 은으로 장식한 둥깔[法螺貝] 즉 소라 고동이 있다. 소라 고동은 본래 전쟁 중에 돌격을 명령할 때 불었던 것이 종교 안으로 들어왔고, 이것은 자신의 죄를 참회하는 순례자들의 나쁜 까르마를 지워주는 역할을 맡는다. 티베트 고원에서는 날씨가 궂을 때 이것을 불면 우박을 막아준다고 믿는다. 일부에서는 이것이 미라래빠의 것이라 하는데 과연 일의일발一衣一鉢 무소유의 미라래빠가 이것을 소유했었는지 궁금증이 일어난다. 마르빠가 인도에서 가지고 온 것이 이곳으로 흘러왔다는 설이 더 근거가 있다. 또한 커다란 구리주전자가 있는데 인도 스승 띨로빠의 것을 티베트인 제자 마르빠가 인도에서 가지고 왔다고 한다.

곰빠 안에는 사원 이름과 같은 초크 불상[法身佛]이 있다. 이것이 어디서 만들어져 이곳까지 왔는지 의견이 분분하여, 성스러운 쩨탕Tsethang 호수 주변에서 혹은 인도에서 만들어져 히말라야를 넘어 왔다는 의견까지 다양하다. 그러나 사람들 입에 많이 회자되는 사연은 구게Guge 왕국 출신이라는 것이다.

이 이야기에 따르면 이 불상은 강 린포체[카일라스] 서쪽 구게 왕국의 한 사원에 있었다 한다. 강 린포체[카일라스]에서 수행하던 일곱 선인들이 어느 날 구게 왕국으로 탁발을 나섰다가 사원을 찾았으나 아무런 공양을 받지 못하고 심지어 푸대접까지 받았단다. 그리고 일곱 날이 지난 날, 사원의 법신

사원 입구에는 음식점 영업허가증과 같은 종교활동 인증서가 붙어 있다. 종교에 안주하고 종교가 생활인 사람들에게는 생활을 인증한다는 의미와 같다. 공산주의의 부질없는 시스템.

불이 감쪽같이 사라졌으니 신통력을 가진 일곱 선인들이 벌인 일이었다. 몇 년이 지난 후 강 린포체〔카일라스〕를 순례한 사람의 입에서 강 린포체〔카일라스〕 서쪽 사원 안에 우리가 잃어버렸던 불상이 있었다는 이야기가 흘러나오자 구게 왕은 즉시 군대를 파견해서 불상을 회수하도록 한다.

구게 병사들이 이곳까지 찾아와 본래 자신들의 것이었던 불상을 끌어냈으나, 길을 내려가면서 웬걸, 점점 더 무거워진다! 모두 힘을 합쳐 보았으나 아예 들리지 않으니 언덕 중턱에서 더 이상 옮길 수 없었겠다. 더구나 함께 빼앗아 나온 법라는 하늘을 향해 붕 뜨더니 사원 안으로 쑥 들어가버리는 일까지 생겼고, 쉬면서 무쇠주전자로 차를 끓였는데 안에서 핏물이 쏟아져 나왔다. 병사들은 아무것도 갖지 못하고 빈손으로 돌아가야만 했단다.

얼마 후 노파가 이곳에 순례를 왔다가 아래 동굴 근처에서 그동안 아무도 옮기지 못한 이 불상을 보았다. 그런데 불상이 입을 열어 내가 너의 등짐 안에 들어가겠다, 하는 것이 아닌가. 이 노파가 무거운 불상을 제가 어찌 옮길 수 있겠습니까, 반문했으나, 작아지고 가벼워진 덕분에 사원 안으로 쉬이 옮길 수 있었다 한다.

그러나 시크교도들은 이 불상이 사실은 자신들의 구루 나낙Guru Nanak 모습과 흡사하다며 연고권을 주장한다. 구루 나낙 역시 가르왈 히말라야의 바드리나트를 지나 힌두교 순례자들의 고개 마나빠스를 넘어 강 린포체[카일라스] 순례를 했던 것으로 알려져 있어 과거 언젠가 자신들의 신도들이 구루 형상을 만들어 모신 것이라는 주장.

이 모든 것을 물어보기 위해 스님을 기다렸으나 근처 마을에서 심한 질병으로 찾아온 고통 받는 사람을 위한 호마의식이 끝없이 진행되어 훗날로 미루기로 했다.

소라 고동은 붓다의 말씀[파괴할 수 없는 신성한 말], 구리주전자는 붓다의 몸[투명하고 신성한 빛], 그리고 최꾸 린포체 상은 붓다의 마음[신성한 지혜]을 의미한다고 하니 모두 붓다의 고향인 인도와 연관을 가진다.

최꾸 곰빠는 나누어지고 다시 돌아보면 하나인 이 우주의 성질을 살펴볼 수 있는 성지다. 사원 하나로 치면 법신사이지만 내부의 의미를 생각하고 강 린포체[카일라스] 전체를 하나의 사원으로 본다면 이곳은 대적광전大寂光殿, 대광명전大光明殿, 비로전毘盧殿 혹은 화엄전華嚴殿이라고 부를 수 있는 자리.

평지보다 높이가 꽤나 높아 불두화佛頭花처럼 피어난 강 린포체〔카일라스〕 정상이 가깝고 선연하다. 산을 향해 많은 돌탑, 룽따, 마니석이 사람들의 정성을 반영하며 사원 주변을 화려하게 장식하고 있다. 산을 넘어선 황금빛 햇살이 사원을 환하게 그리고 빈틈없이 밝혀 그림자가 드리워진 사원 뒷길도 빛으로 이루어진 듯 눈부시다. 사원을 중심으로 여러 바퀴 꼬라를 하는 일은 몸과 마음에 빛을 머금는 행위다.

아래로는 라율을 따라 라추가 흘러내려오며 나뉘어졌다가 다시 하나가 되고 다시 몇 줄기로 갈라졌다가 하나의 흐름을 되찾는 모습이 보인다. 흐르는 물들이 햇볕에 은비늘처럼 반짝거리며 은빛을 이곳까지 올려보내니 산광수색山光水色 모두 빼어난 자리다.

이백李白의 시 중에 독좌경정산獨坐敬亭山이 있다. 경전산敬亭山을 수미산須彌山으로 바꾸면 지금 이 자리에서 그야말로 딱 그만이다.

衆鳥高飛盡 새들은 높이 날아 사라져가고

孤雲獨去閑 외로운 구름 홀로 한가로이 떠간다.

相看兩不厭 서로 바라봐 싫증나지 않음은

只有須彌山〔敬亭山〕 오직 수미산〔경정산〕이 있기 때문이네.

호방한 봉우리가 지척이다. 저 봉우리 아래 어딘가 붓다의 의발이 숨겨져 있다는 생각이 드는 이유는 무엇일까. 높되 높아 보이지 않고, 멀되 멀지 않으며, 날카롭되 도리어 부드러워 보이며 만세를 누리는 강 린포체〔카일라스〕. 봉우리를 예우하려는 사람들이 장식한 깃발 위로 천연의 자태가 순례자의 수희 찬탄을 불러일으킨다.

산정으로는 구름 몇 점이 여유롭다. 자리 한 번 온전히 잘 잡은 사원이다. 올라오지 않았으면 몰랐을 터, 이렇게 오르니 모든 것이 느껴지며 보인다.

◉ 12
세 봉우리는 삼존불이다

타라는 신적인 구세주이며, 사람들이 일상에서 부딪히는 위험으로부터 벗어나도록 도와준다. 예컨대 『사다나 말라』(명상기법 선집)에 따르면 녹색의 타라를 숭배함으로써 '8가지 커다란 위험'에서 벗어날 수 있다. 그 위험이란 불, 물, 사자, 코끼리, 옥살이, 뱀, 도둑, 악령에 의한 질병이다. 반면에 흰색 타라는 안정, 번영, 건강, 행운을 가져다준다고 한다. 불교가 처음으로 티베트에 들어왔을 때 녹색, 흰색 타라는 송첸 캄포 왕의 부인들로 변신해서 나타났다고 전해진다. 녹색 타라는 네팔 출신 부인으로, 흰색 타라는 1042년 중국 출신 부인으로 모습을 바꿨다는 것이다. 또한 타라는 1042년 인도에서 티베트로 온 승려 아티샤의 수호신이기도 했다. 그 후 티베트인들은 타라를 따르고 사랑하게 됐다. 초대 달라이 라마1391~1474가 타라를 헌신적으로 숭배하고 그녀에 대한 찬가를 만들었다는 것은 특히 유명하다. 티베트인은 타라를 따르는 자는 승려나 라마를 거치지 않고도 직접 타라에게 호소할 수 있다고 믿는다. 그래서 타라 상은 어느 티베트 집안 제단에서도 볼 수 있다.

— 마이클 윌리스의 『티베트 삶 신화 그리고 예술』 중에서

될마는 어디서 왔을까

최꾸 곰빠에서 내려서 라추 계곡을 따라 북쪽으로 오르면 좌측 계곡에 비슷비슷한 높이와 모습의 봉우리들이 연이어진다. 순서대로 티베트 현지 이름을 불러보자면 될마 포당, 째빡메 포당, 쭉또르 남바갤왜 포당이다. 신기한 것은 이 세 봉우리가 하나의 연화대 위에 앉아 있는 삼불三佛의 모습이라는 것. 거대한 받침대〔臺〕에 그렇게 큼직한 산이 세 개나 올라앉은 모습이

세 개의 완강한 봉우리가 하나의 거대한 반석위에 올려져 있는 형상으로 앵글 안에 한 번에 모두 담기 어렵다. 좌측으로부터 차례로 될마, 쩨빡메, 쭉도르 남바갤왜 봉우리로 삼존불에 해당한다. 독보, 독존도 의미 있으나 더불어 자리잡은 삼존 모습은 다양한 묘리를 통해 바라보는 마음 넉넉하게 만든다. 어느 보디삿뜨바를 따르겠는가. 귀를 모두 열어라, 하나 보다 셋이 여유롭다. 한곳에 절을 올릴 몸과 마음, 세 자리에 공들여 오체투지한다.

신기할 지경이다.

높이는 각각 5천936미터, 6천10미터 그리고 5천938미터로 라추 계곡 바닥을 해발 4천800미터 정도로 보자면 모두들 1천 미터 이상 우뚝 솟아있는 셈이다. 1천 미터라면 우리나라 웬만한 산 높이지만 높아보이지 않는 것은 세 봉우리가 비슷한 높이로 동시에 일어나 있는 탓이리라.

가장 좌측에 있는 봉우리는 될마 포당이다.

우리에게는 다라多羅 보살로 불리는 존재는 티베트어로 말하자면 될마Drolma, 산스크리트어로는 따라Tara이다. 포당phodang은 티베트어로 궁전宮殿으로, 될마 포당은 결국 될마[多羅보살]가 사는 궁전이라는 의미다.

따라의 혈통을 찾아 거슬러 올라가다보면 따리니Tarini를 만난다. 따라니는 산스크리트 tara가 어원으로, 건넌다, 지나간다, 구호한다는 의미를 가지며, 따라니는 본래 힌두교에서 드루가Druga 여신을 부르는 이름이었다.

그럼 드루가를 먼저 살피는 일이 순서겠다. 결론적으로 이야기하자면 드루가는 쉬바신의 배우자로 사악한 악마 무리 입장에서는 발견되는 즉시 족족 자신들을 잡아 죽이는 무시무시한 존재이지만, 반면에 인간들에게는 어머니처럼 자애로운 모습으로 나타난다.

드루가는 분노로 만들어졌다

쉬바신의 첫 번째 아내는 사티로 태양총에 불을 질러 스스로 세상을 떠난다. 두 번째 아내는 사티가 환생한 파르바티로 다양한 성격과 기능을 가지고 있기에 보통 7~8개나 되는 이름이 흔하게 사용된다.

아수라들의 왕 마히사Mahisa는 엄청나게 크고 험악한 수컷 물소의 모습을 가진 악마였다. 그는 이미 고행을 통해서 어떤 모습을 가지고 있든 죽음을 당하지 않는 힘을 획득했다. 즉 사람의 모습을 하고 있을 때 아무리 찔러도 죽지 않으며, 변신하여 호랑이로 바뀌었을 때도 죽일 수 있는 방법이 없었다.

그는 다른 악마들을 모아 광폭한 힘으로 천상의 신들 세상까지 점령하고 만다. 이렇게 되자 신들은 모여 힘을 합쳐야 했으니 브라흐마는 일단 쉬바와 비슈누가 있는 곳으로 피신하여 그동안 전황을 보고하며 협조를 구했다. 이들은 한 자리에 모여 마히사의 악행에 대해 이야기를 나누는 동안 자신들에게서 솟구쳐 오르는 어마어마한 분노의 힘을 느꼈다. 이들은 격렬한 분노를 참지 않고 화염으로 내뿜었으니 불꽃은 마치 공상과학 영화처럼 한 곳에 모여 응축되더니 그 중심에서 무시무시한 형상의 여신이 태어난다. 여신은 곧장 신들에게로 다가오자 쉬바신은 자신의 최고무기인 삼지창, 비슈누는 차크라, 아그니는 투창, 바이유는 활, 바루나는 포승 그리고 인드라는 번개를 건네주었고, 히마바트, 즉 히말라야 산신은 그녀에게 탈것으로 사자를 제공했다. 최고의 무기와 탈것을 갖추었으니 무서울 것이 어디 있겠는가.

그녀는 아수라들이 포진하고 있는 적진을 향해 일직선으로 달려나갔다. 악마들은 비명과 함께 추풍낙엽처럼 떨어져나가고 피가 강을 이루며 흘러가는 한 가운데에서 기어이 마히사와 단 둘이 대면하게 되었다. 무시무시한 그녀의 공격에 마히사는 그만 올가미에 걸리고 만다. 그러자 커다란 물소에서 사자로 바꾸어 그물망을 빠져나가 도망간다. 사자를 베어버리자 이번에는 영웅스러운 인간의 모습으로 탈바꿈하고, 여신이 화살을 날려 벌집으로 만들자 코끼리가 되어 화살을 우수수 털어낸다. 그리고는 코를 내밀어 여신을 위협하기 시작했다. 여신은 칼로 코끼리 코를 날려버린다. 이제는 다시 본래의 모습인 무시무시한 물소로 되돌아와서는 우주가 흔들릴 정도로 땅을 쿵쿵 짓밟았다. 마히사는 어떤 형태를 취해도 완벽한 모습일 경우에는 불사不死였기에 여신의 여러 공격에도 별다른 충격이 없었다.

이제 다시 원점으로 돌아와 둘이 마주섰다. 둘은 피하지 않고 서로를 향해 뛰어들었다. 그러나 결과는 예견된 것. 수소를 땅에 패대기치면 쉬바의 삼지창으로 목을 꿰뚫어버린다. 악마는 다시 인간영웅의 모습으로 바꾸면서 수소 바깥으로 탈출하려는데, 아뿔싸, 몸이 수소에서 반도 빠져나오지 못했을 무렵, 상체는 인간 영웅이었으나 하체는 미처 모습을 바꾸지 못한 수소였던 순간, 섬광 같은 일격에 목이 떨어져 나간다. 즉 완벽한 형상을 갖추기 전에 이 순간을 놓치지 않은 여신의 공격이 성공했다.

영리하게 변신하는 현대의 여러 군상들. 즉 이리저리 변신하는 정치인들, 기회주의자와 폭군들의 모습이 신화에서 그려진다. 그러나 그들도 취약점이 있으니 바로 변신하려는 순간이라는 이야기까지 신화는 포함하고 있으며 더불어 그 어떤 단체나 나라도 변혁기는 외부로부터 취약하다는 이야기도 전하는 셈.

이것이 첫 전투였으며 대승을 거두는 전과를 얻었다.

그 후 화염에서 태어난 여신은 이런저런 전투에서 신들의 대리인으로 출전하여 승승장구했다. 그러나 이때까지 그녀의 이름은 마히사의 목을 잘랐다는 의미에서 마히사마르디니Mahisa-mardini 혹은 마히사수라마르디니Mahisasura-mardini였다.

사실 이 당시 드루가라는 이름은 다른 악마가 가지고 있었다. 이야기가 되려고 그랬는지 이 악마 드루가가 신들의 세상으로 쳐들어와 신들을 모조리 험한 숲으로 쫓아버렸다. 드루가는 지상에서 강의 흐름을 바꿔버리고 불을 꺼뜨려버렸으며, 하늘에서는 달과 별들을 모조리 사라지게 만들었다. 갑자기 비가 내리도록 장난질 치는가 하면 흉년이나 풍년을 마음대로 조정하자 지상에는 큰 혼란이 왔다. 도탄에 빠진 신들과 사람들 사이에서 한숨이 터져 나왔다.

신들은 쉬바신에게 도움을 청했고, 쉬바신은 다시 불꽃 형상의 따리니 여신에게 이 일의 해결을 부탁한다. 여신은 일단 카라라트라, 즉 깜깜한 밤을 만들어 혼란을 만들어 적을 없애려 했으나 성과를 보지 못해, 직접 드루가가 점령한 강 린포체[카일라스]로 찾아간다.

힌두 신화에 의하면 이 일대는 한동안 악마 드루가 수중에 떨어져 있었다. 그리하여 최대의 전투가 벌어진다. 현재 지명으로 이야기하자면 여기서 멀지 않은 바로 마빰 윰쵸[마나사로바]와 강 린포체[카일라스] 사이에 놓인 발카탕카Barkha thanka 즉 발카 평원에서 한판 승부를 겨룬다.

한쪽은 마히사마르디니 단 하나, 반대편은 악마 드루가와 셀 수 없는 숫자의 부하들이 1억 대의 전차, 1천200마리의 코끼리, 1천 마리의 말과 함께 구름처럼 운집했다.

권선징악.

불패의 마히사마르디니.

역시 이미 예견된 결과.

그녀는 이번에는 1천 개의 팔을 내밀어 모든 것을 초토화시키려는 듯 화염으로 넘실거리며 적진을 누비면서 악마들을 살육한다. 피가 튀기고 비명소리 즐비한 가운데 종횡무진. 뒤로 밀리던 적들은 마히사마르디니를 향해 하늘에 비처럼 화살을 쏟아져 내리도록 했고, 화살이 떨어지자 발카 초원에 놓인 바위와 초목을 잘라 던졌다. 싸움에서 힘없이 밀리는 드루가와 군대는 급한 김에 산을 만들어 던지기도 했으나 상대는 일곱 조각으로 가볍게 흩어버렸고 이것들은 현재 발카 평원의 강 린포체[카일라스] 주변의 산들이 되었다.

이게 본래 되는 싸움인가. 모두 처참하게 전사한다. 마지막으로 남은 것은 드루가. 이제 마히사마르디니는 드루가의 가슴을 향해 화살을 한 방 날려 숨통을 완전히 끊어놓는다. 여신은 악마 드루가를 해치운 기념으로 이제 자신의 이름을 아예 드루가로 바꾸었으니 가장 용맹한 적장의 이름을 자신이 가짐으로써, 자신은 그보다 더욱 위대함을 내보인 격이다.

그 후 이름이 바뀐 드루가 여신은 싸움에서는 늘 우아한 모습을 보였다. 악마에게는 무시무시한 존재였으나 사람들에게는 자신들을 수호하는 따뜻한 모습으로 비추어졌다.

이 드루가 즉 따라니가 불교에 습합이 되었다.

오늘 아침 착챌 강에서 바라본 평화로운 남쪽 평원은 한때 큰 전쟁터였다.

눈[眼]의 중요성은 끝도 없다

이제 불교경전 『대방광만수실리경大方廣曼殊室利經』의 「관자재보살수기품」을 본다.

이때 관자재보살마하살이 부처님 발에 이마를 대어 예배를 올리고 여래를 찬탄하고 나서 본래의 자리로 돌아가 다음과 같이 말하였다.

"이 다라니는 비바시毗婆尸 등 과거의 모든 부처님과 우리 세존 석가여래께서 다 함께 널리 말씀하신 것이며 수희하여 인가印可하신 것으로, 미래세의 미륵세존과 아승기阿僧祇 부처님 등 모든 부처님들께서도 반드시 널리 말씀하실 것이니라."

이 말을 마치고 나서 보광명다라普光明多羅 삼매에 들어 삼매력으로 얼굴의 오른쪽 눈동자에서 대광명을 놓으시자 그 빛으로부터 뛰어난 묘색삼매에 머물러 있는 빼어난 모습의 여인이 출현하였다. 값을 헤아릴 수 없는 가지가지 보배로 장엄한 몸은 마치 녹아 있는 순금[融眞金]에 유리 보배가 비친 것과 같았다. 이른바 세간과 출세간의 밀언密言의 요체를 성취하여 중생의 가지가지 고뇌를 그치게 하고 또한 모든 중생을 기쁘게 하며 모든 부처님의 법계에 두루 들어가니 이것은 자성이 허공과 같아 평등하게 머물기 때문이다. 널리 중생들에게 다음과 같이 말하였다.

"누가 갖가지 고통을 겪거나, 누군가 생사의 바다에 빠져 휩쓸려 다닌다면, 제가 마땅히 구제하겠습니다."

이 말을 마치고 나서 한량없고 가없는 세계에 두루 노닐다가 부처님 계신 곳으로 돌아와 오른쪽으로 세 번 돌고 관자재보살마하살의 발에 얼굴을 대어 예를 올린 후 청련화를 든 채 합장 공경하였다.

불교에서는 따라니의 음역인 다라多羅 보살의 탄생이 관세음보살과 직접적인 관련이 있음을 말하고 있다.

위의 경전을 풀어보자면 즉 관자재보살이 보광명다라삼매普光明多羅三昧에 들어—여기에 다라多羅라는 단어가 들어 있다—우측 눈에서 광채가 나올 때, 여기서 출현한 아름다운 여인이 나타났는데 바로 다라보살이다. 그리고 그 다라보살은 생사의 고통에 빠진 중생을 구하겠다고 서원한다는 대목이니 힌두교의 따라니, 두르가 습합의 결과로 역할이 같다.

이런 이야기도 있다. 같은 눈[眼]이다.

티베트의 탕카[탱화]에서 초록색 눈에 흰 숄을 걸치신 분이 바로 녹색 따라보살이다. 티베트와 네팔에서는 녹색 따라보살에 대한 신앙이 아주 대단하다. 따라보살은 천수천안관세음보살의 눈물의 화신으로 알려져 있다.

천수천안관세음보살은 지옥중생들까지도 다 제도하리라는 큰 원력을 세우셨는데, '만약 퇴굴하는 마음을 내게 되면 몸이 천 갈래 만 갈래로 갈라지리라' 하고 서원을 발하셨다. 그리고 해마다 지옥에 가서 모든 중생들을 다 제도하여 극락세계로 보냈다. 그러나 갈 때마다 지옥에는 여전히 전과 같이 많은 중생들이 있었다. 천수천안관세음보살께서 중생들을 다 극락으로 보내고 하늘을 올려다보니 지옥으로 떨어지고 있는 중생들이 겨울에 눈송이가 내리듯 수없이 많았다.

선한 사람들 눈에 여신은 이토록 우아하고 아름답다. 그러나 악마들에게는 공포의 모습으로 등장하여 가차 없는 응징을 가한다. 히말라야 남쪽의 이 여신이 티베트의 자비로운 될마[따라]의 전신이 된다. 하나에서 나온 두 존재는 각기 다른 이름을 가지고, 다른 성격으로 히말라야 남쪽과 북쪽에서 선한 사람들의 안녕을 위해 손수 손을 내밀고 있다. 같지만 다르고 다르면서 같은 것. 봄 여름 가을 겨울 다르다 하지만 하나에서 나온 변형이며 상현달 대보름 하현달 다르다 하지만 역시 하나의 달이 만들어낸 일. 모두가 나를 지켜주는 어머니.

관세음보살께서는 순간 퇴굴하는 마음이 일어나 '저 끝없이 많은 중생들을 어떻게 다 제도하겠는가' 하였다.

그러자 그의 서원 그대로 몸이 천 갈래 만 갈래로 갈라져버렸다. 고통으로 신음하고 있을 때 시방에 계신 부처님들께서 보시고는 신통력으로 관세음보살의 몸을 원래대로 회복시켜 주시고, 손이 천 개에 눈이 천 개가 있도록 해주셨다. 또한 그 때 천수천안관세음보살의 양쪽 눈에서 흘러내린 눈물이 화현하여 따라보살이 되었다.

오른쪽 눈물이 화현한 녹색 따라보살은 일체 중생의 사업과 소원을 성취시켜

주는 본존으로서 모든 수행자를 수호하는 여자호법신의 대표 여신으로 신봉되어 진다.

그리고 왼쪽 눈물이 화현한 백색 따라보살은 중생들의 수명을 관장하는 보살이다. 티베트에서는 장수를 기원할 때 백색 따라보살에게 장수관정을 청하고 백색 따라 만뜨라 기도를 많이 한다.

—설오스님의 『달라이 라마의 밀교란 무엇인가』 중에서

인도 신화에서의 여신은 정법을 수호하기 위해 지독히 폭력적이었다. 같은 여신은 불교로 들어오면서 완전히 폭력의 물이 빠져버리고 남은 것이 라고는 티베트 언어로 체와〔慈悲〕, 그 자체가 된다.

인도에서 힌두교 여신이 불교에 습합되어 정착한 후, 다라, 따라 혹은 타라로 부르는 이 보디삿뜨바〔菩薩〕 위세는 한때 대단했다. 7세기 현장스님의 『대당서역기大唐西域記』 8권을 보면 인도 마갈타국摩竭陀國에 대한 이야기가 있다. 마갈타국은 고타마 싯달다가 태어난 가비라 성과 인접한 왕국이다.

정사의 중앙에는 부처 입상이 있는데 높이가 3장이다. 왼쪽에는 다라보살상을 우측에는 관자재보살상을 모시었다. 이 세 불상은 모두 놋쇠로 주조하였는데 위신이 있었다.

만위왕의 구리불상이 있는 곳에서 북쪽으로 2, 3리 떨어진 벽돌로 된 정사의 중앙에는 다라보살상이 모셔져 있다. 크기와 높이가 매우 커서 영험이 많은 것으로 보인다. 매년 정초에 정성들여 공양하였으며 인근의 국왕과 대신, 기족들이 아름다운 향화를 바쳤다.

즉 따라보살상이 중앙에 단독으로 모셔지거나, 붓다의 옆에서 협시할 정도로 큰 비중을 가졌다.

이 보살이 히말라야를 넘어 티베트로 들어왔고 티베트 이름은 될마가 되었으며, 역시 자비의 화신으로 민중을 보살폈다. 열렬한 호응이 있으면 대중에게 폭넓게 반영이 되는 법, 현재까지 티베트 여자들 이름 중에 될마 혹은 따라는 가장 인기 있는 이름으로 굳어져 있다. 사람들이 많이 모이는 라싸 조캉 사원 앞에서 '될마!' 큰 소리로 외치면 최소한 네댓 명은 뒤돌아 보리라.

관세음보살은 천 개의 손을 가지고 천 개의 눈을 가진 천수천안으로 표현된다. 손이 많음은 다양한 도움을 많이 줄 수 있고 눈이 많다는 이야기는 그만큼 중생의 고통을 잘 보고 있다는 상징이다. 그렇다면 그의 눈물에서 나온 될마[따라]는 어떨까. 역시 눈이 많아 이마, 손바닥, 발바닥에도 눈이 있기에, 뜻을 모르면 여기저기 눈이 있는 엽기적인 괴이한 모습이지만 알고 나면 이리저리 다른 사람의 고통을 널리 살피기 위한 아름다운 도구로 읽힌다.

될마[따라]는 원래 붓다 혹은 관세음보살 옆에서 보좌하는 협시보살이었으나 후에 대승불교가 발전하면서 관세음보살을 대신해서 독립된 형태로 등장한다. 자신이 자비심이 가득한 관세음보살의 눈물에서 탄생했듯이

티베트 사원이면 대부분 될마〔따라〕를 모시고 있다. 고단한 민생을 보살피는 자애로운 어머니. 크나큰 부처 모습은 아니로되 도리어 겸양이 스며있기에, 눈길이라도 마주치면 태연할 수 없는 마음, 몸을 수그려 무엇인가 이야기하게 된다. 말하라, 들어주마. 아무리 어두운 곳이나 궁벽진 자리에서, 비록 빛이 닿지 않는 깊은 동굴에서라도, 내게 이야기하라. 될마〔따라〕 앞에서 우리는 늘 어린아이. 나의 두 번째 어머니.

그 역할은 관세음보살과 같았으며 이후에 밀교가 우뚝 일어나면서 위상은 더욱 높아지며 될마〔따라〕에 대한 만다라와 만뜨라가 등장했다.

"옴 따라 투타레 투레 스바하."

이런 이유로 여행자들에게는 가장 인기 있는 보디삿뜨바다. 험한 길을 가는 중에 만나는 룽따에는 될마〔따라〕에게 바치는 만뜨라들이 많이 적혀 있다.

내가 이곳까지 와서 봉우리를 합장하게 된 과정에는 될마〔따라〕의 눈에 보이지 않는 도움이 있었다. 파드마쌈바바는 눈에 드러나게 현신하여 도움을 주었고, 될마〔따라〕는 그동안 히말라야를 다니면서 산사태, 눈사태, 폭우 등등에서 자비로운 손길 그리고 눈길로 어려움을 피할 수 있는 기회를 여러 번 열어주었다.

허리를 깊게 꺾으며 다시 만뜨라를 외운다.

"옴 타라 투타레 투레 스바하."

라추가 흐르는 평원은 청량한 기운이 감돈다. 불가에서는 이런 지형을 불타는 화택火宅에 대비시켜 청정한 열반을 맞이하기 좋다는 의미로 노지露地라 표현한다. 그 위에 솟은 강 린포체〔카일라스〕 봉우리는 부드럽고 단단한 원추형이다. 균형 잡히고 안정적이며 단정한 모습이라 자비심을 표현하기에 적당하다. 뒤로는 아득하고 푸르며 더불어 고요한 하늘이 펼쳐져 있다.

무상한 세간을 사는 사람들이 다투어 부르는 이름 될마〔따라〕. 인간사와 작별할 때까지 얼마나 많은 티베트 사람들이 그 얼마나 많이 될마〔따라〕 만뜨라를 암송할 것인가.

그들의 애타는 부름을 많은 눈〔眼〕으로 쉬이 발견하여 보살펴주소서.

"옴 따라 투타레 투레 스바하"

◉ 13

극락정토의 째빡메 포당

阿彌陀佛在何方 아미타 부처님은 어디에 계신가?
着得心頭切莫忘 심두를 착득하여 끊어서 잊지 말아라.
念到念窮無念處 생각생각 다하여 생각 없는 곳에 이르면
六門常放紫金光 육문은 언제나 금빛광명 발하리라

—나옹선사

아미타바 의미, 뒤늦게 알았다

● ● ●

솔직히 이야기하자면 아이들이 초등학교에 입학할 무렵까지 '아미타바'가 무슨 말인지 몰랐고, 더불어 우리나라 스님들이 가장 흔히 사용하는 나무아미타불 역시 무슨 의미인지 몰랐다. 몰랐다는 이야기는 아예 알아볼 생각이 없었다는 의미다. 중국무협 영화를 보자면 소림사 고수들이 합장하며 허리를 굽히면서 '아미타바' 이야기하는 장면을 보고 극장 밖으로 나와 친구들과 흉내내며 키득거리기 바빴지, 아미타바, 아미타불은 그저 스님들 인사말 정도로 가볍게 여겼다.

세월이 나를 바꿔가며 여기까지 데리고 왔다. 어느 날 도대체 무슨 이유로 그렇게 인사하는지 궁금증이 일어났다.

그리하여 요즘 아미타불이라는 이야기를 들으면 '도로 아미타불이지

뭐, 뭔 아미타불 타령이야', 내가 아미타불을 넣어 가볍게 냉소적으로 뱉어 낸 말들에 대해 많이 죄송스럽다. 모두 무지가 만들어낸 경박함이었으니 반성을 깊게 한다. 아티샤스님은 '많은 사람과 있을 때는 자신의 입을 살펴라. 혼자 있을 때는 마음을 살펴라' 하셨는데 입도 마음도 단속하지 못하던 시절이었다.

수리수리 마하수리 수수리 사바하.

그러나 강 린포체〔카일라스〕 순례는 이런 큰 짐이었던 구업을 어느 정도 지워준다 하니 마음이 가볍다. 혹시 찌꺼기라도 남을지 모르는 터, 살아 서너 번 더 이곳으로 순례를 오겠다고 다짐한다.

아미타Amita는 산스크리트어가 어원으로 없다, 아니라는 부정어 A에, 헤아린다는 의미의 미타Mita가 더해진 단어다. 두 가지가 합쳐지며 헤아릴 수 없다는 의미로 우리식으로 바꾸자면 무량無量이다.

그렇다면 무엇을 헤아릴 수 없을까?

뒤에 수명을 의미하는 아유스ayus가 붙는다. 아미타유스는 무량수명無量壽命, 즉 무량수無量壽이고 아미타불은 무량수불이고, 아미타불을 모신 곳은 이런 이유로 아미타전이며 무량수전 역시 아미타불이 계신 전각이다. 중국 영화에서 흔히 들었던 바bha가 붙는 아미타바amitabha는 무한한 광명으로 무량광無量光으로 풀어낸다.

아미타유스의 자비〔壽〕와 아미타불의 지혜〔光〕는 세월이 지나면서 하나의 존재로 합쳐졌다.

그러면 티베트에서는 뭐라 부를까. 수명은 쩨tse, 한계 혹은 측량을 의미하는 빡pa, 없다는 메me, 이렇게 합쳐 쩨빡메가 바로 아미타불이다.

셋이 나란히 솟아있는 산봉우리 중에 가운데 다소 높은 것이 바로 쩨빡메 포당이니 우리말로 아미타불궁, 무량수불궁이다. 해발고도 6천10미터의 쩨빡메 포당(아미타궁)은 매우 단정한 모습으로 역시 안정적인 형태의 삼각형이다. 나란한 세 봉우리 중에 가장 중앙에 자리 잡은 것은 물론 셋 중에 가장 중요한 비중을 가지고 있다는 듯이 슬쩍 앞으로 나왔다.

무협영화에서 중국 스님이 아미타바라 인사했던 것은 바로 이 쩨빡메(아미타불)에 대한 이야기였으며, 나무는 나모namo 즉 귀의한다는 의미로 우리나라 스님의 대표 만뜨라 나무아미타불은 '나모 아미타유스 붓다'가 원어로 '아미타불에 귀의합니다'가 된다.

산을 보며 허리를 깊게 굽혀가면서 인사드린다.

"나무아미타불(아미타붓다에 귀의합니다)."

티베트 말로 바꾼다.

"쩨빡메라 깝수치오."

아미타는 한편으로는 감로甘露를 의미한다. 산스크리트어 암리따amrita는 불사약으로 이 불사약을 만드는 과정이 힌두 신화에 낱낱이 서술되어 있으며, 흔히 소마soma라는 다른 이름으로도 의미가 통한다. 불사약은 달콤한 맛이기에 감로라 한다. 일부의 주장을 들어본다면 아미타는 바로 이 암리따에서 나온 말이며 아미타불과 불사 감로를 동일시한다. 티베트불교에서 암리따붓다Amrita-Buddha는 감로왕불이라 해석하며 역시 쩨빡메다.

아미타불, 아미타바는 무협용어가 아니라 별의별 이야기가 숨겨져 있는 것으로 무지했다면 아직껏 중국 무협을 상상하고 있었을 터이기에 시절 인연이 고맙기만 하다. 봉우리 형상은 나란한 옆의 봉우리들과 닮은꼴이다. 탁자처럼 생긴 거대한 암괴 위에 얹혀 붉은 몸매를 자랑한다. 선가에서는 한 구절, 구절이 매번 새롭다〔一句復一句 那事逐時新〕고 말하듯이 풍경 풍경이 계속 새롭다. 나는 여행을 거듭하고 있으며 매일 새로운 곳에 도착하고, 걸음걸음마다 낯선 자리에 서 있게 된다. 늘 새로운 저녁과 밤을 맞았으며 새롭게 해 뜨는 아침을 시작하며 신세계에 도착하여 이제 쩨빡메〔아미타불〕까지 올려다본다. 고도가 높아졌으니 고개를 들어 '하늘을 살피며 천문을 읽을 수 있고, 땅을 살펴 지리를 읽을 수' 있을 듯하다. 외국인들은 봉우리들을 바라보지도 않고 오로지 가는 일만이 목표라는 듯 거침없이 앞으로 지나간다. 이들은 '카일라스 트래킹을 왔다' 고 이야기했다.

나는 과거의 경박함을 반성하고 17, 8년 히말라야를 다니면서 보았던 종교를 복습하고 있다. 봉우리 하나만 놓고도 하루 종일 가부좌를 틀고 면산面山해도 모자라거늘 점령자 중국인들 때문에 자유롭지 못한 허가증에 의한 시간표를 들고 찾아와 오래 머무르지 못하는 일이 안타까울 따름이다. 훗날 여유롭게 이 순례의 길에서 한두 달 보낼 수 있을까. 다음에는 중국이 보기에는 불법이지만 내 개인이 보기에는 합법적인 방법을 통해 이곳 강 린포체〔카일라스〕에서 오랫동안 머물 예정이다.

언참을 준다.

틀림없이 가능하다!

쩨빡메〔아미타불〕를 증인으로 삼았으니 확실하다.

극락은 어디냐

쩨빡메〔아미타불〕를 모신 전각을 극락전이라고 부르기도 하는데 쩨빡메〔아미타불〕와 극락은 어떤 관계가 있는 것일까? 어린 시절부터 극락이라는 이야기는 자주 듣는 단어 중에 하나로, 극락을 가셨을 것이라는 이야기부터, 극락을 가야 한다는 이야기까지. 그러나 극락은 모태신앙인 천주교 때문에 차차 천당이라는 단어가 대신 차지했다.

극락은 낙樂의 극極이니 말만으로도 대단하지 않은가. 이 말 하나면 다 된다. 극락은 정토淨土와 같은 말로 아미타불이 거주하는 장소다. 『정토삼부경』을 보면 우리가 사는 이 세상에서부터 십억만 국토 저편에 있다니 멀기도 아득하게 멀다. 멀다는 것은 가기 어렵다는 이야기와 동일하며 그곳에 가려면 공을 많이 들여야 한다는 의미 역시 슬며시 숨어 있지 않겠는가.

극락은 수카바티sukhavati의 의역意譯으로 수마리須摩提라고 표기되기도 하며 티베트 말로는 데바찬이다. 즐거움이 있고 편안하기에 안양安養이라고도 하는데 지금 우리나라 경기도 안양이 그런 이유로 이름이 지어졌는지 알 수는 없으되, 북적되는 그곳 지명은 안양이되 안양일 리 없다. 전에는 지나가며 아무 생각 없었지만 지금은 안양을 지나치면서 나무아미타불, 마음 안

순례길 청년이 자랑스럽게 보여주는 은빛상자는 티베트 말로 가우Ghau 혹은 Gau라고 부른다. 쉽게 이야기하자면 이동식 성함聖函으로, 자신이 모시는 소중한 존재의 모습을 안에 담은 채 몸에 부착하고 여행길 내내 함께 움직인다. 창을 통해 선망하는 자신의 스승의 모습을 보여주는 청년의 마음 안에 이미 스승이 함께 계시다. 덕분에 티베트의 큰 스승을 이리도 쉽게 알현한다. 제게도 부디 길 밝힐 스승 한 분을.

에서 만뜨라를 한 번이라도 외우는 일이 안양에 대한 위안이라면 위안이겠다.

붓다나 보디삿뜨바가 머문다는 정토는 여러 종류가 있다. 분류가 다양하기는 하지만 미륵보살의 미륵정토, 약사여래의 유리정토, 화엄의 화엄정토, 아미타붓다의 극락정토로 크게 나눌 수 있으며 이 중에 우리 귀에 가장 익은 것은 극락정토이며 그 이유는 극락정토를 최고로 여기는 탓이다. 극락정토는 서방정토, 극락세계, 미타정토 등등 다른 이름도 꽤 여럿이며 미타신앙이란 후에 아미타붓다가 있는 서방정토에서 태어나기를 바라는 신앙의 형태다.

이런저런 경전에 의하면 구원불久遠佛 아미타불이 주석하는 서방정토, 극락정토에 대한 묘사가 장황하다. 보배와 보석으로 장식되어 있고, 해와 달이 없어도 사방이 밝고, 인간으로 사는 동안 지긋지긋하게 달라붙었던 생로병사는 물론 지옥 아귀 축생 등의 삼악도가 없고, 하여튼 좋은 것은 모두 다 있고, 반대의 것들은 흔적조차 없다고 생각하면 된다.

그런데 이곳에 가려면 어떻게 해야 하나?

의외로 간단하다.

나무아미타불을 열심히 진정으로 외우면 된다. 그곳에 가는 도구는 염불이다〔念佛往生〕.

“옴 아미 테와 흐리흐.”

그것만으로 될까.

염불하는 마음으로 자비를 베푸는 일이 뒤따라야 왕생〔諸行往生〕한다.

극락정토에는 아홉 가지 품品이 있고, 평소 얼마만큼 이것을 잘했나에 따라 가는 곳이 틀리다는 『무량수경』, 『아미타경』 이야기는 강 린포체〔카일라스〕 꼬라 졸업생들에게 필요한 이야기니 머리에서 아예 꺼내지 않는다. 다만 봉우리를 향해 두 손을 모을 일이다.

옛 이야기 들어 보자

아미타불 출신에 관한 옛이야기는 여럿이며 그 중 대표적인 것이 다르마까라의 이야기다.

『아미타경』, 『무량수경』, 『관무량수경』을 보면 세월을 셀 수 없는 아주 까마득한 과거 어느 날, 한 사내가 왕위를 헌신짝처럼 버리고 출가한다. 수행자가 된 이 사람 이름은 다르마까라〔法藏〕다. 그는 붓다의 정토를 두루 둘러보고 수행을 조금도 게을리하지 않으니 때 되어 당연히 정각正覺 붓다가 되었다.

수행하면서 다르마까라는 서원했다.

"제가 성불할 때에는 시방세계의 무수한 하늘과 인간들은 더 말할 것도 없고, 작은 벌레까지도 일심으로 제 이름을 열 번만 부를지라도 반드시 저의 세계에 와서 나게 하여지이다. 만약 이 원이 이루어지지 못한다면 저는 성불하지 않겠습니다."

여기에 입만 열면 아미타바, 아미타불 이야기하는 커다란 이유가 있다.

즉 자신의 이름, 아미타불을 일심으로 열 번만 부른다면 자신의 세계, 정토극락에 와서 태어나게〔往生〕 하는 일을 보장한다는 것. 그러나 나무아미타불, 하루 십만 번, 십겁의 세월을 외운들 잡념이 있으면 아무 소용이 없으리라. 오로지 일념으로 아미타붓다를 생각하며 염불을 한다면, 이게 어디 불교뿐이랴. 천주교에서의 기도 역시 그렇고, 힌두교에서 신을 찾는 만뜨라 역시 빈틈없이 동일하다, 하나가 된다.

즉 라디오 주파수를 맞춰 원하는 방송을 듣게 되듯 기도를 통해 파장과 진동수를 일치시키는 것이다. 수행의 문이 팔만 사천으로 수없이 많지만 궁극적으로는 하나. 염불 역시 그 중 하나로 다른 수행보다 쉬우면서 공덕이 크고 부작용이 없으니 수행자들은 대중들에게 이 방법을 권해왔다. 그러나 오직 걸음걸음, 소리소리, 생각생각에 아미타불〔步步聲聲念念 唯在阿彌陀佛〕이 아니라면 서쪽에 있다는 아미타불의 서방정토에 도달하는 일은 쉽지 않으리라.

그런데 이 다르마까라〔法藏〕가 붓다가 되었다면 이름을 어떻게 붙여주어야 할까.

아주 오래전, 까마득한, 얼마인지 셀 수 없는 오래전에 붓다를 이루었으니〔成佛〕 아미타붓다라 칭했다. 그렇게 셀 수 없는 과거에 성불한 붓다는 셀 수 없는 수명을 가지고, 헤아리기 어려운 광명으로 중생을 보살피기에, 불교도들은 '무한하게 지난 옛날에 성불하신 붓다를 존경하며 귀의합니다' 라고 절하게 되었다.

이것을 과거에 내가 알 리가 있었을까.

"나무 사만다 못다남 옴 아마리 다바폐 사바하"

달님이시여 이제 서방까지 가셔서

무량수불전에 일러다가 사뢰소서

다짐 깊으신 어르신께 두 손 모아

원왕생願往生, 원왕생願往生 그리워하는 사람이 있다고 사뢰소서

아으, 이 몸 남겨두고

사십팔대원을 이루실까 저어허나이다.

—『삼국유사』「광덕과 엄장」

극락세계는 어떻게 만들어졌나

불교에서는 세상이 어떻게 만들어졌는지 소상하게 이야기했다. 즉 텅 빈 허공〔空〕에 까르마〔業〕가 차차 모여들고, 그 까르마〔業〕들이 서로 부딪치며 바람이 일어나며 거대한 풍륜風輪을 이룬다. 이 바람 속에서 서로 부딪치면 불꽃이 튀더니 이제는 화륜火輪이 이루어진다. 이어 불 속의 수분들이 나오면서 구름이 생기고 비가 내려 물의 층〔水輪〕이 이루어진다. 이어 물의 힘으로 인해 '마치 물에서 소금이 나오듯' '알처럼 물컹한 액체에서 병아리가 생기듯' 차차 단단한 흙 성분의 지륜地輪이 생기며 그 중심에 수미산이 자리잡는다. 수미산 위로 여러 층의 하늘세계가 펼쳐지니 욕계, 색계, 그리고 무

색계라는 삼계가 인연에 의해 만들어지고 그 자리에 생명들이 살게 된다.

여기에 중요한 것이 까르마다. 공에 까르마가 모여 바람이 일어나며 시작하니 이 세상은 그런 업으로부터 출발했다. 그런 비슷한 업들이 모여 하나의 우주를 만들 터, 다양한 업을 생각한다면 우주에는 얼마나 많은 우주가 있겠는가. 법계의 먼지 수만큼이 아니겠는가.

힌두에서의 까르마와 불교에서의 까르마는 비록 같은 용어를 사용하지만 그 깊이가 다르다. 힌두에서는 신성을 가진 인격적 브라흐마가 세상을 만든 이후 차차 까르마의 발현이 일어나 세상을 꾸리지만, 불교에서는 신적인 존재는 배격되었고 다만 무시무종, 까르마의 힘〔業力〕이 모든 근원이었으니 신의 자리는 마련되어 있지 않다.

그렇다면 정말 중요한 것은 '만일 까르마 성질이 다른 것이 모이면 어떻게 되나?' 알아보는 일이다.

또한 정토 혹은 극락은 어떻게 이루어지나?

사람에게는 누구나 내부에 정신적 에너지를 가지고 있으며, 정신적 에너지는 방향에 따라 욕망慾望과 원력願力으로 나뉜다. 저 깊은 산 속에서 깨달음으로 향하고, 깨달음을 얻고, 혹은 깨달음 전이라도 남을 위해 삶의 에너지 모두를 아낌없이 베푸는 보디삿뜨바. 이들의 에너지를 원願이라 한다.

세상의 저잣거리에서 아름다운 몸매를 위해서 이른 아침 조깅을 하고, 얼굴을 고치기 위해 아르바이트를 하며, 내부 깊숙한 자리로 시선을 돌리지 못하는 힘은 욕慾이리라. 욕의 문제는 만족을 모르기에 강화되면서 집착, 탐욕 그리고 갈망으로 전환되어 고통과 불행의 불길을 끌어들인다. 경전에 의하면 이것은 나쁜 친구와 같기에 미친 코끼리는 몸만 상하게 하지만 이런 것들은 악취惡趣로 내던지게 만든다 한다. 자신의 육신의 다이어트를 위해서는 지독스럽고 맹렬하지만 자신 마음의 다이어트는 관심이나 있을까?

결론은 원願. 핵심은 원願. 수많은 구도자, 수행자, 신심이 깊은 신자, 보디삿뜨바, 붓다 등의 '부정적 까르마를 일으키는 욕이 아닌 원願'이 모여, 풍륜, 화륜, 수륜, 지륜의 과정을 거치면서 정토극락이 만들어진다.

그렇다면 지옥은?

너무 간단하다.

원願이 아니라 에너지의 방향이 반대이며 거친 성격을 가진 욕慾이 되리라. 따라서 극락정토, 지옥이라고 영원한 것이 아니라 원인이 제거되면 소멸되는, 즉 유시유종有始有終으로 지옥에서 욕을 해소하는 원을 세우고 수행하면 극락으로 갈 수 있지 않을까.

쩨빡메〔아미타불〕 궁이라는 봉우리 앞에서 삶을 문득 돌아본다. 가장으로서 저잣거리에 몸을 담고 사는 사람으로서 원願만을 추구하기에는 어려운 일이 많았으니 까마〔慾〕 없이는 생활을 꾸려오지 못했으리라. 원과 욕 사이의 균형을 이루며 살고 있는 것이 삶이라 입세간入世間과 출세간出世間 사이의 적절한 타협점에서 살지만, 속히 균형이 깨어져 정신적 에너지 대부분을 원願으로 돌려 정진했으면 하는 바람이 일어난다. 아지랑이는 물이 아니건만 목마른 사슴이 (그곳을 향해) 내달리고〔陽炎非水渴鹿趣〕, 물에 비친 달은 실제가 아님에도 어리석은 원숭이 건지려〔影月非眞痴猴猿〕 한다던가. 그리 살면 또 이런 세상으로 왕생한다.

목마른 사슴과 같고 원숭이와 다르지 않았던 내 지난 삶은 또 어떠했던가. 초라하구나.

백 년 동안 탐낸 재물 하루아침 티끌이고[百年貪物一朝塵] 삼 일 닦은 마음 천 년의 보배[三日修心千載寶]라 스스로 타이른다. 욕은 티베트 말로 코르바, 즉 삼사라[윤회]의 길로 인도하고, 원은 정토에 태어나게 하는 에너지라는 사실을 부디 잊지 말자고 다짐한다.

하겠느냐?

능지能持!

쩨빡메 포당[아미타궁]을 합장하며 바라본다. 한 번에 끊으면 좋으련만 돌아보니 동아줄보다 질긴 것이 인연줄이다. 어쩌다가 태어나, 어찌 살다보니 가장이 되어 이곳까지 이르렀고, 이제 모든 것들이 눈에 들어오고, 알아차리다 보니 발을 빼기 어려운 곳까지 깊이 들어왔다. 그러나 원을 세운다. 남은 삶은 물론 내생까지 원을 세워 욕을 다스린다.

할 수 있을 것이다. 다시 능지能持!

비극적인 관무량수경觀無量壽經을 보자면

그런데 여기 삼봉우리에 대해 의문을 가질 수 있다.

좌측에는 될마[따라], 중앙에는 쩨빡메[아미타], 그리고 우측에는 쭉또르남바갤왜[대세지보살], 왜 이런 순서로 자리 잡았을까?

혹시 될마〔따라〕와 쩨빡메〔아미타〕 혹은 쭉또르 남바갤왜〔대세지보살〕와 자리를 바꿀 수는 없을까?

이미 경전에 그 이야기가 나와 있다.

사건의 발단은 한 왕자를 낳기 전으로 되돌아간다. 나이 쉰이 넘어서도 왕위를 물려줄 왕자가 없자 빈비사라 왕은 깊은 시름에 빠진다. 고민 끝에 신탁을 받기 위해 점을 쳐보니 긍정적인 점괘가 나왔다. 즉 다음에 태어날 왕자가 지금 산 하나 건너에서 수행자로 살고 있다는 이야기. 다행스럽게 3년이 지나면 수행자는 삶을 마칠 것이고 왕비에게 태기가 찾아와 왕자가 태어날 것이라는 예언.

그냥 기다리면 될 것을 3년을 기다리기 어려웠던 왕과 왕비는 사람을 보내 수행자를 죽여버린다. 그러나 수행자가 괜히 수행자인가. 죽기 전에 자초지종을 모두 알고 복수를 다짐하며 죽는다. 이제 출산이 임박하자 왕은 다시 점을 보는바 이번에는 불길한 점괘가 떨어졌으니 '왕자가 될 태아는 지금 두 사람을 몹시 원망하고 있으며, 태어나 성인이 되면 반드시 복수할 것'이란다. 그 후 왕과 왕비는 자신들이 공모해서 죽였던 수행자가 나타나 복수를 다짐하는 악몽에 계속 시달렸다.

복수가 두려운 두 사람, 자꾸 악행을 거듭하게 된다. 산실을 높은 누각에다 마련하고 그 밑에 칼을 촘촘하게 세우고 아이를 낳아 떨어뜨렸다.

이야기가 되려고 아이는 새끼손가락 하나만 잘린 채 살아남아 울음을 터뜨렸다. 아무리 악한 여자라도 막 태어난 자식이 우는데 마음이 흔들리지 않겠는가. 왕비는 모든 사실을 잊어버리고 아이를 애지중지 잘 키운다. 아이가 성장하는 동안 데바닷타Devadatta가 왕자 아자타삿투에게 과거를 상기시키며 반란을 부추기더니 왕자는 기어이 부모를 잡아 가둔다.

이야기는 조금 더 진행되어 아들에게 잡혀있는 왕비가 붓다에게 설법을 청하자 붓다가 찾아와 설법을 펼친다. 극락세계, 즉 아미타[무량수]의 세상에서 태어날 수 있는 마음가짐 및 수행법을 알려준다.

이것이 기록된 것이 바로 『관무량수경』이며, 서방 극락세계를 관하는 13가지의 관법과 3관이 기록되어 있다. 염불만 외우는 일이 쉬운 일이라면 이 방법은 조금 공을 들여야 한다.

태양이 서쪽에서 지는 모습을 보며 서방정토를 관하는 법인 일상관日想觀을 포함하여 13관, 즉 수상관水想觀, 보지관寶地觀, 보수관寶樹觀, 보지관寶池觀, 보루관寶樓觀, 화좌관華座觀, 상상관像想觀, 관음관觀音觀, 세지관勢旨觀, 보관普觀, 잡상관雜想觀에 더해 상품, 중품, 하품의 세 가지 나머지 3관을 설한다.

이 중에서 열세 번째 잡상관雜想觀이 이곳의 쩨빡메 포당[아미타궁]을 포함한 좌우 삼봉우리와 관련이 있다. 잡상관雜想觀이란 잡雜이 말하듯이 이것저것 섞는 것을 말하며, 이런저런 붓다, 화신, 보디삿뜨바를 관조하라는 의미다.

지극한 정성으로 극락세계에 태어나고자 하는 사람은 먼저 일장丈 여섯 자 되는 불상佛像이 보배 연못 위에 계심을 관조해야 하느니라. 앞에서 말한 바와 같이 아미타불은 그 몸이 우주에 가득하여 끝이 없으니, 범부의 마음으로는 미칠 수가 없느니라. 그러나 아미타불께서 과거 숙세에 세우신 큰 서원의 힘에 의하여, 깊이 관조관照觀하는 사람은 반드시 성취할 수 있느니라. 다만 부처님의 형상만을 생각해도 무량한 복을 받을 수가 있는데, 하물며 원만히 갖추어진 부처님의 모습을 관조하는 큰 공덕에 있어서랴.

아미타불께서는 신통력이 자재하시어 시방세계의 모든 국토에 마음대로 변화하여 나투시는데, 혹은 크게 나투시어 끝없는 허공에 가득 차시고 혹은 작은 몸으로 나투시어, 때로는 일장 여섯 자로 또는 여덟 자의 몸으로 나투시느니라. 그리고 나투시는 몸의 형상은 모두가 자마금색의 광명으로 빛나고 원광圓光 속의 화신불化身佛이나 보배 연꽃 등은 모두가 먼저 말한 바와 같으니라.

그리고 관세음보살과 대세지보살은 어디에서나 같은 모양으로 나투는데, 중생들은 다만 그 머리만을 보아도 알 수 있나니, 그 머리의 보배관에 부처님이 계시면 관세음보살이고, 보배 병이 있으면 대세지보살이니라. 그런데 이 두 보살은 언제나 아미타불을 도와서 두루 일체 중생을 교화하느니라. 이렇게 생각하는 법을, 섞어 생각하는 잡상관雜想觀이라 하고 열세 번째 관觀이라 하느니라.

『관무량수경』「잡상관」 부분이다. 솔직히 이야기하자면 사회에 사는 보통 사람이 이런 수행을 하기는 어려우니 이미 자신의 근기에 맞는 수행법을 하나 가지고 정진하는 사람에게는 다만 참고사항이다.

이 내용 중에 잡상, 즉 여러 붓다를 섞어 바라보는 일 중에 '관세음보살과 대세지보살은 어디에서나 같은 모양으로 나투는데, 중생들은 다만 그 머리만을 보아도 알 수 있나니, 그 머리의 보배관에 부처님이 계시면 관세음보살이고, 보배 병이 있으면 대세지보살이니라. 그런데 이 두 보살은 언제

삼봉 앞에는 순례자들의 행렬이 길게 이어진다. 평생 순례를 위해 기다려온 인도인들은 여유롭게 말을 타고 나섰다. 고행의 가치를 아는 사람이라면 자신의 머플러를 갈기삼아 바람에 펄럭이고, 등산화를 말 편자삼으며 뚜벅뚜벅 두 발로 걸어간다. 고매함과 혼연일체 되는 가장 손쉬운 길은 몸을 직접 사용하는 방식. 타고 간다지만 실려 끌려가는 일보다는 스스로 끌고 가는 일이 바닥까지 살살이 긁어낼 수 있다.

나 아미타불을 도와서 두루 일체 중생을 교화' 라는 대목이 있다.

쉽게 이야기하면, 관세음보살과 대세지보살은 아미타불을 돕는다는 이야기다.

이 이야기가 중요한 것은 만일에 이 셋을 삼불三佛로 나란히 모실 경우, 아미타불이 중앙에, 그리고 관세음보살과 대세지보살은 양쪽에 자리 잡는 좌법을 말하고 있음이다.

그러나 어떤 곳에서는 관세음보살을 중앙에 놓기에, 관세음보살을 가장 높게 여기는 관세음보살 신앙과 아미타불을 높게 모시는 아미타 신앙은 각각 독자적으로 발전한 것 같다는 것이 학계의 이야기다. 이런 주장을 하는 학자들은 『법화경』, 『광불삼매해경』을 바탕으로 학설을 펼친다. 그러나 이 두 신앙은 차차 통합되어 아미타 신앙이 세력을 키우면서 관세음 신앙은 흡수되었으니 시간이 지나면서 『무량수경』, 『비화경悲華經』에서 복속관계가 나타나고, 『관세음보살수기경觀世音菩薩授記經』에서는 서로의 위치가 소상하게 정리되지만 일반인에게는 단어들이 피부에 와 닿지 않고 모두 어렵다.

하나를 더 보자면 아주 오래전, 서쪽의 무량덕취안락국無量德聚安樂國이라는 나라가 있었다. 이곳은 금광사자유희여래金光師子遊戲如來가 머물던 곳으로 위덕威德이란 왕이 살았다. 왕은 두 아들이 있었는데, 왼편에는 보의寶意 오른편엔 보상寶上이었다.

보의는 훗날 관세음보살이 되었고, 보상은 대세지보살이 되며, 아버지 위덕은 아미타불이 된다. 이렇게 아버지와 아들관계로 종속되며 이 셋은 한 곳에 모이는 잡상을 형성한다. 이 이야기 역시 중앙에는 쩨빡메〔아미타〕, 그리고 좌측에는 관세음보살의 눈물에서 생긴 될마〔따라〕 그리고 우측에는 쭉또르 남바갤왜〔대세지보살〕를 배치하는 근거가 된다. 이곳 삼봉우리 역시 이것에 근거해서 제 자리에 배치되었다. 더구나 이들이 놓이는 곳은 서쪽이기에 서방삼성西方三聖으로 부르며 함께 자리 잡는다.

공부한 것이 시험에 나오면 기쁨을 만끽하며 답안지를 채운다. 반면 시험공부에 부실했다면 빈칸을 내버려둘 수 없어 그야말로 아는 지식을 총동원하여 소설을 쓴다. 봉우리를 보니 아는 답을 쓰는 일만큼 통쾌하다. 지금보다 일찍 이 길을 걸었다면 허위자백서는커녕 글자 하나 제대로 쓰지 못하고, 봉우리가 있구나, 그냥 스윽 지나쳤으리니 그동안 뜸들인 보람이 있다. 동쪽에서 넘어오는 햇살이 손수 봉우리를 매만져 최꾸 곰빠 못지않게 밝게 보인다.

阿彌陀佛金身色 아미타불의 황금빛 몸
相好光明無等倫 상호와 광명 비길 데 없네.
白毫宛轉五須彌 백호는 수미산을 다섯 바퀴 휘감고
紺目澄淸四大海 검푸른 눈은 사대 바다를 맑게 비추는구나.

—「찬불게讚佛偈」 중에서

◉ 14

지혜와 용기의 쭉또르 남바갤왜 포당

끊임없는 유가로서 선정을 얻는 데 노력해야 하리니, 만일 거듭 쉬어간다면 나무를 문질러 불씨를 얻지 못하듯이 유가 방법도 이와 같거니, 수승함을 얻지 못하고서는 포기하지 말지어다.

—『섭바라밀다론』

대세지보살은 어떤 존재인가

● ● ●

쩨빡메〔아미타〕 봉우리의 우측으로는 쭉또르 남바갤왜 포당tsugtor nampar gyalwai phodrang이라는 봉우리가 있다. 쭉또르tsugtor는 티베트어로 머리에 쓰는 보관을 이야기하는데 어쩐지 우리의 족두리, 쪽도리와 발음도 비슷하고 이름도 유사하다. 남바갤왜nampar gyalwai는 완전한 승리자를 일컬으니 봉우리 이름을 따라 풀어내자면 머리에 보관을 쓴 완벽한 승리자라는 이야기다.

산스크리트어로는 '승리자'는 비자야Vijaya다. 비자야는 본래 비슈누의 성전을 지키던 파수꾼으로 비자야라는 단어는 거침없이 상대의 조복을 받아내는 승리자를 일컫는다. 인도를 무력으로 휩쓸던 아쇼까 대왕의 젊은 날 역시 비자야로 불렸으며 적군들은 이 이름만으로 공포에 떨어야 했다.

푸른 하늘에 구름이 몇 점 등장해서 붉은 봉우리 위를 유유자적 지나간다. 고깃배처럼 생긴 구름은 여유롭기만 하다. 머리에 보관을 찾다가 구름과 눈이 마주쳐 푸른 하늘까지 연이어 시선이 간다.

약칭으로 비자야라 부르지만 인도에서의 정식이름은 마하스타마쁘랍따mahasthamaprapta, 즉 우리말로 번역하면 대세지보살로 세지보살勢至菩薩, 득대세지보살得大勢至菩薩, 대정진보살大精進菩薩이라고 말하기도 한다. 그가 발을 내딛으면 삼천대천세계와 더불어 마군의 궁전까지 쿵쿵 흔들린다는 의미에서 만들어진 이름이다. 더불어 지혜광명이 모든 지옥·아귀·축생의 중생에게 두루 비추면서 위없는 힘을 얻게 해준다고 해서 이 이름이 붙었으니 이름만 거론되어도 힘차고 용기 있는 보살이라는 사실을 알 수 있다. 관세음보살의 한 형태로 간주된다.

경전은 대세지보살을 관觀하라며 그 모습을 소상히 밝힌다.

이 보살의 크기는 관세음보살과 같으며 그 원광의 지름은 125유순이며 250유순을 비추느니라. 온몸에서 발하는 광명은 자마금색紫磨金色으로서 시방세계의 모든 나라를 비추는데 인연이 있는 중생들은 다 볼 수 있느니라. 그리고 이 보살의 한 모공毛孔에서 나오는 광명만 보아도 시방세계의 무량한 모든 부처님의 청정하고 미묘한 광명을 볼 수 있느니라. 그러므로 이 보살의 이름을 끝없는 광명인 무변광無邊光이라 말하며 또한 지혜의 광명으로써 두루 일체 중생을 비추어 지옥 · 아귀 · 축생 등 삼악도의 고난을 여의게 하는 위없는 힘을 지니고 있으므로, 이 보살을 큰 힘을 얻은 이, 곧 대세지大勢至라 하느니라.

그리고 이 보살의 보배관은 500보배 꽃받침이 있는데, 그 낱낱의 꽃받침에는 시방세계의 모든 청정 미묘한 불국토의 광대한 모양이 나타나 있느니라. 또한 정수

세월은 빗겨가지 않는다. 비록 티베트 사람이라도 병든 노인에게 순례의 길은 용이하지 않다. 그러다 고개를 들었을 때 거친 숨소리 안에 이제 여한이 더 이상 없다는 미소가 엿보였다. 선택이 아니라 필수인 무엇을 해내고 있다는 귀결의 길. 이런 길 없이 무명 삼독에 젖은 그대들은 도심의 유흥가를 서성이는가. 잡념으로 가득 찬 미로를 쉼 없이 방황하는가.

리의 육계는 찬란한 홍련화와 같으며, 그 위에 하나의 보배 병이 있는데, 온갖 광명이 가득하여 두루 부처님 일〔佛事〕을 나투고 있느니라. 그리고 이 밖에 여러 가지 몸의 형상은 관세음보살과 다름이 없느니라.

그리고 이 보살이 다닐 적에는 시방세계의 일체 모든 것이 진동하며, 진동하는 곳마다 바로 500억의 보배꽃이 피고, 꽃마다 크고 장엄함이 극락세계와 같으니라. 또한 이 보살이 앉을 때에는 7보로 된 국토가 일시에 흔들리는데 그것은 아래쪽의 금광불 국토에서 위에 있는 광명불 국토까지 이르느니라. 그리고 그 중간에는 무량 무수한 아미타불의 분신分身과 관세음보살과 대세지보살의 분신들이 구름같이 극락세계에 모여 허공 가득히 연화대에 앉아서 미묘한 불법을 연설하여 고해 중생을 제도하시느니라.

상상만으로도 어마어마하니 솔직히 말하면, 아예 상상이 되지 않는다. 내가 스스로 평가하는 내 단점은 어마어마한 수치들이 등장하면 아예 정보를 차단시켜버리는 점으로 여차하면 끝까지 읽지 않고 멈춰버린다. 이런 글은 인내심을 가지고 스스로 잘 달래가며 마지막 단어까지 독려하며 가야 한다.

그렇지만 대세지보살은 나에게 친근하다. 『유마경』에서 만난 대세지보살은 조금 어설프고 융통성이 없어 일종의 유대감을 느꼈다고나 할까.

붓다가 유마거사의 문병을 권유하자 모두들 이리 빼고 저리 뺀다. 한 번쯤은 유마거사에게 당했기 때문이다. 대세지보살도 예외가 아니라 슬며시 거절한다. 쭉또르 남바갤왜〔대세지보살〕를 처음 볼 때 솔직히 이야기하자면

『유마경』부터 마음 안에서 들척였다.

내가 좋아하는 유마경의 대세지보살

대세지보살이 고요한 상태에 있을 때, 마왕 파순이 인드라[帝釋天]로 변장을 하고 1만 2천명의 아리따운 천녀들과 함께 찾아온다. 파순은 악마의 우두머리로 고타마 싯달다가 붓다로 재탄생하는 마지막 순간까지 자신의 3명의 딸을 보내 깨달음을 훼방한 존재다.

대세지보살은 까맣게 모른 채 이들에게 설법한다. 내용을 간단하게 말하자면 세상의 모든 것은 무상하니, 상주하는 영원한 진리를 찾아 정진해야 한다는 것.

파순은 설법의 감사함으로 1만 2천명의 천녀들을 시녀로 삼아 곁에 두시라고 한다. 파순의 특기는 상대에게 교태 넘치는 이성을 주어 흔들게 하는 것. 그러나 대세지보살은 사문으로서 여자를 곁에 둘 수 없다며 거절한다. 여자라면 아예 옆에 있으면 안 된다니 고목선枯木禪스러운 분위기며 『삼국유사』에서 노힐부득과 달달박박 이야기를 연상시킨다.

이때 유마가 등장하여 대세지보살에게 말한다.

"이 사람은 인드라[帝釋天]가 아닙니다. 파순입니다. 마왕이 와서 그대를 유혹하고 있습니다."

그리고 마왕에게 말했다.

"그 여자들을 나에게 달라. 기쁘게 받으리라."

파순은 심히 놀랐다. 그는 어쩔 수 없이 1만 2천 명의 천녀를 유마에게 넘겨야 했다.

그러면 유마는 1만 2천 명의 여자들을 피하지 않고 데리고 가 무엇을 했을까.

설법을 했다.

여자들은 마왕과 함께 있을 때는 오로지 안 · 이 · 비 · 설 · 신의 다섯 가지 감각[五感]으로부터 일어나는 즐거움을 추구했다. 남자를 보고, 목소리를 듣고, 남자의 감촉 등등에 몰두하며 욕정을 채우고 만족하는 일이 최고의 가치이자 기쁨이었다. 그러나 유마는 그러한 '열락悅樂'은 그대들이 추구할 바가 아니며 진실한 즐거움이란 '법락法樂'이라 가르쳤겠다. 그러나 오랫동안 그렇게 살아온 천녀들이 법락이 무엇인지 알 수 있겠는가? 그것이 무엇이냐 묻는다.

"법락이란 다섯 가지 감각의 관능을 즐겁게 하는 것이 아니라, 마음을 즐겁게 하는 것."

그 후 유마의 기나긴 설법을 들은 천녀들은 자신들이 살던 마계의 즐거움과는 차원을 달리하는 높은 즐거움이 있음을 알게 된다. 멀리서 이 모습을 본 마왕은 당황했다. 자신의 선녀를 다시 마계로 되돌아가게 하려고 유마를 찾아왔다.

일단 천녀들에게 말한다.

"어서 나와 함께 돌아가자."

이제 다른 존재가 된 천녀들이 그대로 쉽게 갈까, 거절한다.

당황한 파순은 이제 직접 유마에게 말한다.

"거사님, 이 여자들을 버리세요, 보살은 일체 소유를 베풀지 않습니까."

아주 차원이 높은 요구다. 보디삿뜨바[보살]가 어떤 존재라는 것을 명쾌히 알고 있지 않은가. 거절한다면 보디삿뜨바가 아니다.

유마는 즉답한다.

"나는 이미 버렸다. 너는 마음대로 데리고 가라."

유마는 처음부터 소유하지 않았기에 받은 것도 없고 잃은 것도 없는 셈. 즉 오고감이 없는 무애 무소유다. 사실 내 가족이라면서 내 것이라 하지만, 내가 소유할 수 있는 것일까. 나 자체도 엄밀히 이야기하자면 내가 주인이 아닌 마당에 내 것이란 우주 어디에 털끝만큼이라도 있기는 있는 것일까. 내가 주인이라면 이 몸이 늙거나 병들도록 내버려둘 수 있을까. 나도 내 것이고 아내도 내 것이며, 아이들도 내 것이라는 생각은 범부의 생각이며, 반대편이라면 진리를 통찰한 진정한 수행자의 마음이 아닌가.

그러나 1만 2천의 여자들이 이제 본래 자리로 되돌아가는 일을 즐거워하지 않는다. 이게 무서운 거다. 마음공부가 진행되면 다시 먼지구덩이 속으로 가고 싶지 않다.

유마는 설한다.

"여러 누이들아, 법문法門이 있다. 무진등無盡燈이라고 한다. 너희들은 잘 배워라. 무진등이라는 것은 한 등으로 백천만 개의 등을 태운다. 어두운

급하게 만들어진 유목민 이동 편의점. 둘이 서로 바꿔가며 열심히 빙빙 돌리다가 기어이 바닥까지 살피더니 콜라 두 캔 산다. 나라고 안 그럴까. 라벨을 보고 빙빙 돌리다가 찾았다! 콜라 한 캔 산다. 아주 신중히 살폈던 똑똑한 영국아이, 여자 친구에게 슬쩍 나지막이 말한다. '저 바보 같은 놈, 유통기간이 지난 거 골랐어.' 오호, 너는 알고 있니. 너희들이 열심히 피하려 했던 숫자와 내가 열심히 찾으려 했던 날짜가 같은 것이란 걸. 같은 걸 너는 기를 쓰며 피하고 나는 기쁘게, 찾았다! 골랐다는 사실. 이 산 속, 가난한 유목민들의 한철 장사. 2년 지나고, 3년이 되어도 팔아치우지 못한 유통기간 지나버린 낡은 콜라. 너는 알고 있니. '바보 같은' 내 마음의 유통기간은 너희들의 유통기간보다는 한없이 길다는 거.

红烧
牛肉面
百事可乐
PEPSI
世纪行
BANGPAI
GuoXingZhiMaTiao

것을 모두 밝게 하고 그 밝음은 어두움을 모두 없앤다. 여러 누이들아, 이와 같이 한 보살이 백천만의 중생들을 제도하여 아뇩다라삼먁삼보리심을 일으키게 한다. 그 도의道意는 멸진滅盡하지 않고 소설所說의 법에 따라 스스로 일체의 선법善法을 증익增益한다. 이것을 무진등이라고 한다."

무진등이란 하나의 등불을 켜면 그 등불이 옆으로 가고 옆으로 가면서 수많은 등불을 밝히는 것과 같다는 뜻이며 그런 등불이 되라는 의미다. 누군가 보리심을 일으키면 그 옆으로 옮겨지고 옮겨지는 것을 비유한다.

후의 결과는 뻔하다. 천녀들은 비록 몸은 마왕의 세계에 들어갔으나 마음은 보리에 두었으니 한 사람 한 사람이 모두 등이 되었다. 비록 지옥이라도, 악마가 사는 곳이라도, 아무리 세상의 악이 판치는 곳이라도 보디삿뜨바는 찾아가서 하나의 등불을 켠다.

보통 모자라는 나 같은 근기의 사람들은 대세지보살이 누구며 무슨 임무를 맡은 보살이라는 나열보다는 『유마경』의 이러저런 이야기에 나오는 보살이다, 비록 주연이 아니라 조연이지만 『유마경』에 나오더라, 이렇게 더 잘 기억한다.

그러나 이곳까지 와서 그것은 두 번째다. 첫 번째는 쭉또르 남바갤왜[대세지보살]의 상징을 잘 살펴야 한다.

지혜와 용기.

이 두 가지다. 지혜는 지식을 전환시켜 만들어지는 것이며, 용기는 자신감에서 비롯된다. 가령 전쟁터에서 용맹한 장군의 위풍당당함은 용기에서 나오는 것이며, 그 용기란 평소에 꾸준한 무술단련과 전술 습득에 있다.

이것을 수행으로 바꾸어 이야기한다면 무엇이 용기를 만들어내는지 확연하게 드러난다. 사자와 같은 그리고 코끼리 행보와 같은 수행자들은 어떻게 그 자리에 이르렀는가.

색色은 거품이 모인 것과 같고, 수受는 물 위의 거품과 같으며, 상想은 봄날의 아지랑이, 모든 행行은 파초와 같고 식識은 꿈과 허깨비와 같다 하지 않는가. 이런 속성을 가진 나라 부르는 나는 쭉또르 남바갤왜[대세지보살]의 지혜와 그 뒤를 따르는 용기가 필요하다. 오늘 잘 하지 않으면 내일도 없으며, 내생來生이란 별것인가. 지금 이후의 삶일지니, 이렇게 기회가 있을 때마다 몸·입·뜻을 청정히 하며 '나무를 문질러 불씨를 얻으려면' 일정한 속도가 필요하듯이 끊임없이 닦을 따름이다.

내일來日이 먼저 올지 내생來生이 먼저 올지 아무도 모른다. 그렇게 닦아야 지혜도 오고 용기도 올 터이니.

"나무대세지보살마하살南無大勢至菩薩摩訶薩."

이런 각오를 하는 동안 마음에서 뜨거운 기운이 울컥 솟은 후 잔잔하게 퍼져나간다. 열락이 아닌 법락이 만들어주는 현상이다.

그런 상징을 가진 봉우리에게도 합장을 드린다.

이렇게 멀리서 찾아와 뜻을 헤아리며 절하는 마음. 내가 전생에 좋은 일 몇 가지를 했기는 했나보다.

"옴 아모가 비쟈야 훔 파트."

◉ 15

하늘이 점지한 왕, 게사르

어려움과 장애를 적절하게 이용하고 활용할 수만 있다면 종종 예상치 못한 힘의 원천이 될 수 있습니다. 게사르Gesar는 무사武士 출신의 위대한 티베트 왕으로 그의 탈출기는 티베트 문학 가운데 가장 위대한 서사시입니다. 게사르는 '정복되지 않는다'는 뜻으로 굴복당하지 않는 사람을 가리킵니다. 게사르가 태어난 순간부터 그의 사악한 삼촌 뙤뚱Trotung은 수단과 방법을 가리지 않고 게사르를 죽이려 했습니다. 그러면 그럴수록 게사르는 훨씬 더 강인하게 자라났습니다.

티베트 사람에게 게사르는 싸우는 무사일 뿐만 아니라 영혼을 지키는 전사이기도 합니다. 영혼을 지키는 전사가 된다는 것은 특별한 용기를 필요로 합니다. 그 용기는 타고난 지성과 부드러움, 담대함을 갖추고 있어야 합니다. 영혼을 지키는 전사도 가끔은 놀랄 때가 있기는 하지만, 그는 고통을 감내하고 근원적 공포에 당당히 직면하며 어려움을 피하지 않고 그로부터 교훈을 이끌어낼 만큼 용기가 있습니다.

— 쇼갈 린포체

위대한 왕이로다

● ● ●

온통 붉은색을 띤 갈색 갑옷을 입은 게사르 봉은 해발 5천690미터로 특이한 모습을 하고 있다. 모습이다. 창이나 칼을 모두 막아낼 수 있는 단단한 흉갑을 두르고 바깥에는 삼각형으로 이루어진 몇 개의 보호구를 덧붙인 형상이다. 거기에 더해 머리에는 결코 깨트릴 수 없을 듯한 둥그런 투구를 썼다. 여지없이 장군의 위상으로 여차 하면 전쟁터로 뚜벅뚜벅 걸어나갈 자세로 쭉또르 남바갤왜 포당에 연이어 있다.

게사르는 티베트 사람이라면 누구나 알고 있는 위대한 왕이다. 신화 속의 왕이지만 사람들은 실제로 존재했다고 믿고 있다.

구루 린포체와 같이 실제로 있었던 역사적 이야기를 '남탈' 이라 하고, 이렇게 지어낸 허구를 '둥' 이라 하지만 티베트 사람들은 게사르 '둥' 이 아니라 게사르 '남탈' 로 생각한다. 그 진위는 알 수 없는 일이되 좋아하는 사람이나 좋아하는 나라에 대해 귀가 얇은 나로서는 게사르 존재를 믿는 편이라 '남탈' 로 기운다. 신화에만 있는 문명이 발견되기도 하고 구전되었던 사실들이 만천하에 문화재로 실존을 말하며 역사에 당당하게 등재되기도 하지 않았던가.

게사르 왕의 이야기는 간단히 설명하자면 이렇다.

인간사회에 요괴들과 마귀들이 창궐한다. 사람들은 고통에 허덕이기 시작한다. 이 비참한 상황에 천신의 아들이 하계 하강하여 사람의 몸을 받고 링국에서 태어나 성장한 후, 온갖 시련을 겪어내며 왕위에 오른다. 그는 주변의 악랄한 나라들을 정복하여 굴복시키고 이어 지옥에서 고생하고 있는 어머니와 아내를 구한 후 다시 천국으로 되돌아간다. 이 천신의 아들 이름이 게사르〔格薩爾〕로 세상에서 가장 긴 대서사시 『게사르 전기』의 주인공이다.

주로 입에서 입으로 전해 내려온 이 대서사시는 120여 부部 100여 만 시행詩行, 약 2천여 만 자로 되어 있어 『일리아드』, 『오디세이』는 물론이고 히말라야 아래 나라 인도의 『마하바라타』, 『라마야나』조차 울고 가야 할 정도로 방대하다. 이 민족영웅 서시는 고대 티베트의 문화예술, 사회, 역

사, 정치, 경제, 종교, 윤리도덕, 풍토, 언어 등등 방대한 내용이 담긴 백과사전이다.

사람이란 게 참 그렇다. 처음에는 『일리아드』 혹은 『오디세이』가 세상에서 가장 긴 것으로 알고 있었다가, 인도를 공부하면서는 『마하바라타』, 『라마야나』가 세상에서 제일 긴 서사시라 하여 마음으로 흐뭇했다. 내가 따르던 힌두교에 대한 자부심이라고나 할까. 그런데 이제 관심을 티베트로 돌리자, 이곳에 정말로 제일 긴 서사시가 있어 다시 기분이 좋다.

『게사르전』은 1920년까지 중국인들에게는 알려지지 않았다. 1928년에 쓰촨〔四川〕 대학의 런나이창〔任乃强〕 교수가 중국인으로는 연구를 처음 시작해 1944년에 이르러 첫 논문을 발표했으니 최근까지 아주 무시했거나 거의 몰랐다고 보는 일이 옳다. 도리어 서구사회 프랑스에서는 1931년 알렉산드라 다윗 닐이 『링 게사르 초인의 일생』을 출간했다.

『게사르전』은 인민혁명을 치러내는 동안 모진 일을 겪어 홍위병들에 의해 쓰레기로 지목되더니 한 발 더 나가 '대독초大毒草' 및 '대표성이 있는 독초 작품' 이라는 혐의를 받아 게사르 초본初本은 불교경전과 함께 불태워지는 고초를 당했다.

"노골적인 반당, 반사회주의, 반과학의 독화살."

"게사르는 노동인민을 죽이는 도살자."

하늘로 우뚝 솟은 게사르 봉우리는 마치 투구를 쓴 장군의 모습이다. 더불어 갑옷까지 겹쳐 입어 언제든 전쟁터로 튀어나갈 자세를 취하고 있다. 억압받는 현 체제에서 개벽을 원하는 사람들에게 언젠가 다시 돌아온다는 게사르는 이름만으로도 이미 위안이다. 부디 다시 일어나시라.

심지어는 게사르가 로마의 정복자 케사르[시이저]에서 기원했다는 어이없는 가설을 내세우며 평가 절하했으니 소가 웃을 일이다. 한 시절 영웅서사시로 사람들 입에 오르내리던 『게사르전』은 이렇게 티베트 내의 다른 모든 것들처럼 운명적으로 반동이라는 죄목으로 위기에 몰렸으나, 세상일이 어디 그런가, 다시 제 자리를 찾았다. 중국인들 입으로 봉건마왕封建魔王이라고 폄하해도 구전문학이란 쉬이 꺼지는 불이 아니다.

이제 게사르는 독초毒草에서 입장이 180도 바뀌어 향화香花로 대우받으며 잘못을 바로잡고[平反] 있다. 문예흑선文藝黑線으로 불리던 게사르 작업자들과 소귀신 뱀귀신[牛鬼邪鬼]이라고 죄인 취급하던 『게사르전』의 둥빠, 즉 노래꾼들은 밖으로 다시 나와 연구하고 노래를 부를 수 있게 되었으니 세계적인 문학보고는 소생했다. 재미있는 사실은 박해를 가했던 중국인들이 이제는 '소중한 우리 것' 이라며 연구에 몰두하고 있다는 점. 티베트와 몽골의 영웅이 '전체 중화민족의 정신의 한 상징' 으로 변해가고 있으며 한 걸음 더 나가 '모두 크고 빛나는 게사르 정신을 발양해야 한다' 고 말하고 있다.

티베트 출신 게사르 장군의 중국 본토의 위대한 정복이다!

티베트라는 지역의 설역 문화권은 매우 개성적이기에 다른 문화들과 확연하게 구별이 된다. 거대한 용광로처럼 하나가 되어 흘러가는 인도문화권이나, 한자를 바탕으로 유가 · 불가 · 도가들의 깔끔한 개성을 자랑하는 중국문화권과는 완연하게 다른 빛을 가진다.

이 중에 어떤 문화도 상대편을 가볍게 볼 수 없다. 가볍게 여기고 탄압하겠다는 자체가 도리어 자신들의 열등감의 적극적 표현 이외 다름 아니다.

『게사르전』에는 티베트 그대로가 들어가 있기에 토템과 샤머니즘의 자연숭배, 뵌교, 불교 모두 포함된다. 학자들에 의하면 티베트 문화는 세 가지가 비벼진 것, 즉 영주귀족문화, 승려문화 여기에 민간문화까지 더해진 삼족정립三足鼎立 혹은 삼원회합三元匯合이라 평가하되 『게사르전』은 바로 삼원회합을 바탕으로 정치경제, 민족구성, 종교신앙, 윤리도덕, 문화예술 들이 버무려지며 어우러진 대작이라 한다.

게사르를 노래하는 둥빠〔노래꾼〕는 일종의 신내림을 받은 경우가 많다. 이들 대부분은 자신의 이름조차 쓰지 못하는 문맹이면서 게사르 왕 이야기를 그대로 외워내니 샤머니즘적인 어떤 요소가 개입되지 않으면 불가능하다. 1987년 8월 골록〔果洛〕에서 뛰어난 실력을 보인 19세의 구루 개챈의 경우 자신이 게사르를 수행하던 부하 대장인 지지남카도제의 환생이라고 주장했으며 이와 유사한 신비로운 이야기가 꽤나 많이 전해 온다. 티베트를 강점했을 무렵 쓰촨과 깐수 지방을 무대로 활동했던 우양땅주〔吳央當州〕는 일대에서 그의 노래를 듣지 않은 사람이 없을 정도였다고 한다. 그런 그가 『게사르전』을 노래하고, 마침 그날 큰 눈이라도 내린다면 '큰 눈이 흩날리던 밤이 지나면 다음날 적지 않은 말발굽 흔적과 옛날식 신발자국을 발견할 수 있었다' 고 전해지니 『게사르전』 중에 등장하는 인물, 신령들의 발자국이라는 이야기다.

뼈대를 살펴본다

● ● ●

티베트 사람들이 강 린포체〔카일라스〕라는 성전에 게사르를 모신 이유는 무엇일까.

신화구조를 보면 알 수 있다.

『게사르전』은 천상, 지상 그리고 지옥이라는 세 세상〔三界〕, 즉 탄생편誕生篇, 항마편降魔篇, 지옥편地獄篇으로 나뉜다. 하늘에서는 자비심을 일으켜 해결사를 내려보내고, 지상에서는 온갖 분쟁이 일어나며, 지옥에서는 까르마에 따른 업보를 받는다는 것이 핵심구도이다.

지상에서는 티베트가 내분으로 분열되고 바깥으로부터는 침략을 받는 위기가 찾아오자 관세음보살이 천신과 상의하여 천신의 아들을 지상으로 보내기로 하고 큰 새로 변신시켜 내려보낸다. 새는 한 족장 부인의 몸으로 빛과 함께 들어가 잉태된다.

이렇게 태어난 게사르는 모든 영웅이 그러하듯이 박해를 받으며 성장하고, 승마대회에서 당당히 우승하여 당시의 규칙에 따라 최고의 미녀를 얻은 후 이어 왕위에 오른다. 북쪽에서 마왕이 침략해오자 아예 마왕의 거처까지 쳐들어가 승리한 후, 이야기는 이어져 크고 작은 100번의 전쟁, 그 사이에 일어나는 배반, 반란, 응징 등이 중반부 주제가 되며, 후대로 가면서 지하세계로 두 번 들어가 어머니와 아내를 구하는 이야기가 더해진다. 결국 관세음보살의 자비에 의해 천상세계가 지상의 문제에 개입하고, 평화가 오고 불법이 수호된다는 이야기다.

신의 아들로 인간의 몸을 받아 태어났다. 악마를 응징하고 혼돈의 지상에 평화를 준다. 난세를 평정하며, 지상에는 정의가 자리 잡도록 선도하며, 하늘에서는 지상세계의 염려를 덜도록 선군으로서의 임무를 다한다. 게사르. 우리는 다만 그가 더디 오는 것을 한탄할 따름이다.

게사르는 불교국 티베트의 수호신과 마찬가지다. 『게사르전』은 티베트 안에 제한된 것이 아니라 몽골을 비롯하여 '투족, 나시족, 위구족, 푸미족, 리수 사이' 까지 퍼져 있으며 '유포지역은 시짱, 칭하이, 깐수, 쓰촨, 위난, 네이멍구, 신장 등 7개 성급지역' 까지 널리 퍼져 있다고 한다.

지금 세상은 『게사르전』으로 보자면 중반기, 바로 외부에서 마왕이 쳐들어온 시간대가 된다. 위대한 장군의 활동이 필요한 시기다.

산의 외형은 장군상으로 그대로 침묵에 잠겨 있으므로 도리어 위엄차다. 티베트를 위해 때를 기다리며 은인하게 강 린포체〔카일라스〕를 시봉하고 있다.

게사르는 환생해야 한다. 그가 다시 돌아와 검을 뽑고 행동을 시작하여 티베트의 독립을 되찾아야 한다는 마음으로 게사르 봉을 향해 합장한다. 티베트인들은 평화의 시기에는 불교를 수호하기 위해 힘을 기울였던 왕에게 강 린포체〔카일라스〕를 외호하는 역을 맡겼으나, 이제는 외부인〔한족〕들을 제자리로 돌려보내어 이 땅에 더 이상 수탈이 없는 평정의 의무를 부여하고 싶지 않으랴. 사람들은 언제부터 게사르 봉이라고 불렀는지 모른다고 했다. 그러나 한때는 위대한 왕으로, 최근에는 티베트를 다시 진정한 티베트로 돌려놓을 위대한 장군의 부활을 꿈꾸며 민중들은 입에서 입으로 게사르 봉이라는 이름을 이어왔으리라.

게사르는 '정복되지 않는' 다는 의미로 굴복하지 않음을 나타낸다. 한편 게사르가 그렇게 위대하게 된 것은 그를 죽이려 하고 끊임없이 괴롭힌 삼촌 뙤뚱 덕분이었으니 뙤뚱으로부터 시련을 겪으며 더욱 강인해지기 시작했다.

티베트가 시련을 통해 부디 그리 되기를.

'샴발라' 의 예언처럼 악의 무리가 제거되고 간덴 사원의 쫑카빠의 무덤이 스스로 열리며 붓다의 가르침이 다시 이 땅에서 회복되기를.

● 16

험악한 곤포팡과 리바나 봉

그것은 어머니가 아들을 사랑하고 가르칠 때 자애로운 사랑으로 대할 때도 있고, 회초리를 들고 엄하게 질책하는 모습을 보일 때도 있는 것과 같은 이치이다. 곧 불보살들은 중생을 성불시키기 위한 대자대비하신 마음으로, 나쁜 습기와 불법에 장애가 되는 마장을 없애기 위해 분노한 무서운 형상을 보이시기도 한다는 것이다.

—설오스님의 『티베트불교체험기』 중에서

무시무시한 얼굴은 의미가 있다

● ● ●

로봇의 발전은 하루가 다르다. 이제는 표정까지 만들어내는 로봇이 나와 사람들에게 재미를 주기도 한다.

그렇다면 마음이 편안하고 만족하고 있다면 어떤 표정을 지어야 하나. 입가에는 옅은 미소 더불어 눈은 슬며시 반쯤 감긴다. 반대로 화가 났다면 눈이 우락부락하게 커지고 코끝을 벌렁대고 입 모양 역시 변해야 한다. 로봇의 표정뿐 아니라 자세까지 주문하게 된다면 주먹을 쥐거나 어깨가 올라가며 위협적으로 표현하게 된다. 무기를 손에 쥐어줄 수도 있다.

로봇을 만드는 사람들은 이런 표정을 연구하지 않으면 사람들의 공감을 얻을 수 없다. 소위 말하는 바디 랭귀지다.

이런 생각은 과거에도 있었으니 바로 자비로운 모습의 불상과 분노하는 모습의 불상이 탄생한 배경이다. 티베트불교 사원에서는 이렇게 험악할 정도로 성질을 내고 있는 불상을 쉽게 볼 수 있다.

예를 들어 툽뗀이라는 선지식이 있다고 치자. 툽뗀은 어느 날 제자들이 수행을 잘하고 있는지 아니면 농땡이를 부리는지 알아보기 위해 선방을 찾아왔다. 그런데 여기저기서 꾸벅꾸벅 졸고, 한쪽에서는 이야기를 나누느라 시끌거리는 것이 아닌가.

선방 분위기가 이게 뭔가! 툽뗀은 달려들어 '이 밥만 먹는 돼지들아!' 눈을 부라리고 호통을 치며 죽비를 휘둘렀겠다. 항상 선정에 들어 결가부좌로 앉아 계시던 스님이 눈알을 부라리고 뻘겋게 충혈이 되어서 펄펄 날뛰는 모습은 그야말로 호랑이 같았을 터, 사람들은 다음부터는 선방 바깥에서 누군가 낙엽을 밟는 바스락 소리에도 무서운 호랑이 스님을 연상하지 않겠는가.

그렇지만 툽뗀이 어디 사사로운 감정을 개입시켜가며 그랬을까. 모두 제자들이 잘되라고, 열심히 용맹정진하라는 자비로운 마음이 바탕에 있지 않았던가. 아무리 폭력적으로 보이더라도 그 밑에는 다르마[法]를 제대로 이어가려는 뜻[意]이 숨겨져 있는 것이다.

분노존憤怒尊이 바로 그렇다. 진리를 수호하고, 자비심을 유지하며, 더불어 중생들의 수행을 방해하는 요소에 대한 격렬한 표현이다. 성불로 가는 길의 장애에 대한 험한 저항이다.

밀교를 수호하는 다르마빨라[護法尊]들은 겉으로는 분노한 모습을 보여주지만 내면으로는 큰 자비로 충만되어 있다. 그들은 수행자들이 부딪치는

곤포〔마하깔라〕는 시신 위에 올라타는 형태로 자주 나타난다. 몸은 숯검정이며 칼과 삼지창을 들고, 두개골로 만들어진 잔을 들고 있다. 눈을 부라리며 상대를 압도한다. 불법을 수호하겠다는 메타포와 메시지를 동시에 묶어낸 형상이다.

영적인 장애물들에 직접 대적하고자 분노한 모습으로 나타나서 수행자들의 정진을 돕거나, 악한 이들을 선한 세상으로 구제하고자 분노한 모습으로 그들 마음을 굴복시킨다. 이런 모습은 다른 이름을 가진다. 평소에는 툽뗀 스님이지만 화가 나 있는 상태는 호랑이 스님이 되는 것처럼.

쫑카빠에 의하면 이들에게는 공통점이 있는바, '적황색의 머리카락은 곤두서 있고, 같은 색을 가진 눈썹과 수염은 불타오르는 모습이며, 얼굴은 둥글고 세 개의 눈동자를 가지고, 네 개의 날카로운 이빨을 드러내며, 하하, 큰 소리를 내지르며, 분노에 가득 찬 표정으로 이맛살을 찌푸리고 있으며, 배는 아래로 축 늘어져 있다' 고 외모를 묘사한다.

즉 첸레식〔아바로끼떼슈바라, 관세음보살〕이 잔뜩 화가 난 것이 곤포〔마하깔라〕

이고, 쭉또르 남바걜왜〔대세지보살〕는 창나 도제〔금강수〕, 그리고 잠양〔만주스리, 문수보살〕이 화가 난 모습은 신제쵸걀Shinje chhogyal〔야만따까 Yamantaka〕이다.

위대한 시간이라는 의미를 가진 마하깔라는 검은색 몸을 가지고 있기에 대흑천大黑天, 대흑大黑으로 의역되었다. 솥뚜껑만한 커다란 얼굴에 부라리고 있는 눈은 셋이며 한 손에는 깔따리Kartari〔칼〕, 다른 손에는 피가 담긴 까빨라Kapala〔해골 잔〕를 가지고 있다. 출신은 힌두교 위대한 삼신 중에 하나 쉬바신으로 파괴와 죽음을 안겨줄 때의 모습을 가지고 티베트불교의 호법신으로 들어왔다.

네팔 히말라야에 있는 해발 8천463미터의 세계 5위봉 마칼루Makalu는 바로 이 쉬바신의 현현으로 여긴다. 그러나 불교로 습합이 되어 불교를 수호하고, 유목민을 보호하며, 기아에 허덕이는 사람들을 구제하고, 때로는 사악한 자를 심판하기 위해 등장한다. 수행자들에게는 열심히 수행이 가능하도록 도와주기에 수행 시에 부정적인 마음이 생길 때 제거해주는 역할을 맡으며, 망상이 일어나면 방향을 바꾸어 집중시키는 것 역시 마하깔라의 역이라고 한다.

곤포팡Gonpo pang은 해발 5천656미터로 곤포는 정확히 말하자면 지키는 즉 외호外護하는 역할을 담당하는 존재를 말한다. 안으로 부정한 것들이 들어오지 못하도록 막기 위해서는 모습이 여간 험하지 않으면 안 되며 표정이 무시무시해야 한다. 티베트어 곤포가 바로 산스크리트어 마하깔라 Mahakala를 말하며 곤포를 제일 먼저 받아들인 것은 티베트불교 4파 중에서 샤까파다. 즉 현재 구게Guge 지역의 샤까파 스승 린첸 쌍뽀Rinchen Zangpo,

958~1055가 인도 보드가야에서 들여와 티베트에 널리 뿌리내리는 역할을 했고 이것은 시간이 흐르면서 차차 티베트 전체로 퍼져나간 후 이어 유목민족 몽골에까지 전해서 위세를 가지게 된다. 린첸 쌍뽀는 당시 구게 왕국의 3대 왕이었던 라데 왕의 지시로 인도를 유학하고 돌아와 많은 경전을 번역했으며 더불어 1042년에 인도의 아티샤스님을 초빙하여 티베트 고원에서의 불교발전에 커다란 초석을 놓는 일은 물론 불교부흥에 지대한 공헌을 했다.

곤포팡[마하깔라 봉]은 언뜻 보아도 위협적이다. 두건을 뒤집어쓰고 있는 모습이라 얼굴 부위에 깊은 그늘이 드리워진다. 이 안을 응시하면 자신의 라마[근본 스승]가 보인다고 한다.

보이나?

어둠이다.

봉우리가 어두워서가 아니라 내가 아직 무명에 젖은 탓이다.

힌두교에서는 라바나 봉우리

힌두교에서는 이것을 라바나Ravana 봉우리라고 부른다.

힌두교에서 선善을 맡고 있는 존재들은 당연히 신이며, 반대로 악惡은 악마 그룹이 일으킨다. 악마 그룹은 신을 상대로 싸움에 나서는 아수라Asura가 있으며, 사람을 상대로 꾸준히 괴롭히는 락샤샤, 라까스Rakas, 즉 나찰羅刹이 있다.

락샤샤의 본거지는 인도 아래 섬, 랑카Lanka로 되어 있다. 락샤샤의 가장 우두머리는 라바나, 본래 열 개의 머리(일부에는 열두 개의 머리), 스무 개의 팔, 구릿빛 눈, 달빛처럼 하얀 이빨 그리고 산 같은 덩치를 가졌다 한다. 본래 아수라 무리는 커다란 성을 쌓고 신들과 겨룰 정도로 막강했으나 지나치게 커지는 것을 우려한 비슈누 견제에 의해 대부분 파괴되고 지하로 숨어들었다. 라바나가 태어났을 무렵 락샤샤의 세력은 이렇게 위축되어 있었다.

라바나는 락샤샤들의 부활을 위해 노력하기로 했다. 힌두교에서 모든 소망은 고행으로 해결이 된다.

라바나는 어디서 고행을 했을까?

바로 티베트 사람들이 랑가쵸Langa Tso라고 부르는 해발 4천572미터의 라까스 딸Rakas Tal, 소위 말하는 악마의 호수에서였다. 마빰 윰쵸[마나사로바] 좌측 서쪽에 자리 잡은 일그러진 달 모습의 호수로 물고기가 살지 않으며 현지인들은 이 물을 절대로 마시지 않는다.

라바나는 1천년마다 자신의 머리를 하나씩 잘라내는 고행 끝에 브라흐마로부터 '신은 물론 가루다, 나가, 야크샤로부터 죽임을 당하지 않는다' 라는 축복을 받는다. 그리고 이제 강 린포체[카일라스] 계곡 쪽으로 올라와 고행을 다시 시작한다. 목적은 자신이 통치하는 도시가 적에게 정복되지 않는 무적의 도시가 되기를 바라면서 쉬바의 축복을 받기 위해서였다. 쉬바가 링

예기치 못한 모습으로 거칠게 일어난 봉우리 주변에는 스산한 바람이 분다. 힌두교도들은 삼엄함에 눈을 마주치지 않으려 한다. 악마의 기운이 남아 있다는 생각이다. 티베트 불교도들은 그와 반대로 자신의 종교에 대한 강력한 수호자로 여겨 존경의 시선을 보낸다. 같은 대상을 향한 두 가지의 다른 시선이다.

가 하나를 내려주면 자신의 도시에 가져다 놓을 심산이었으나, 멀지 않은 강 린포체[카일라스]에서 그동안의 모습을 모두 지켜본 쉬바신이 곱지 못한 의도를 가진 악마에게 자신의 은총이 듬뿍 담긴 상징을 호락호락하게 내주겠는가.

강 린포체[카일라스]에서 오랫동안 고행하며 응답을 기다렸으나 감감무소식. 참다못한 라바나는 밧줄을 타고 오르려고 시도하지만 실패를 거듭한다. 현재 북벽에 보이는 하얀 줄, 사실은 눈이 흘러내리며 만들어진 로프 모양의 하얀 선, 이 줄이 라바나가 벽을 타고 올랐다는 바로 그 줄이다. 거듭 실패하자 이번에는 방법을 바꾸어 자신의 힘으로 산을 통째로 들어 자신의 고향으로 가져가려고 밑에서 치켜들려고 한다. 그 자리가 바로 이 부근이다.

이때 강 린포체[카일라스] 정상에 앉아있던 쉬바는 기막히다는 듯이 손가락으로 라바나를 가볍게 튕겨버린다. 그러나 라바나는 지칠 줄 모르고 쉬바에게 자비를 구하며 간청했다.

또 다른 신화는 라바나가 왜 '소리 지르는 자' 라는 의미의 이름을 얻었는지 설명한다. 이 자리에서 강 린포체[카일라스]를 슬쩍 들었으나 쉬바가 어마어마한 힘으로 위에서부터 찍어 내렸겠다. 아뿔싸, 라바나는 그 사이에 손가락이 콱 끼어버렸으니 얼마나 아팠을까. 악을 쓰며 불렀으나 쉬바는 무려 1천년 동안 모르는 척 대꾸조차 없었다 한다. 즉 이 계곡에 1천년 동안 악쓰는 소리가 들렸다는 이야기로 악을 바락바락 썼기 때문에 라바나가 되었단다. 그러나 라바나는 쉬바에게 간청하지 않으면 안 되니 소음[라바나]이 침묵〔쉬바〕을 이길 도리가 없다는 상징이 숨어있기도 하다.

올려다 보이는 산봉우리의 모습은 라바나가 고행을 하면서 1천년에 하나씩 자신의 머리를 잘라내고 이제는 단지 두 개의 머리만 남아 있는 모습처럼 보인다. 해발고도 5천656미터.

그러나 나의 내면에는 라바나가 없을까. 무리한 일을 추구하다가 어떤 일을 마주쳤을 때 수많은 변명, 핑계 등등으로 입을 달싹거린 적은 없었을까. 나로 인해 모두가 곤란한 지경에 빠졌던 경우, 신속한 사과를 하지 않고, 어떻게 하면 궁지를 쉬이 빠져나가려고 궁리하며 도리어 소리 지르며 잔머리를 굴린 적은 없었는가. 라바나와 마주치는 일은 사실 내 잠재의식 안에 어떤 요소와 마주치는 일과도 같을 수 있으니 이런 곳에서는 그런 요소를 꺼내어 헹구어야 하지 않을까. 아니면 머리를 잘라내듯 아예 없애도록 해야 한다.

봉우리는 날카롭게 생긴 삼각형 두 개가 서로 이어진 모습이다. 조잡하거나 누추하지 않고 도리어 당당하다. 해가 서쪽으로 기우는 늦은 오후가 아니라면 코브라 머리처럼 일어난 두 삼각형 안에는 어둠이 드리워지며 바라보는 사람에게 어김없이 위압감을 주게 마련인 형상이다. 더구나 그 안에는 검은 색의 줄무늬가 상하로 그려져 있어 험한 모습을 더욱 과장하고 있다. 삼각형이 서로 마주치는 중앙부에는 하얀 폭포가 괴물의 타액처럼 떨어진다. 앞으로 나온 둥근 모양의 산괴는 육중하고 건강한 근육질 몸처럼 보이기에 곤포〔마하깔라〕건, 라바나건 어느 누구의 몸집이라 가정해도 잘 어울린다.

곤포〔마하깔라〕가 나태한 사람들을 향해 창갈創喝하려는 듯이 위협적이라 공부 열심히 하겠다고 다짐하며 다시 앞으로 나간다.

◉ 17

티베트의 공양물 똘마가 산 위에 있다

(공양물을) 자기 제자나 하인들에게 올리게 하면 그 공덕은 자신에게 돌아오지 않는다. 스승 아티샤께서는 매우 연로하셨을 때에도 청소하는 것과 삼보에 공양 올리거나 공양수供養水 올리는 것을 직접 하셨다. 다른 이들이 아티샤 대신 그러한 일을 하겠다고 요청하면,
"내가 힘들다고 해서 너희들이 나 대신 먹는 것도 할 수 있겠는가?" 하고 반문하셨다고 한다.

—쫑카빠의 『람림』 중에서

공양의 이유를 말해보자

● ● ●

"죽은 사람이 밥상을 차려놓는다고 오는가? 그건 우상숭배야."

흔히 듣는 이야기다.

"절에 가면 불상 앞에다가 떡이니 과일이니 올려놓는데, 부처가 그걸 먹을 수 있겠어? 다 쓸데없는 일이지."

그것뿐인가.

호기심이 많은 아이들도 절집에서 부모에게 묻는다.

"저렇게 하면 부처님이 먹어?"

"아니, 그냥 마음으로, 드세요, 그러는 정성이란다."

"그러면 진짜가 아닌, 플라스틱으로 만든 과일을 대신 놓아도 되잖아."

부모는 그쯤에서 묵묵대답이다.

『미린다팡하』는 그리스 메난드로스 왕과 나가세나스님 사이의 질문과 답변이 모아진 책이다. 알렉산드로스 대왕이 인도를 침략하고 남아있던 그리스 문화와, 인도에서 일어난 불교문화와의 종교적·철학적 담론이라 보아도 좋다. 기원전 50년경이 된다.

메난드로스가 묻는다.

"만약 붓다가 공양을 받는다면 붓다는 아직 완전히 적멸에 든 것이 아니다. 붓다가 아직 살아 있어 세간과 결부되지 않으면 안 된다. 그리고 또 붓다가 완전히 적멸에 들었다면 이런 사람을 존경하고 공양하는 일은 무의미한 일이어야 한다. 존자여, 이 양도론兩刀論을 나를 위해 완전히 설명해주십시오."

죽은 사람에게 무엇을 주어봐야 무슨 소용이냐? 소용이 없다. 이런 말이다. 무엇인가 받으려면 살아있어야 하는데 너희들은 아직도 무엇인가 바치고 있으니 설명 좀 해봐라, 쉽게 풀자면 이런 의미다.

자신이 붓다를 따르거나, 힌두교를 따르거나, 꽃을 올리고 찬양한다면 왜 그리 하는가 스스로 물어야 된다. 깊게 생각하지 않았다면 이런 질문에는 꿀 먹은 벙어리 묵묵대답일 수밖에 없다. 또 남들이 그렇게 했으니, 친구 따라 강남가기 식이다.

나가세나스님은 대뜸 긍정한다.

"대왕이시여, 붓다는 이미 열반에 들었습니다. 이미 어떤 공양물을 받아들이지 않습니다."

왕은 고개를 끄덕였겠다.

그런데 질문이 왕에게 온다.

"그러나 대왕이시오. 활활 타오르는 불이 타다가 꺼졌을 때, 이 세상에는 불이 없어진 것인가요?"

"아니요, 그렇지 않습니다. 불이 다시 필요한 사람이라면 누구라도, 자신의 능력에 따라, 나뭇조각을 비비거나, 부싯돌로 쳐서 불을 일으킬 수 있습니다. 그리고 필요한 곳에 쓸 수 있습니다."

나가세나스님 대뜸 결론부터 내린다.

"대왕이시여, 그렇다면 붓다는 이미 열반에 들어 공양을 받지 않기에, 붓다에게 올리는 공양은 헛되고 무익하다고 말하면 틀릴 수밖에 없습니다."

이야기는 끝났다. 세상의 불[火]을 불佛에 비유하는 저 담대함을 보라. 다르마를 정확히 보고 있는 시선이 아닌가.

이어진다.

"대왕이여, 저 활활 타오르는 불꽃처럼 붓다는 생존 시에 시방세계十方世界를 비추었습니다. 불길이 번지다 꺼지는 것처럼 붓다는 시방세계를 비추고는 완전히 적멸에 들었습니다. 이제 붓다는 이 세상의 올리는 공양을 받지 않습니다."

이제 결론으로 들어간다.

"그러나 사람들은 불이 꺼진 후에도 불이 필요하다면 자신의 능력으로 불을 켤 수 있습니다. 그와 마찬가지로 붓다가 완전히 열반에 들었다 해도 사람들은 그의 가르침을 받들고, 그의 실천을 뒤따르면 훌륭한 인간이 될 수 있습니다. 그러할 때 붓다에게 바쳐진 존경과 공양은 비록 붓다가 받아들이지 않더라도 결국 공허하거나 무익한 일은 아닐 것입니다."

나가세나의 비유는 여기서 끝나지 않지만, 무슨 말이 더 필요한가, 더 이야기를 들어야 하는 사람의 이해력이 문제다. 티베트불교는 붓다 한 인물에게 바쳐진 것보다는 세상에 편재한 불성-대일여래에 대한 적극적인 신앙이다. 그 불〔火〕은 단 한 번도 쇠약해진 적이 없었으나 다만 사람들의 눈이 어두워 그 빛을 보지 못했을 따름이다.

그렇다면 사원마다 놓여있는 무수한 공양물, 똘마, 촛불 등등은, 느끼고 보이는 사람에게만 보이는 불佛인 것이다.

똘마란 무엇일까

파드마쌈바바 똘마torma라는 봉우리가 있다. 람추 계곡 우측으로 곤포〔마하깔라〕팡에 인접해 있다. 곤포〔마하깔라〕팡이 해발고도 5천656미터이니 5천500미터는 족히 되겠다. 정말 티베트 사원에 모셔진 똘마와 똑같이 생겼으니 일단 똘마가 무엇인지 알아야 이야기가 되리라.

붓다가 살아 설법을 펼치던 시대에 승가에서는 신도들로부터 음식과 과일을 비롯해서 약, 등등 생활필수품들을 받았다. 붓다 열반 후에도 신도들은 붓다가 세상에 없음에도 마치 살아있는 것처럼 이런 것들을 올렸는데 승단에 올린 것뿐 아니라 붓다의 상징인 사리탑에도 공양을 했다. 결국 사리탑에 음식물들을 올리면서, 인도의 더운 날을 생각해보자. 썩게 되고, 아무도 필요하지 않은 생활필수품들이 마구 올라오며 지저분해지자, 차차 등불, 꽃, 향 그리고 짜이[茶], 이렇게 네 가지로 공양물이 제한되었다.

남방불교에서는 아직까지 이 전통을 지키는 곳이 많은 반면 중국에서는 사원이 깊은 산 속에 있었기에 탁발 나가기 어려워 공양물에 쌀과 같은 곡식 그리고 과일이 추가되어 여섯 가지가 되었다. 이렇게 각 나라마다 개성적인 불교 예례가 발전되어 왔으며 티베트에서는 다른 나라에서는 찾아볼 수 없는 똘마를 올린다.

똘마는 티베트불교에서 예불용으로 사용되던 것으로 버터에 보릿가루를 섞어서 만든다. 형상은 붓다 뒤에 놓인 광배처럼 생겨 불꽃모양이고, 전면과 측면에 여러 가지 화염, 구름, 보석 등과 같은 색색의 무늬를 넣어 호화롭게 치장한다. 올려다보이는 파드마쌈바바 똘마 봉우리 역시 어김없이 그 모습이다.

본디 인도에서 공양물은 밀가루, 과일, 향료 등등을 넣어 아름답게 만들었으나 티베트의 환경이 어디 그런가. 있는 것보다 없는 것이 많은 이곳에서 자신들에게 흔한 것들을 재료로 사용해서 만들다 보니 버터와 보릿가루가 주재료가 되었다.

똘마의 가치를 살피기 위해서는 불교가 전해지기 전의 토착종교의 공물이 모두 생명체였음에 주목해야 한다. 즉 살아있는 동물을 잡아 제물로 올리다가, 불교 전래 후에는 이렇게 무혈無血의 아름다운 공양물로 대치되

사원에서 똘마를 눈여겨 본 사람이라면 똘마 봉우리는 누가 설명하지 않아도 한눈에 알아본다. 큼직한 공양물이 우주의 귀한 존재들을 향해 시간을 뛰어넘어가며 늘 장엄하고 있다. 봉우리는 온기가 있고 자태는 천금보다 무겁다.

었다. 뵌교는 물론 토착종교에서도 이제는 모두 똘마를 사용하기에 똘마는 곧 인도에서 발생한 불교, 자이나교의 아힘사〔非暴力〕 정신을 그대로 전승계승한 셈으로 얼마나 많은 동물들이 목숨을 건졌는지 생각해볼 필요가 있다.

사실 현재의 힌두교는 과거와는 달라졌는데 초기에는 동물을 잡아 올리는 희생제가 대부분이었고 그 흔적은 아직 깔리 사원에 남아 있다. 그러다가 기원전 6세기에 생명체에 대한 폭력을 종식시키자는 비폭력을 주창하는 붓다의 불교와 마하비르의 자이나교가 등장하면서 사람들이 호응했고, 이어 힌두교가 뒤따라 왔다.

말라카라는 왕비가 있었다. 코살라의 파세나디 왕의 부인이었다. 그녀는 항상 머리에 말라카라는 하얀 꽃으로 장식했기에 붙여진 이름이었다.

어느 날 두 사람은 누각에 올라 사방을 바라보았다.

이때 갑자기 왕이 말라카에게 물었다.

"말라카여, 이 넓은 세상 속에 그대는 그대 자신보다 소중한 것이 있소?"

왕비는 잠시 생각하다가 대답한다.

"왕이시여, 저에게는 이 세상에 자기 자신보다 사랑스럽다고 생각하는 것은 없습니다."

왜 이런 질문을 했을까. 경전에서는 그 이유가 나오지 않는다. 그러나 누각에 올라 자신의 넓은 영토를 바라보았을 때, 자신이 이 영토를 지키기 위해 겪었던 일들이 생각나지 않았을까. 즉 빗발치듯 날아오는 화살 속에 자기 자신의 목숨을 스스로 보존하려고 애썼을 것이고, 옆에 아무리 총애하던 장군의 팔이 떨어져나가도 그의 목숨을 대신할 생각은 없었을 터, 무의식적으로도 자신만을 열심히 보호하는바, 세상에서 제일 중요한 것은 자기 자신이 아니던가.

이들은 후에 붓다를 찾아가서 이것을 묻는다.

붓다는 '이 세상에서 자신보다 더 사랑스러운 것은 없다'는 이야기에 수긍한다. 그리고 게송을 읊는다.

사람은 어디든지 갈 수 있다.
하지만 어디를 향해 가더라도
사람은 자기 자신보다 사랑스러운 것을 발견할 수는 없다.

그와 마찬가지로
다른 사람도 자기 자신이 더없이 사랑스럽다(귀중하다).
그러므로 자기 자신의 사랑스러움을 아는 사람은
다른 존재들을 해치지 않는다.

『상응부경전』에 있는 이야기다. 자신을 깊게 생각하면 남이 보인다. 다짜고짜 남을 보는 법보다 일단 자신의 안(內)을 먼저 살피고 명상하는 일이 그래서 중요하다. 그리고 이렇게 남과 자신의 입장을 바꿔보면, 내가 나 자신에게 그토록 소중하다면 남도 그만큼 소중하지 않겠는가. 이런 입장 바꾸기는 티베트불교에서는 닥셴남제, 즉 평등하게 자신과 타인을 바꾸어 사유하는 수행방법으로 정착되어 있다. 더불어 로종이라고 부르는 수행법은 그대로 풀이하면 마음닦기지만 '입장 바꾸기'로 번역되고 있다.

이것은 사람 사이에만 일어나는 이야기가 아니라 목숨을 가진 모든 것들에게 동일하다. 어려운 문자로 쓰자면 무외시無畏施를 행하는 시초가 되는 일로 모기는 물론 자신의 몸에 있는 벼룩조차 해치지 않게 되며, 이렇게 동식물에 대한 폭력을 종식시키는 자비행은 나를 관찰함으로 이루어진다.

그런데 우리나라에서 일어난 한 가지 일을 보자.

2007년 1월 6일에서 1월 28일까지 강원도 화천에서는 산천어 축제라는 것을 했다. 기사에 의하면 이때 다녀간 총인원은 무려 125만 4천250명이었단다. 20일 동안 빙어들은 눈만 뜨면 달려와 자신들을 산 채로, 혹은 끓이거나 튀기면서 먹어치우려는 아귀들의 모습을 보았을 것이다. 고향에 돌아온 연어를 잡는 축제를 비롯해서 이런 유의 생명을 경시하는 우리네 축제는 얼마나 많은가. 세계 10대 수출국이면 뭐하나. 열심히 살기 위한 생명체들을 축제라는 이름으로, 살생을 여가활동으로 여기는 민족, 복 받을 수 있을까? 내가 종교인이라면 기부금을 이야기할 것이 아니라 이런 살생에 대한 철없음을 거론할 것이다.

미각도 붓다의 일이다

똘마는 공양물 중에 미각과 관련이 있다. 가령 우리가 붓다와 여러 보살들에게 무엇을 올린다고 할 때, 사람의 기준으로 생각하게 마련이다.

티베트 사람들은 이런 존재에게도 오감五感이 있다고 가정하고 그것에 맞는 공양물을 올리게 된다.

시각—거울

청각—현악기

후각—향

미각—똘마

촉각—카타[비단 천].

이렇게 감각에 맞추어 각기 다른 공양물을 올린다. 그냥 카타[하얀 천]를 가지고 가서 불상 앞에 두고, 아무 생각 없이 향에 불을 붙이는 것이 아니다.

이곳에서 수행하던 파드마쌈바바는 자신을 수호하는 붓다와 보살들에게 똘마를 만들어 그것을 신통력으로 우측 절벽 위에 얹었단다. 그러나 이것은 똘마와 똑같이 생긴 바위를 보고 티베트 사람들이 티베트불교의 아버지 파드마쌈바바와 인연을 맺게 해준 것이리라.

그러나 한 발 더 나가면 똘마 의미는 의외로 진중하다. 티베트불교에서는 일단 마음가짐에 대한 이야기들이 많이 나온다. 공양물은 그저 지나가는 뜨내기손님에게 밥상을 차려주는 주막집 아낙네처럼 해서는 안 되며, 내부에 공양물에 대한 이득과 손실의 계산 역시 절대로 해서는 안 되는 무조건이어야 한다.

어느 날 게세벤, 즉 게셰라는 학위를 받은 벤이라는 비구의 토굴에 신도가 찾아오기로 했단다. 게세벤은 불보살들에게 공양을 올리고 향을 피워놓고 신도를 맞이할 준비를 했다.

그 와중에 스스로에게 의심이 일어났다.

"신도에게 잘 보이기 위해서 이러고 있는 것인가? 진심으로 불보살에게 공양을 올리는 것일까?"

마음자리를 살펴보자 신도에게 잘 보이려는 마음이 발견되었다. 그는 일어서서 바닥에 있는 흙먼지를 한 움큼 움켜쥐고 공양물이 다 뒤집어쓰도록 뿌렸다.

그리고 자신에게 외쳤다.

"비구! 거짓되게 꾸미지 마라!"

당시에 파담빠쌍게라는 도인이 이 이야기를 듣고 티베트의 모든 공양물 중에 게셰벤의 공양물이 최고라 칭찬했다. 세속팔풍에 흙먼지를 뿌릴 수 있다는 점을 칭찬했다.

파드마쌈바바의 경우, 무엇을 바라고 했겠는가. 이기심이나 이익계산을 했겠는가, 진정한 마음동기로부터 일어난 뿌자〔공양〕였으리라.

불교에서의 모든 의식은 외양을 위한 것이라기보다는 깨달음, 즉 정각正覺을 위한 도구가 주된 목적이다. 여섯 뿌리〔六根〕라고 말하는 안이비설신의眼耳鼻舌身意란 바깥세상 일들이 눈에 비치고, 귀에 들리고, 냄새로 오고, 맛으로 찾아들며, 몸으로 들어오면서 사람을 미혹시킨다. 즉 감각이 일어나는 자리를 살펴보고, 또한 배후에서 이것저것을 분별하고 탐욕을 유발하는 제7식 말라식末那識을 살펴, 이런 것들이 의식에 관여하게 되면 어떻게 까르마〔업〕라는 불필요한 에너지 파장을 만드나 관찰하는 일이 필수가 된다.

티베트불교에서는 대일여래가 제일 수승한 자리에 있다. 대일은 그 밝은 빛이 법계에 두루 비추지 않는 곳이 없으니 쥐구멍도 피할 수 없기에 수행을 통해 빛이 안이비설신의眼耳鼻舌身意에 모두 닿도록 한다. 아무리 미혹을 불러오는 미각이라는 자리도 자신의 수행에 따라 대일여래의 빛이 찾아와 대일여래와 한 몸이 될 수 있다는 것이다. 안이비설신의眼耳鼻舌身意 모두를 대일여래〔붓다와 보디삿뜨바〕에게 돌린 후, 이제 하나가 되면 자신은 대일여래의 화신이 된다. 육신의 정화는 물론 그것을 뛰어넘어 마음까지 자신이 대일여래, 붓다가 된다는 것으로 이렇게 변화시킨 후 자신을 대일여래에 위탁하기에 내內 공양이라는 표현을 쓴다.

자신에게 남아 있는 탐욕을 차차 지우고 자신 스스로 붓다로 변모하게 되는 것을 전변轉變이라고 말한다. 전변은 자신의 수행과 더불어 이미 이를 이룬 구루들의 축복, 보디삿뜨바의 도움이 필요하다고 한다. 그런 이유로 다시 이런 공양물이 가치를 갖게 된다.

그것을 모르는 수행이라면 애꿎은 버터와 보릿가루만 낭비할 따름이며, 그것을 모르는 관객이라면 모두 괴이한 짓거리로 보일 따름이다.

끌리는 바가 없지 않다. 감각을 버리지 않고 붓다로 전변시키는 일이. 화두를 가지고 용맹정진 하는 대승의 방법은 탁월하지만 이렇게 관법으로 신속하게 붓다에 이르는 방법 못지않게 매혹적이다.

붓다에게 바치는 공양물은 가지가지다. 향, 꽃, 촛불, 공양수 등등 물질적인 것을 올리는 외外 공양 방법과, 이렇게 자신의 전부를 붓다와 하나 되어 온전히 도구로 맡겨버리는 내內 공양은 물론, 붓다의 가르침을 남에게 널리 알리는 비물질적인 것까지 모두 공양에 들어간다고 한다.

심지어는 손가락 같은 자신의 몸 일부를 태우는 공양까지 있다. 깊은 명상에서 무한한 자비심이 일어 자신의 몸까지 바치겠다는 마음이 일어나리라. 또한 앞으로도 쉼없이 이 길을 가겠다는 각오도 생겨나리라. 그 깊은 마음을 어찌 헤아리지 못하겠는가. 내가 아버지에게 선물을 드리고 어머니에게 선물을 드릴 때, 그분이 무엇을 좋아하시는지 알아볼 필요가 있으니 여든이 넘은 부모님에게 몸에 좋다는 이유로 근육을 키우는 헬스기구를 드릴 수는 없을 것이고, 더구나 사치스러운 옷 따위가 마음에 차시겠는가. 붓다에 대한 공양물이란 이런 식으로 붓다의 마음에서 바라보아야 한다면 붓다 앞에서 손가락에 불을 붙인다면 '잘하는 일이구나, 고맙다' 라는 칭찬을 들을 것인가.

또 어떤 물질을 붓다와 스승에게 똘마로 올리는 일도 좋지만 그보다 상위의 값진 것은 다르마를 잘 지키는 일이라고 하며, 또한 똘마로 올리는 일보다 행行으로 공양 올리는 일이 더욱 수승하다니 계를 잘 지키며 수행도 열심히 하는 일이 최고겠다. 때마다 부모님에게 용돈을 듬뿍 드리면서 자신은 방탕하거나 망나니 개판으로 사느니, 비록 용돈을 드리지 못하고 가난하지만 반듯하고 정갈하게 산다면 부모님이 더욱 기뻐하시지 않겠는가. 공양을 받는 붓다의 마음이 다르지 않으리라.

14대 달라이 라마에 의하면 공덕은 순례, 오체투지, 꼬라, 돌탑 쌓기, 마니차를 돌리며 만뜨라 암송, 룽따 혹은 달쵸 달기 등등에서 생겨난다고 한다. 티베트에서 티베트 지도자 말을 따른다면 붓다는 내가 어떤 종교적 공양을 올리는 걸 반기실까. 강 린포체〔카일라스〕에서 할 수 있는 것들을 모두 해볼 예정이다.

가난한 이들도 최고를 선물할 수 있다

티베트불교에서 합장 방법은 양손을 빈틈없이 딱 붙이는 우리네와 다르다. 새끼손가락 부분은 서로 붙이고 두 번째 손가락이 있는 쪽은 벌려 두 손 모음 안에 그릇처럼 공간을 만든다. 다음은 엄지손가락의 중간마디를 꺾어 공간 안으로 집어넣으면 모습이 똘마와 같아진다. 티베트불교에서는 이것을 빼마〔蓮花〕 같다고 표현한다.

가진 것이 없는 사람, 빈손으로 순례를 떠난 사람들에게 이 합장은 최고의 공양이다. 고난과 자족으로 일관하는 무소유의 구도자 역시 마찬가지. 나라마다 조금씩 다른 공양법이 있고, 시간에 따라 공양의 종류

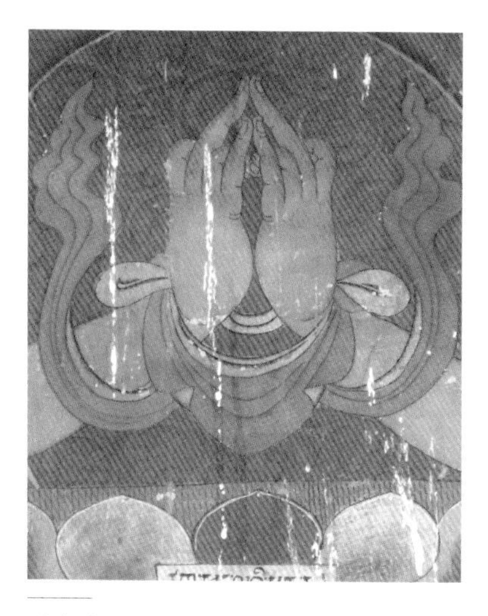

가진 것이 하나도 없어 정성을 올릴 수 없다는 이야기는 티베트불교에서 받아들여지지 않는다. 단 한 푼 없이 풍찬노숙 하는 사람에게도 두 손이 있어, 이렇게 모이면 만들어지는 빼마〔연꽃〕를 정성스럽게 올릴 수 있다. 내 몸으로 지어내는 헌화.

가 조금씩 바뀌는바, 티베트불교의 중요경전인 『대일경』, 『대비로자나성불신변가지경』을 보면 빈손만으로 올리는 아름다운 공양에 대해 설하고 있다.

> 공양에 네 종류가 있으니
> 합장하여 예를 올리는 것과
> 자비慈悲 등과 세상의
> 꽃과 향을 바치는 것이다.

즉 합장, 향화香華, 자비 그리고 운심運心을 말한다.

경전은 이어서 합장에 대한 설명을 한다.

> 손에서 발생하는 연꽃을
> 모든 세간을 구하시는 분들에게 바치며
> 지분생인支分生印을 결하고
> 보리심을 관하라.

참 아름답다. 손에서 발생하는 꽃〔從手發生花〕이란 바로 합장인合掌印이다.

공양물 하나 없이 봉우리를 바라보며 지극한 마음을 내어 파드마쌈바바 똘마 봉에게 내 연꽃을 바친다.

행복하지 않은가.

나에게 이런 연꽃이 있다는 사실이. 나도 연꽃을 피울 수 있다는 사실이.
마음으로 내 빠마〔蓮花〕에 보리심 향기를 담아 공손히 올린다.

◉ 18

디라픅 곰빠와 강 린포체 북벽

아무도 단체를 조직해서 억지로 사람들에게 산을 숭배하도록 할 필요가 없다. 한 번 성스러운 산을 보게 되면 그 산이 단순히 존재하는 것만으로도 압도당해서 숭배하는 것 이외에는 자신의 감정을 표현할 다른 길이 없기 때문이다.

—라마 아나가리카 고빈다

병약한 괴창빠스님

● ● ●

"야크우유는 없다."

"야크치즈란 존재하지 않는다."

이상하게 생각하겠지만 맞는 이야기다.

이유는 야크는 수컷이기 때문이다. 암컷은 디모Dimo, 디Di라고 부른다. 수컷이 젖을 만들지 않는데 젖으로 만든 치즈가 있다는 것이 도대체 말이 되는 이야기인가.

인도 다람살라에 계시는 청전스님이 쓰신 글을 보면 이와 관련해서 재미있는 이야기가 나온다.

하루는 마을에서 가져왔다면서 하얀 우유를 내놓는다. 맛이 좋았다. 내가 얼른 한다는 말이, "한국 스님은 야크우유를 참 좋아해요. 늘 야크우유만 마십니다." 했더니, "우와!" 하고 떠나갈 듯이 선생 스님과 사미승, 남아 있는 노스님들까지 웃는 것이 아닌가! 그런데 똑똑한 체하고는, "이건 야크우유가 아닙니까?" 했더니, 또 "우와!" 하고 모두 웃어젖힌다. 아니, 왜 이러지, 내가 뭘 잘못했나?

막상 사실을 알고 보니 나도 어지간히 머저리였던 것이다. 새까만 소는 모두 야크인 줄 알았는데 우리의 지식이 우스운 머저리 상식이었음을 알고 나도 웃고 말았다.

야크우유는 없다. 아니 있을 수가 없는 것이다. '야크'란 그 시커먼 소 중에서 '수컷'만을 말한다. 우리말로 황소인 것이다. 이것도 모르고 야크우유를 좋아하고 야크우유가 맛있다고 했으니, 이 얼마나 황당무계한 소리겠는가. 우유를 짜내는 암소는 '디모'라고 부른다.

—청전스님의 『달라이 라마와 함께한 20년』

강 린포체〔카일라스〕 순례기가 들어있다는 안내를 보고 이 책을 구입해서 순례부분부터 읽었다. 처음에는 코가 먹먹해지더니 뜨거워지고 눈가가 녹신거리다가 이내 눈물이 흘렀다. 순례기를 읽고 나서 책을 앞에 놓고 삼배를 올렸다. 지금까지 읽었던 많은 강 린포체〔카일라스〕 순례기 중에 가장 앞에 자리매김을 해놓았다.

디라는 뿔, 푹은 동굴이니 디라푹이란 암야크〔암야크라는 말은 옳지 않지만 이해를 위해 그냥 사용한다〕 뿔의 동굴이라는 의미가 되고, 뒤에 곰빠까지 붙이면 암야크 뿔 동굴 사원寺院이니 우리말과 비슷하게 가자면 우각사牛角寺 정도가 되겠다. 강 린포체〔카일라스〕를 사면체로 본다면 진행 방향으로 북면이 막 시작하는 자리에 놓여 있다.

사진으로 확인했던 소박했던 2년 전의 모습은 완전히 사라졌다. 마니석을 길게 늘어뜨려 회랑을 만들고 마니차들 역시 진입로에서부터 사원까지 양측에 늘어섰다. 사원은 물론 심지어 진입로 다리까지 보태고 꾸미는 공사가 한창 진행 중이라 사원으로 가기 위해서는 반드시 넘어가야 하는 통로는 모조리 막혔다.

"그런데 사원은 왜 암야크 뿔이라는 이름이 붙었을까?"

여기에는 이 사원을 세운 한 걸출한 인물이 관여되어 있다.

강 린포체〔카일라스〕는 파드마쌈바바, 미라래빠와 밀접한 관계가 있고 그에 못지않은 비중을 가진 인물이 있으니 바로 미라래빠 계열인 까규바 소속 갤와 괴창빠Gyalwa Gotsangpa, 1189~1258다.

괴창빠는 이름 자체가 범상치 않다. 티베트 발음 괴〔자괴〕는 독수리라는 의미고, 창은 둥지 혹은 거처이며, 빠는 사람이니 '독수리 둥지의 사람'이다. 즉 독수리 둥지에 앉아 명상수행을 했다고 붙여진 이름으로 독수리 둥지에 앉았으니 세속과는 완전히 끊어진 높고 세찬 바람이 부는 자리에 있었으리라.

그렇다면 이렇게 사람과는 동떨어진 곳에서 수행하는 동안 음식은?

독수리가 물어왔다고 한다.

신기한 일은 수행자들이 굶어죽는 일이 드물다는 것이다. 대기근이 찾아와도 일반인들에 비해 수행자는 상대적으로 굶어죽는 숫자가 적다. 그런 곤란에 이를수록 사람들이 수행자에게 의지하는 바가 큰 탓도 있지만 티베트에서는 '수행자가 산에서 스스로 굴러 내려오지 않으면, 먹을 것이 스스로 산으로 굴러 올라간다'는 말처럼 보이지 않는 가피를 이야기하고 있다. 괴창빠 역시 그런 도움으로 수행에 전념할 수 있었으리라.

이런 이름은 자신이 만드는 것보다 다른 사람이 만들어주는 경우가 많다. 이런 구루지에게 찾아가 성함이 어떻게 되시나요? 묻겠는가. 대답이라도 제대로 하겠는가. 저기 바위 뒤편 높은 곳 독수리 둥지에 한 수행자가 앉아 있다, 그분은 미동도 없이 정진하고 계시다, 이렇게 되면 사람들은 그를 독수리 둥지의 사람[괴창빠]이라 부르게 되고 자연스럽게 이름이 되어버리는 것. 미라래빠 역시 하얀 무명옷을 즐겨 입었기에 붙여진 이름이듯이.

이런 수행자들을 싯다라 하며 통상 출생 시의 이름은 사라지고, 수행 과정에서의 어떤 환경이 이름을 만들게 된다. 후에 깨달음을 얻게 되면 뒤따르는 사람들에게 명상의 대상이 되기도 하며, 그들의 발자취를 계곡, 강물, 호수 동굴, 봉우리에서 아직껏 만날 수 있다. 여기서 명상이라 함은 서구의 개념으로 무엇에 골몰하는 것이 아니라 티베트어로는 삼뗀samten, 마음이 한곳에 집중되어 흔들리지 않고 유지되는 상태를 말한다. 괴창빠는 히말라야의 신성한 동굴과 명상처를 많이 찾아냈기에 그의 이름은 티베트 전역에서 자주 만나며, 훗날 그의 명상처였던 자리에서 위대한 정각을 이룬 수행자들이 연이어 나왔음은 말할 필요가 없다.

남방의 길을 따라가 법맥을 이은 사람들을 '숲의 원로'라 부를 수 있다면, 다르마가 히말라야를 넘은 후 창탕고원에 뿌리를 내리도록 정진한 구루지들은 '동굴의 원로' '동굴의 장로' '동굴의 대덕'이라 부를 만하다. 이들

디라풀 사원에 도달하기 전 남쪽 계곡의 모습이다. 성지에서의 순례자들의 하루 여정이 이제 곧 끝나간다.
같은 길을 걸어온 사람들을 바라보는 동안 마음 안에서 동료애와 같은 잔잔한 파문이 일어난다.

은 험한 고원의 날씨 속에 동굴을 거처로 삼고, 날이 밝으면 앞으로 나와 햇살을 받으며 은둔 정진했다.

독처지관獨處止觀으로 일관하던 괴창빠는 약골이었다. 그리고 늘 병을 달고 살았다고 한다. 그러나 몸을 아끼지 않고 이렇게 험한 자리에서 수행하다가 방랑의 길을 떠났고, 다시 아픈 몸을 잠시 멈춰 동굴에서 수행했고, 어느 정도 성과가 있으면 다시 길을 나섰다. 괴창빠는 자신의 몸에서 무상을 읽었으며 '병은 도리어 약' 이라 했으니, 고수끼리는 거리가 아무리 멀어도 통하는가, 운서 주굉스님과 다르지 않다.

세인들은 흔히 병을 고통으로 여기고 있으나, 선덕은 병이 중생의 좋은 약이라고 하였다. 대개 병과 약은 판이하게 다른 것이다. 그런데 어찌하여 병이 약이 된다는 것인가.

형체가 있는 몸뚱이는 능히 병이 없을 수 없다. 이것은 누구나 어쩔 수 없는 이치다. 그러나 병이 없을 때는 즐기고 방탕하기 마련이어서 누가 이를 깨달을 수 있겠는가. 오직 병고가 몸을 핍박해야만 사대는 진실한 것이 아니요, 사람의 목숨은 무상한 것임을 알게 되는 것이다. 이때야말로 회오할 수 있는 계기가 되고, 수진의 일조가 되는 것이다.

나도 출가한 후로 지금까지 크게 병이 들어 거의 죽을 뻔한 적이 세 번 있었다. 그때마다 회오하는 마음을 발하여 수진을 더욱 힘썼었다. 이로 말미암아 양약이란 말이 참으로 지극한 말씀임을 믿게 되었다.

—운서주굉 『죽창수필』 중에서

세상 사람들은 꽃잎이 떨어지고 낙엽이 지면 '세상이 무상하다' 한탄한다. 누군가 질병이 깊어지다가 떠나가면 역시 '무상하다' 슬퍼한다. 그러나 괴창빠, 운서주굉은, 사실 두 사람 예를 들었지만 어디 이 수행자들뿐이랴, 세상世上의 무상함 이전에 자신自身의 무상함을 먼저 깨우치라 충고한다.

우주가 무상하다 말하기 전에 자신의 무상함을 먼저 보아야 한다는 이야기로 입으로는 무상, 무상, 무상하면서 자신을 스스로 돌아보는 눈에는 무상이 결여되어 있는 경우를 피하라 말하신다.

이것은 무상뿐 아니다. 가령 늙음, 병듦, 죽음이라는 현상이 있다고 치자. 그것도 남의 것으로 여기지 않는가. 나는 나와 얼마나 멀리 있었는가. 내가 부르는 나라는 녀석과 같이 있되 애써 등돌리고 살지 않았던가.

붓다는 사문四門에서 중생들의 가여운 생로병사의 모습을 보고 출가했다.

훗날 사바티의 제다 동산[기원정사]에서 비구들에게 말한 적이 있다.

"어리석은 자는 자신이 늙어가는 몸이면서도 아직 늙음을 벗어날 줄 모르기 때문에 다른 사람의 늙은 모습을 보면 자기 자신의 늙음을 잊어버린 채 싫어하고 혐오한다."

『법구경』은 일컫는다.

"예지가 밝은 사람은 집[家]에 빠지는 일이 없이 떠난다. 마치 물새가 연못을 버리듯 이 집을 버리고 저 집을 버린다."

집의 의미를 새기자면 괴창빠는 현실의 집을 버리고 출가함은 물론 자신의 몸 역시 버려야 할 집으로 여겼다. 다르마를 위해 자신의 몸을 내던진 설산동자처럼 무상한 육신에 대한 집착을 여읜〔雪山童子不願芭蕉之神〕 구루였다. 수행자들에게는 붓다로 향하고자 하는 심성은 불변이지만 육신은 늘 허망하게 변해가지 않는가〔悟性不動 吾形屢還〕. 갈대와 같이 흔들리고 풀잎 끝에 매달린 이슬과 같은 육신을 가진 우리가 추구하며 마땅히 나갈 곳은 어디인가.

괴창빠의 어묵동정은 그 답을 주고 있다.

그는 병이 깊어질수록 행복했으리라.

절하는 무릎이 얼음과 같더라도 따뜻함을 생각지 마라.

굶주린 창자가 끊어질 것 같아도 밥 생각을 하지 마라.

바위동굴에 울리는 메아리를 스스로의 염불당으로 삼고

슬피 우는 뭇 새들의 울음소리를 마음의 벗으로 삼아라.

—원효스님

디라푹 사원은 바로 괴창빠 구루가 수행한 동굴을 품고 있기에 바라보는 동안 여러 생각이 오간다.

이 사원을 중심으로 포진한 숙소들과 막영지들은 꼬라 첫날을 마감하는 자리로 대부분의 순례객들은 이곳에서 하루 일과를 마치고 다음날을 준비한다. 속속들이 사람들이 도착한다. 간신히 노구를 끌고 온 인도 사람 하나가 옆의 바위에 구겨지듯이 털썩 앉으니 워낙 마른 몸매라 움직일 때마다 덜그럭거릴 듯하다. 입술이 파랗고 눈의 초점이 맞지 않는다. 해발고도가 낮은 해안가에 살던 인도 사람들은 강 린포체(카일라스) 순례를 떠나오면 십중팔구 이렇게 힘들어하며 해마다 한 명 이상 목숨을 잃는다고 한다.

"하리 옴."

그에게 힌두교 식으로 쉬바신을 찬양하는 인사를 한다. 미소를 지으려 하는데 그것도 뜻대로 안 되는 모양이다. 이 사람은 아예 티베트 사람 하나를 개인비서로 고용을 했다. 곧바로 따라온 티베트 중년이 물통을 건네지만 물 마실 힘도 없을까, 고개 숙인다, 꺾인다.

병약하다, 무상하다, 나도 정도 차이가 있지 똑같다.

유마힐은 문병 온 사람들에게 이야기했다.

"어진 벗들이여, 우리의 이 육신은 너무나 무상하고, 너무나 여물지 못하고, 믿을 수 없고, 약하고 단명하며, 괴로우며, 끊임없이 변하며, 없어져 가고 있다. 이 육신은 너무도 병이 많은 그릇이므로 어진 사람은 그것을 의지해서는 안 된다."

"현명한 친구들이여, 그렇다고 이 육신은 끊어낼 수 없는 물거품과 같은 것이다. 이 육신은 번뇌와 애욕으로 이루어진 것이며 마음의 도착倒錯에서 생겨난 허망한 것이다."

인신허망人身虛妄은 자신이 질병에 걸리면 쉽게 알아차린다. 더불어 이렇게 해발고도가 높은 지대에 찾아와서 자신의 마음과는 동떨어져 한 발 한 발 힘들게 내딛게 되면 더욱 피부에 와 닿는다. 내가 내 주인이라면 이렇게 힘들 이유가 없으며, 내가 내 주인이라면 어찌 질병에 시달리겠는가.

『잡아함경』에 의하면 어느 날 아난다는 독좌정관獨坐靜觀을 위해 숲으로 떠나기 전에 붓다를 만났다. 홀로 하는 수행 전에는 붓다를 만나 가르침을 받고 그 가르침으로 명상에 잠기는 것이 통례였다 한다.

붓다는 아난다에게 물었다.

"아난다여, 존재하는 것은 항상恒常인가, 무상無常인가?"

즉 세상에 존재하는 것이 변함이 없이 늘 일정한가, 아니면 변해가는가? 물었다.

"대덕이시여, 그것은 무상입니다."

"그러면 무상은 고苦인가 낙樂인가?"

우리는 알고 있다. 가지고 있던 것이 변해 사라지면 슬프고, 함께 있던 사람들이 변하여 병들고 사라지면 또 슬프다. 슬픔과 고통은 모두 변함에서 기인하며 우리 몸은 또 어떤가, 얼마나 빨리 변하는가.

붓다는 다시 묻는다.

"그러면 무상하여 고苦인 것을, 어찌 내 것이며 내 몸이라 하겠는가?"

아난다는 붓다 곁을 떠나 한동안 무슨 공부를 했겠는가.

무상無常, 무상에 뒤따르는 고苦, 고를 지난 무아無我가 아니겠는가.

이렇게 공부한다면 병은 중생의 양약良藥 그리고 영약靈藥이기에 병에 걸리거나 육신이 고통스러울 때, 보다 빨리 그리고 깊이 본질을 볼 수 있겠다. 삶에서 어느 누구도 피할 수 없는 큰 명제는 생로병사生老病死, 괴창빠의 삶을 본다면 병病에 대해 깊은 통찰을 주는 스승이다. 늘 병을 달고 살았던 괴창빠는 오죽하면 병과 함께 사는 노래[頌]를 다 만들었을까.

내용은 이렇다.

병이 안 생기기를 바라지 마라. 병이 들면 의사 혹은 무당을 찾지 말고 피할 생각을 말고 겪어라. 몸에 병이 찾아온 것은 과거의 업이 만든 것이니 충분히 아파라. 병은 약이니 질병을 기뻐하며 즐기도록 하라. 그것이 과거의 부정적인 까르마를 정화시킨다.

그러나 세상을 살아가면서 가장 큰 병은 육신의 병이 아니다. 오늘도 멋진 물건을 보고 돌아와서는 그것을 가지고 싶은 마음으로 잠 못 이루는 탐욕이라는 질병, 갑자기 끼어든 자동차 때문에 기분이 잡쳐 귀가해서도 분통이 가라앉지 않는 성냄이라는 질병, 남이 좋은 차를 샀다기에 못으로 옆을 확 그어버리고 싶은 질투라는 어리석은 질병, 즉 탐진치라는 세 가지 커다란 질병에 허덕이며 사는 것이 더 문제가 아닌가. 물거품 같은 육신에 이런 질병까지 껴안고 있다니…….

신기한 일은 이런 감정들이 교육이라는 이름으로 강요되기도 한다는 점. 경쟁사회에서 살아가기 위해, 살아남아 보다 위로 올라가기 위해 야망이라는 이름으로 어린 시절부터 삶의 목표인양 주입되고 있다는 점. 이런 감정들이야말로 자신의 신성을 훔쳐가는 도둑인바, 도둑을 손님으로 알고 함께 있다가 기어이 한 평생 모든 재산(신성)을 잃고 황폐화되며 겨울 억새처럼 버석버석 죽어간다.

그리고는 삶의 끝에 묻는다.

"삶이란 겨우 이런 것인가?"

이 불치 혹은 난치병을 일으키는 유독한 감정은 도대체 어떻게 해결해야 할 것인가? 큰 스승들이 말하는 '회복이 되지 않는 질병, 도착하지 못하는 행인' 을 치료하고 귀향시키려면 어찌해야 하겠는가? '열이 심해 아픈 것도 모르고 노래하는 것' 이 범부들의 삶이라는데 어찌하면 제 정신을 차리겠는가?

육신의 눈으로 물 건너 디라푹 곰빠를 바라보고, 육신의 귀로 힌두의 거친 숨소리를 들으며, 더불어 마음의 눈으로 내면을 바라본다.

그동안 산을 다니고 물을 건너면서 많이 내려놓았다 스스로 평가하지만 아직 멀었다는 것을 안다.

칸돌마[다끼니]는 수행자의 벗

모든 것을 끌어안은 자비의 창을 들고
동쪽에서 오는 금강金剛 다끼니,
위대한 연민의 창을 들고
남쪽에서 오는 보寶 다끼니,
위대한 애정의 창을 들고
서쪽에서 오는 연화蓮華 다끼니,
위대한 공정성의 창을 들고
북쪽에서 오는 업業 다끼니,
보살의 마음의 창을 들고

중앙에서 오는 붓다佛陀 다끼니,

자기의식 요소들의 엎드린 머리와

팔다리 위에 서서 거기 창을 꽂으니

그들은 고정되어 움직임 없이 평화롭게 머무네.

—라마 카지 다와삼둡의 『티베트 밀교 요가』 중에서

괴창빠는 강 린포체〔카일라스〕 입구인 착첼 강〔오체투지 처〕 근처에서 불을 피울 부싯돌을 찾기 시작했다. 이리저리 두리번거리다 바로 아래 평원에서 암야크〔디〕 한 마리를 보게 된다. 암야크〔디〕는 마치 자신을 따라오라는 듯이 몸짓을 보냈다. 그리고 앞서 가다가 뒤따라나선 괴창빠를 향해 뒤돌아보고, 앞서가다가 다시 뒤돌아보며 라추 계곡 안쪽으로 인도했다. 암야크〔디〕를 천천히 뒤따르는 허약한 고행수행자, 상상만으로도 멋진 그림이 아닐 수 없다. 그리고는 한 동굴 앞에 이르렀다. 둘 사이에는 짧은 시선 교환이 있었으리라.

암야크〔디〕는 동굴로 들어가더니 이제 깜깜무소식이었다. 한참을 기다리던 괴창빠는 조심스럽게 동굴〔푹〕 안으로 들어갔다. 그러나 암야크〔디〕는 간 곳이 없고 암야크〔디〕의 뿔〔라〕과 발자국들이 동굴 내부에 여기저기 흩어져 있었다. 사방이 단단한 바위로 만들어진 동굴에 이렇게 흔적을 만들었다면 신령한 존재임이 틀림없지 않은가!

또 다른 일설에 의하면 괴창빠는 마빰 윰쵸〔마나사로바〕 근처에서 명상을 하다가 엄청난 폭우를 만났단다. 그 비가 얼마나 대단했는지 명상처 앞에서 호수 쪽으로 마구 휩쓸려가기 시작했다. 마침 물가에 암야크[디]가 서 있었던 덕분에 간신히 붙잡아 목숨을 건질 수 있었다. 그리고 슬슬 움직이는 암야크[디]의 인도 하에 이곳에 이르렀다는 이야기다. 어떤 사연이든 주연은 괴창빠와 암야크[디] 단 둘.

그는 이제야 암야크[디]가 칸돌마[다끼니Dakini]임을 알아차리고, 칸돌마[다끼니]가 명상하기 적당한 수행처를 손수 알려주셨다는 사실에 감사의 기도를 올렸다. 이제 동굴에서 용맹정진하기로 했다. 해발 5천10미터에 자리잡은 이 사원은 괴창빠에 의해 칸돌마[다끼니]를 위한 성지가 되었으며 특별히 괴창빠를 인도했던 사자 얼굴을 가진 쎙게 동빠Senge Dongpa 칸돌마[다끼니]에게 헌정되었다. 암야크[디]의 뿔[라]과 발자국이 있는 동굴이기에 디라푹이라는 이름이 붙었고, 사원을 세워 디라푹 곰빠라 정식 이름을 주었으며 사원은 그때 사연을 잊지 않고 기억하기 위해 암야크 뿔[디라]로 장식하고 있다.

그 후 1965년까지 이 일대는 동굴을 중심으로 신성한 자리로 예우를 받으며 수행자들에게 이어져 꾸준히 보전되어 왔다. 역시 문화혁명으로 인해 사원은 철저하게 파괴되어 수백 년 이어온 예불탁성禮佛鐸聲이 끊겼다가 1986년 다시 사원을 세웠으나 당연히 옛 모습은 아니었다. 전에는 사원 안에 고색창연한 마르빠, 미라래빠와 괴창빠의 불상이 모셔져 있었다고 한다.

돌무더기가 한 번에 쏟아질 듯한 경사면 아래에 사원이 있다. 사람과 동물이 절친하던 시절, 야크를 따라 들어온 괴창빠 스님이 동굴에서 은거 명상을 했고, 그 동굴 위에 사원이 지어졌다. 사원이 없다면 이런 풍경은 전혀 시선을 끌 수 없었을 터, 사원의 위치가 모두를 살릴 정도로 귀하다.

특히 이 사원의 개조開祖 괴창빠의 오래된 불상은 바라보는 동안 눈을 깜빡거리지 못할 정도로 아름다웠다고 전해지지만 이것이 세상의 변모과정일까, 파괴된 후 조악한 불상이 대신 자리를 지킨단다. 실망할 바에는 차라리 확인이 필요없다는 듯이 들어가는 모든 길을 끊어놓고 곰빠는 공사 중이다.

그러나 저 풍경 안에 사원이 없다면 엷은 자줏빛을 띠고 있는 뒷산이나 앞으로 흐르는 시냇물, 주변에 흩어진 자갈 등등은 사람들의 시선을 불러 모으지 못했으리라. 풍경을 이루는 거칠고 궁벽한 언덕 핵심의 자리에 한 사원이 있어 외진 풍경을 색다르게 만들며 괴창빠, 옛 스승의 선풍禪風을 내보낸다.

티베트 구루지들의 책을 보면 다끼니 혹은 다키니라는 단어가 무수하게 나오니 티베트불교에서 중요한 위치를 차지하고 있음을 쉽게 알 수 있다. 뜻은 '하늘을 나는 여자' 정도가 된다. 남성형은 다까Daka다. 다끼니는 한자로 쓰면 공행모空行母 때로는 천녀天女. 티베트어로는 칸돌마Khandrama, 남성은 칸도Khandro[용부]다.

이름만 본다면 유유자적 하늘을 떠가는 선녀를 연상하게 되지만 외관은 심상치 않아 몸은 흑색에 가까운 핏빛을 가지거나 분홍빛으로 거의 벗은 형태다. 옷을 입었을 경우에 몸 색깔과 비슷한 주황빛 사리를 입으며 때로는 하늘을 날아다니기에 몸 색깔이 하늘빛과 같은 청색이다. 눈은 시뻘겋게 충혈되어 있고 인도와 티베트 신상의 여성들이 그렇듯이 간드러진 허리를 가진 늘씬한 몸매다.

발가벗었다는 것은 여성의 성적인 면을 나타내는 것이 아니다. 일단 발가벗은 신상을 만나면 왜 이렇게 벗겨놓아야 했을까? 질문하는 일이 꼭 필요하다. 아무런 옷도 걸치지 않은 이유는 진리란 본디 숨겨져 있는 것이 아니라 개방되어 있는 것이며 그것을 표현하기 위해 아무것도 입지 않았으니 나체는, 즉 진리 그 자체라는 아이콘이다.

왼손에는 두개골, 오른손에는 수행자의 두려움을 없애주고 무지를 사라지게 한다는 칼 혹은 바즈라를 들고 있다. 가끔 왕관을 쓰는바, 역시 해골로 장식되어 있고, 치렁치렁하게 늘어진 목걸이(문드 말라) 역시 해골로 이어져 있다. 이 모습은 인도의 깔리 여신과 많이 닮았으며 많은 신들의 이름이 불러지는 「능엄주」에 세 번 나오는 것으로 보아도 역시 인도 출신임을 알 수 있다.

> 다카다끼니 크르탐비다야미 키라야미
>
> 다카다끼니그라하, 레바티그라하, 자미카그라하, 사쿠니그라하 부타베타다 다카다끼니

티베트에서 남성 칸도(다까)는 좋지 않은 기운을 쫓아내는 역할을 하며, 병든 사람의 질병을 치료하고 대신 병을 떠맡는 일을 한다. 여성 칸돌마(다끼니)는 남성 칸도(다까)가 하는 일은 모두 하며 더불어 수행자를 보호하며 수행법을 알려주는 일이 추가되니 능력이 한층 뛰어나다.

평소 병약한 괴창빠를 명상하기 좋은 동굴로 안내할 존재는 신장들의 역할을 살펴본다면 그야말로 바로 칸돌마(다끼니) 이외에는 아무도 없는 셈

이다.

강 린포체[카일라스]를 불교의 성지로 만든 히말라야의 성자 미라래빠는 자신의 제자 래충빠에게 마지막 가르침을 준다.

그 중에 이런 대목이 있다.

스승들과 천신들과 다끼니 여신들이
일체一體임을 알고서 예배할지라.
명상의 목적과 명상행과 명상자가
일체一體임을 알고서 명상할지라.
이 생과 다음 생과 그 사이[중음 바르도Bardo]가
일체一體임을 알고서 한결같기를.

이것이 나의 마지막 가르침이니
래충아, 더 이상의 진리는 없다네.
아들아, 이를 실천하여 체현體現할지니라.

도대체 칸돌마[다끼니]는 어떤 존재일까. 하늘을 날아다니는 구름 잡는 존재 같으나 티베트의 많은 구루지들이 수호신이나 깨달음의 방편 혹은 자신의 연인처럼 여겨왔으니 짚고 넘어갈 필요가 있다.

티베트불교에서는 어느 정도 경지에 올라서면 비인간非人間들이 수행자들에게 보인다고 한다. 이런 비인간은 일심一心에서 일어나는 하나의 현상으로, 이것을 의인화·형상화한 것 중에 하나가 칸돌마[다끼니]라 한다. 즉 높은 경지의 수행 중에 나타나는 마음작용이라는 이야기. 이들은 꿈에서도 나타나고, 현실에서도 보인단다.

예를 들어 훗날 영적인 전통을 티베트에 넘겨주는 84명의 마하싯다 중에 비루빠Virupa의 경우 무려 12년 동안이나 만뜨라를 외웠으나 진전이 없자 깊은 비관에 빠져 염주를 화장실에 던져버린다. 그런데 그 버릇이 어디 가겠는가. 저녁 무렵에 다시 앉아 만뜨라를 외우려고 하는데 손이 허전했다. 아차! 염주를 던져버린 것이 기억이 났다.

그때 칸돌마[다끼니]가 나타나 염주를 다시 주며 말을 건넨다.

"오 큰 뜻을 품으신 분이여, 축복을 올리오니 절망하지 마십시오. 모든 이름과 난관을 버린 수행을 완성하소서."

그는 염주를 다시 받아들고 멈추지 않는 수행을 12년 더하여 위대한 싯디를 얻었다.

더불어 꿈에 나타나는 경우도 있다.

역시 싯다 중에 하나인 다르마빠Dharmapa는 이름 그대로 평생 법문만 하던 학승이었는데 노년에 덜컥 눈이 멀어버렸다. 나이도 들고, 눈도 멀고, 이제는 스승을 찾을 수도 없는 그는 암흑 속에서 깊게 절망했다. 이제 자신이 다른 사람에게 설했던 수많은 법문을 하나씩 떠올리며 잠이 들곤 했는데 어느 날 꿈에 칸돌마[다끼니]가 찾아왔다. 마치 시력을 되찾은 것처럼 현실처럼 생생하게 보였다. 칸돌마[다끼니]는 스승을 찾던 다르마빠를 자신의 제자로 입문시켜 깨달음을 얻도록 인도했다.

칸돌마〔다끼니〕는 티베트불교 수행자들의 통과의례다. 해골을 목에 걸고, 인간의 피를 마시다가 창자를 꺼내 질겅질겅 씹으며, 때로는 날카로운 칼로 목을 겨누는 칸돌마〔다끼니〕의 무시무시한 시험에 들고, 이것을 극복하고 기어이 이겨내면 마하싯다의 길로 나갈 수 있다. 즉 무의식에서조차 공포 따위는 이미 사라지고, 따라서 죽음을 두려워하지 않고 초월의식이 생기면 이미 친절해진 칸돌마〔다끼니〕의 인도 하에 이 길을 넘어선 스승들이 계신 세상, 무지갯빛이 영롱한 칸돌마〔다끼니〕들의 낙원에 도착한다는 것이다. 그 칸돌마〔다끼니〕가 괴창빠를 인도했다.

칸돌마〔다끼니〕는 우리 옆에도 있다

여기서 한 발 더 나가 그렇게 마음작용뿐 아니라 사람, 즉 여성으로 태어나기도 한단다. 즉 칸돌마〔다끼니〕는 수행자들에게 나타나는 '우리 세계에 속하지 않는 지혜의 칸돌마〔다끼니〕,' 즉 영적인 존재와 '우리 세계에 속하는' 칸돌마〔다끼니〕 두 가지가 있다 한다. 후자는 여성으로서 수행자들의 도반이 되기도 하며, 때로는 보리심 깊은 여자 수행자가 깊은 경지에 올라가 아예 살아있는 칸돌마〔다끼니〕가 되기도 하니 이런 존재를 불모佛母라 부른다.

티베트 라싸에 유서 깊은 데풍 사원이 있다. 이 사원에 주석하셨던 람림 린포체는 (얼마 전에 열반에 드셨다) 길을 가다가 한 30대 여성을 만난다. 그 여성은 스님 앞으로 성큼성큼 다가오더니 갑자기 자신의 오른팔에 차고 있던 보석이 박힌 팔찌를 스님에게 내밀었다. 받으시라는 거다.

순간 당황한 것은 수좌스님. 여자를 가로막았겠다. 그러나 람림 린포체는 수좌를 물리치고 두 손 모아 소중하게 받았다. 그리고 서로 각자의 길을 갔다. 수좌는 아무 말 없이 그렇게 값비싼 물건을 덜컥 받아버리는 구루의 행동이 의아했겠다.

물어보려고 벼르고 있었는데 린포체가 먼저 말씀하셨다.

"칸돌마(다끼니)이셨다."

요즘 티베트사원에서는 우스갯소리로 많은 돈을 시주하는 여성신도를 칸돌마(다끼니)라고 한단다.

우리에게는 그런 존재가 없을까?

있다.

바로 때로는 공부하지 않는다고 눈알을 부라리며 부지깽이를 들고 분노의 얼굴로 달려들고, 때로는 한없이 자비로운 모습으로 용돈을 주며 적은 금액이라 미안해하기도 하는 모습의 어머니가 있다. 결혼한 사람이라면 아내, 혹은 자신을 적극 옹호하는 딸이 칸돌마(다끼니)의 환생일 수 있으니 부디 너무 멀리서 찾지 말고 잘 헤아릴 일이다.

반면 맹세와 서원을 제대로 지키지 않는 자들에게는 벌을 내려주기 위해 무수한 칸돌마(다끼니) 무리가 나타난단다. 여덟 군데 화장터를 지키는 칸돌마(다끼니)들, 네 계급을 수호하는 칸돌마(다끼니)들, 삼계三界를 지키는 칸돌마(다끼니)들, 시방위十方位를 지키는 칸돌마(다끼니)들, 그리고 순례자들의

24성소를 지키는 무시무시하고 과격한 칸돌마〔다끼니〕들이 함께 나타난다.

티베트어로 카그로마(대기의 방랑자들)라 알려진 사나운 다끼니들은 닝마빠의 문헌에 여러 차례 언급되어 있다. 주요 내용은 다끼니들이 어떻게 천사처럼 공중을 날며, 현인들을 먼 거리까지 운반하는지에 대한 것이다. 최고의 붓다의 배우자 혹은 '지혜의 배우자'인 다끼니는 특별한 만트라, 요가 수행, 비전, 의례 등에 관한 직접적이고 내밀한 지식을 가지고 있다. 이 때문에 위대한 수행자들은 초인간적인 통찰력과 놀랄 만한 힘을 얻게 해줄 비밀의 기법과 의례를 배우기 위해 다끼니에게 접근했다.

—마이클 윌리스의 『티베트 삶, 신화 그리고 예술』 중에서

우리말로 옮기면서 칸돌마를 카그로마, 공행모를 대기의 방랑자로 번역했으나 새겨 읽을 일이다. 이 글의 내용은 칸돌마〔다끼니〕가 수행자를 찾아 나서는 일도 있으나 그 반대로 수행자들이 칸돌마〔다끼니〕를 찾아 나서기도 한다는 점을 밝히고 있다. 그들을 어디서 찾을 수 있을까? 히말라야 고개를 1천만 번을 넘고 강 린포체〔카일라스〕를 해처럼 돌고돌아 꼬라를 백만 번 하면 만날 수 있을까? 아니다. 오로지 한 자리에 앉아 결가부좌 수행을 한다면 일심一心에서 그녀가 온다.

야크가 없다면 티베트도 없다

가쁜 숨을 몰아치던 힌두는 부축을 받고 천천히 숙소 쪽으로 간다. 이 밤 부디 별 일이 없기를 바란다. 이제 기온이 떨어지며 고산에서의 저녁이 시작되니 주변의 산봉우리들이 석양을 맞이하여 붉게 변해간다.

소년 하나가 야크와 함께 도착하고 있다. 얼굴은 홍조를 띠고 시선에는 자랑스러움과 흥분으로 뒤섞여 있다. 야크몰이가 된 지 얼마 되지 않은 소년이리라. 야크 등에는 온갖 야영장비가 실려 있는 것으로 보아 인도 단체 순례자들의 짐으로 소년은 내 시선을 의식하며 '쪼오, 쪼오' 야크를 더욱 빨리 앞으로 내몰면서 자신의 보폭을 성큼성큼 넓힌다. 이제 이들은 곧바로 휴식을 취하고 내일 다시 파트너가 되어 험한 될마라를 넘어갈 것이다.

괴창빠스님을 인도한 것은 티베트 고원의 야생들소인 암야크〔디〕다. 야크는 보통 검은 털을 가지고 있으며 소에 비해 덩치가 한 배 반 혹은 그 이상으로 큼직하기에 고원의 배〔高原之舟〕 역할을 담당하여 화물, 보물, 사람 모두 싣고 다니는 창탕고원의 최고 운송수단이다.

자연환경은 늘 변화하며 고정적인 실체가 아니다. 그러나 일정한 리듬이 있기에 생태계의 생명들은 여기에 맞추어 살아나가고 있다. 한 오지의 삶의 양식을 살펴보자면 이런 어머니 자연의 호흡에 맞춰 생명의 전통, 삶의 양식, 문화 등등이 정착되어 있다. 티베트인들의 많은 숫자는 농경민이 아닌 유목민으로 유목의 조건을 생각해보면 많은 부분 이해가 가능하다.

무엇을 유목이라 정의할 수 있을까.

유목민遊牧民이라는 단어 안에서 장식을 거두어내고 가장 기본적인 요소를 함축하면 세 가지다.

1. 어머니 자연.

2. 사람.

3. 가축.

여기에 무엇을 더하면 중언부언이자 사족이 된다. 이들〔사람〕은 양 혹은 야크〔가축〕와 함께 계절에 따라 어머니 '자연'이 만들어주는 초지에서 다른 초지를 찾아 이동한다. 티베트 유목민이 세계의 다른 유목민과 구별되는 요소 중 하나는 가축에 있으며 고산에서만 살 수 있는 야크가 다른 유목민과 구별점이 되기에, 어떤 사진이든 유목민이 야크와 함께 있다면 티베트 고원 유목민이다.

야크는 사람으로 치자면 철저한 채식주의자로 풀과 관목의 잎사귀를 먹는다. 해발 4천~6천 미터에서 살며 2천 미터 이하에서는 절대로 살 수 없다. 이런 제한적인 요소는 야크에게는 크나큰 행운이다. 동물원에 가서 이런저런 피부병에 걸려 있거나 기후 때문에 기진맥진한 채 갇혀 있는 동물을 보고 마음이 편치 못한 나 같은 사람을 위해서도 얼마나 다행인지 모른다. 야크가 아무 곳에서나 살 수 있었다면 창탕고원에서 뛰어놀 야크 수천 마리가 전 세계 동물원 골방 같은 곳에서 학대받고 있었을 것이고, 히말라야와 창탕고원에서 야크를 보고 진한 우정을 품었던 설산파雪山派들에게는 동물원에서 시선을 마주치는 일이 고역이었으리라.

온화한 검은 눈을 가진 야크를 한 번 바라본 사람이라면 누구나 매료당한다. 이들 등에 짐을 싣고 함께 여행하는 기분 역시 보통이 넘어 목에서 쩔렁거리는 방울소리를 들으며 산길에서 보폭을 맞춘다면 히말라야 어디든지 갈 수 있는 기분이 아니던가. '물이 없는 겨울에 눈을 그대로 먹어버리는 이 담대한 동물은 모든 면에서 대견한 영물' 이라는 느낌을 받는 사람이 많다.

> 동물은 우리의 친척이자 일가다.
>
> —바그완 파르슈와나트

티베트 사람들의 의식주는 야크로부터 조금도 유리되어 있지 않아 가족과 다름없으며, 모든 생활필수품을 생산하는 공장이기도 하다.

그들이 만들어내는 제품을 간단히 살피자면, 추운 겨울에 입는 방한복 촉파는 물론 차가운 냉기를 막아주는 바닥재는 야크가죽으로 만들었다. 야크 털로 밧줄을 만들고 양탄자를 짠다. 냉장고에서 음식을 꺼내는 것이 아니라 얼리거나 말리고 혹은 훈제한 야크고기를 즐겨 먹으며 '다른 음식물 없이는 먼 길을 떠날 수 있어도 차 없이는 여행을 갈 수 없다' 는 차는 바로 야크 젖이 들어간 야크 버터차다. 문명인으로 치자면 종교적인 봉헌물 역시 암야크[디]의 우유에서 만든 치즈로 만들며, 성전을 밝히는 촛불기름은 야크 기름이고, 사원이나 축원을 내려야 할 장소에 찍어놓은 버터 역시 마찬가지. 햇살이 뜨거울 때는 얼굴과 손에 선탠로션으로 야크 버터를 찍어 바

강인하고 우직한 반려자가 있다는 사실은 위안이다. 야크에 관한 한 중구난방 엇갈리는 평가란 존재하지 않는다. 논란조차 없이 늠름한 야크는 티베트인들에게 최고의 동반자이며 가족이다. 야크가 없다면 티베트도 없다.

르지 않는가.

그뿐 아니다. 집안을 훈훈하게 만드는 난방용 에너지는 야크의 배설물이고, 멀리 산길을 가서 물건을 실어오는 것은 내 자동차가 아니라 야크. 심지어는 날씨를 알려주는 일이 기상청이 아니라 야크며, 돌풍이 불어올 것 같으면 미리 언덕 밑이나 바위에 바람이 불어올 쪽으로 엉덩이를 향한 채 앉아버린다. 눈이 사방에서 쏟아지고 여기가 어딘지 모를 때 위치를 알려주는 위성과 연결된 GPS가 없어도 야크가 스스로 안전한 길을 알아서 앞서가기에, 야크가 다져놓은 길을 따라가면 된다. 웬만한 급류는 그냥 건너가며 수영도 무척 잘한다. 따라서 공무집행을 할 때 공무전용차는 바로 야크로 공무수행을 증명하는 서류에는 야크 몇 마리를 사용할 수 있는가 하는 권리가 적혀 있을 정도다.

여기서 끝나면 되겠는가. 입춘대길 혹은 삼재 예방과 같은 부적을 절집이나 당집에서 구해오는 것이 아니라 야크가 죽고 나서 남기는 꼬리와 머리를 집 앞에 붙인다. 사원의 당간을 거는 깃대에도 야크 털로 감싸며, 야크의 뿔은 귀신을 쫓아내는 것으로 알려져 있기에 장식으로 으뜸이다. 가끔 칸돌마(다끼니) 같은 신성한 존재가 몸을 빌려 야크 모습으로 나타나는 일은 야크가 하는 일을 본다면 신기하지도 않다.

티베트에 불굴의 야크가 없다면, 티베트인도 없다. 티베트인들은 그런 이유로 신화에서도 야크를 굉장히 높은 비중으로 다룬다. 텅 비어있는 세상에서 빛이 나오고 이어 알이 생겨나고 알에서 우주의 다섯 가지 기본 요소들이 생겨난다. 이어서 생명이 나오고 삼백육십의 라(神)들이 세상으로 나오는바, 맨 나중에 나오는 존재는 지상 모든 야크의 어머니인 하얀 야크로, 하늘에서부터 상슝 왕국, 산봉우리로 내려왔다. 하얀 야크는 이제 산에서 평지로 내려와서 자신의 뿔을 이용해 주변의 산들을 갈고 땅을 갈아엎어 사람들이 살 수 있도록 대지를 정리했고, 농사를 지을 수 있도록 부드럽게 만들어주고, 더불어 꽃들이 피어날 수 있도록 배려했다. 티베트에서 농사를 지을 수 있는 것은 모두 하얀 야크 덕분이라는 거다.

야크는 티베트 대지의 에너지 총화, 티베트 대지의 모든 것들이 뭉쳐져서 하나의 생명체가 되어 살다가, 사는 동안 자신의 에너지를 변형시킨 물질을 통해 사람을 먹여 살리고, 입히며, 이어 죽고 나면 끝이 아니라 자신의 몸을 골고루 나누어 재활용토록 하면서 다시 티베트 대지로 되돌아간다. 수행자가 다생多生을 살았다면 지난 삶 언젠가는 야크로 살아 이런 무한에 가까운 아낌없는 보시를 했을 터이다. 세상에는 야크보다 못한 인간이 대부분이 아닌가.

티베트 어머니 자연은 그동안 이들의 개체수를 부족하지도 남지도 않게 자연스럽게 조절해왔다. 그런데 중국은 야크농장을 열어 대량 사육하여 고기를 공급할 계획을 가지고 있다. 그것을 촉발시킨 요소 중에 하나는 북경에서 출발하여 라싸까지 들어오는 칭창 열차를 타고 물밀듯이 들어오는 관광객들로, 너도나도 맛본다는 야크 스테이크, 야크 햄버거 주문량에 있다하니 스스로의 메뉴를 잘 살펴볼 일이다. 중국인들의 야크 사육장을 어떻게 문을 닫도록 해야 할까. 살아서 지구의 에너지를 대량 소모하며 죽어서도 별다른 도움이 되지 못하는, 야크보다 못한 인간으로 살면서 야크 고기까지 먹는다면야, 정말이지 그대는 누구인가?

여기서 생각할 것은 신외신身外身, 몸 밖의 몸, 나 밖의 나[我外我]다. 야크를 가만히 보면 야크 밖의 티베트 고원의 이런저런 것들이 야크를 만들었다. 그렇다면 입장을 바꾸어 나를 보자. 내 밖에 있는 물[水]은 내가 될 것이므로 나[我]며, 들판에 있는 곡식도 나, 바람도 내 호흡으로 들어올 나로, 모두 내 몸 밖의 내 몸이다. 내가 나라 할 만한 것이 있는 것이 아니라 이렇게 밖의 것들이 나를 만들었기에 나[我]라 할 만한 특별한 것이 없기에[無] 무아無我며 공이다. 더불어 나는 신외신에게 책임 의식을 느껴야 하며 이것이 세상과 내가 하나 되는 방법이다.

짐을 지고 가는 야크의 커다란 눈이 무아를 말한다. 그러기에 저 야크는 내게는 불법의 비밀을 알려주는 칸돌마[다끼니]인 셈이다.

어디 괴창빠에게만 칸돌마[다끼니]가 있겠는가. 나에게도 저렇게 있다.

히말라야를 다니며 산길에서 야크를 만나면 지나가는 동안 '다음 삶에 사람으로 태어나 수행자로 살기를' 축원했다. 그리고 그들이 들을 수 있을 정도로 만뜨라를 외웠다. 산길에서 이런 이야기는 야크는 물론 근처에 있는 눈에 보이지 않는 작은 곤충이나 새들에게 훈습薰習을 주어, 훗날 곤충이나 짐승의 몸을 벗는 데 도움을 준단다.

오늘도 어김없이 야크들을 향해 만뜨라를 이야기한다.

"옴마니반메훔."

알아들었다는 듯이 그 큼직한 눈으로 시선을 마주쳐온다.

뒤를 돌아보면 엄청난 모습의 북벽

북쪽을 바라보면 많은 이야기를 전해주는 사원이 있고, 이제 남쪽으로 눈을 돌리면 강 린포체〔카일라스〕 천연사원이 있다. 우측에는 창나 도제〔바즈라빠니, 금강수보살〕, 좌측에는 첸레식〔아바로끼떼슈바라, 관세음보살〕, 두 봉우리 사이로 서기瑞氣 어린 강 린포체〔카일라스〕가 정상 부위에 하얀 눈을 이고 마치 뒤집어놓은 발우처럼 솟아있다. 힌두교도들은 이 모습이 바로 쉬바신의 완전한 상징인 링가linga로 여긴다. 속속 도착하는 힌두교도들은 신이 현현하는 모습으로 받아들이는지 진지한 표정을 만들고 머리를 조아리면서 응시한다.

어떤 사람은 이 자리에 도착한 것이 믿기지 않는다는 듯이 흥분을 감추지 못하고 크게 외친다.

"하리 옴. 하리 옴. 옴 나마 쉬바여!"

이곳에서 바라보는 강 린포체〔카일라스〕는 꼬라 중에 최고의 풍경을 만들어 낸다. 더불어 만다라의 네 면 중에 이 자리 북벽이 단연코 으뜸자리로 산의 생명력이 그대로 느껴지는 곳이기도 하다.

'타다아사나' 는 요가동작의 기본으로 앞발을 일자로 붙이고 똑바로 서서 손을 내린 모습을 취한다. 산동작山動作이라고 칭하며 동작의 이름이 말하듯이 산처럼 안정적으로 선다. 자세만 안정적이어야 할까. 마음도 흔들림 없어야 한다. 순다라쟈 잉가르Sundarraja Iyengar는 '기초가 굳건하지 못한 자는 하늘에 닿을 수 없다' 고 말했기에 우리들이 합장할 때 이 자세를 기본적으로 갖추고 나서 이어 두 손을 빈틈없이 모으게 된다.

강 린포체〔카일라스〕를 바라보며 일단 타다아사나를 취하여 몸과 마음을 강 린포체〔카일라스〕에 고정시켜 본다. 이제 양손을 모아 정수리에 올린 후, 이마, 목 그리고 가슴으로 끌어내리면서 '옴아훔' 산에 집중한다. 시간이 없어지고 이어 공간감도 사라지도록.

산세가 마치 푸른 하늘을 배경으로 잔잔한 햇살을 받고 있는 백발 명안 종사처럼 아름답다. 그러면서도 확고부동하여 장중함을 잃지 않는다. 육중한 골격도 긴장감을 숨기지 않고 단단하며 좌우로 대칭된 모습은 안정적이다. 산정으로 향하는 둥근 선은 각도가 가팔라 세속인들의 접근을 거부하는 것처럼 위력 있어 엄히 금단을 선언하는 듯하다. 저렇게 발우를 뒤집어놓은 듯, 특별하게 뽑히듯이 솟은 모습을 용발특립聳鉢特立이라 하며 허리에 구름을 꿰차는 것을 고출운소高出雲宵라고 칭하니 모두 명산의 품위다. 동시에 대불大佛의 온화함을 품고 있다.

살다보면 자신을 변화시키는 것이 있다. 비노바 바베의 경우 자신을 변화시킨 대표적인 것을 힌두교 경전 『바가바드 기타』라고 했다. 그러나 나를 변화시킨 것은 『바가바드 기타』와 같은 문자文字가 아니라 풍경風景이었다. 이렇게 장중한 모습과 만나면 내부에서 평소 일어나던 거친 의식이 사라지며 안팎이 하나가 되는 순간이 있었다. 비노바 바베는 『바가바드 기타』가 '세상에서 데리고 왔다' 고 했으나 나는 반대로 이런 풍경 안에서 '세상에서 데리고 나왔다' 고 표현할 수 있겠다.

속진의 마음의 세상에서, 항상 물들어 있는 시선으로 바라보는 세상에서, 풍경이 나를 이끌고 나왔다. 풍경과 하나가 되는 순간, 이기적인 야망, 잘못된 신념, 편견, 불필요한 동정심 혹은 우월감, 독선 등등이 어디 티끌만큼이라도 남아 있을까. 그 순간은 그야말로 내가 산이고 산이 나며 기어이 둘 다 사라지지 않았던가. 인도와 히말라야 풍경은 내 안의 신성과 가까워지도록 도와주었다. 신성이 이제는 브라흐만이라 부르기 보다는 불성으로 기울어졌다. 요가 자세에서 나도 모르게 합장한 손은 연꽃모양을 만들어내고 손이 머리 위에서 아래로 움직이며 무릎이 꿇어지니 영락없는 티베트 불교도다.

힌두교도들은 산을 바라보며 사뭇 진지하다. 그들에게는 권능에 쌓인 산으로 느껴질 터다. 힌두교의 특징 중에 하나는 삶과 종교가 분리되어 있지 않음이다. 종교가 비록 삶과 유리되지 않고 일상 속에 깊이 자리 잡고 있다 해도, 성지는 일상을 비일상으로 바꾸어주며 의식의 특화를 일으키니, 힌두교도들은 이때를 놓칠세라, 손바닥을 위로 하며 쉬바신의 광대한 자비심을 직접 받는 자세를 취한다. 사람들은 보름달이 뜨는 밤이면 수행을 거듭한 현자들이 정상으로 끌려올라간다고 이야기하지만 보통사람이 그것이 가능하겠는가. 삶에서 이렇게 단 한 번 강 린포체[카일라스]를 바라보는 일만으로도 크나큰 축복으로 여긴다. 풍경을 통해 그들 마음을 이해할 수 있다. 산이 참 밝고 밝으며 신령스럽고 신령하니 그야말로 소소영령昭昭靈靈하기에 무릇 방광放光을 놓는다면 저리해야 하리라.

저녁이 온다. 이제 바람은 예측할 수 없이 미친 듯이 불어대 텐트들이 심하게 펄럭이며 먼지가 마구 인다. 그래도 기쁘지 아니한가. 내가 이렇게

저녁이 되면 봉우리는 붉은 빛으로 변하기 시작한다. 눈부심이 사라지는 이 시간대에 봉우리를 더욱 정확하게 바라볼 수 있다. 산정에서 아래로 길게 내려온 하얀 선들은 라바나가 정상에 거주하는 쉬바신을 만나려 타고 올랐다는 밧줄이란다. 허황된 꿈을 꾸는 자, 눈으로 만들어진 로프를 타고 승천을 시도하는구나.

위대한 산 모습을 향해 곡진히 합장하고 바라볼 수 있다는 것이. 델리의 책방에서, 다람살라의 엽서가게에서, 김규현 선생님의 책에서, 그리고 몇몇 사진작가들의 도록에서, 그리고 한 스님의 방에서 보았던 강 린포체〔카일라스〕 북면의 당당함이 이렇게 현실로 전환되어 내가 두 눈으로 직접 응시하고 있다는 사실이.

꿈이라면 부디 깨지 마라.

현실이라면 부디 기억하라.

멀지 않은 곳에서 강 린포체〔카일라스〕의 북벽은 무려 1천580미터를 거의 직벽의 면面으로 일어나 있다.

그 사이 내가 걸었던 설산雪山 그리고 한국의 많은 답산踏山은 오늘 이 자리 천하자미天下紫微에서 하나의 획을 긋는다.